AF566173

Michael Pekovich

Die Grundlagen des Möbelbaus

Kraftvolle Verbindungen für ausdrucksstarke Projekte

Michael Pekovich

Die Grundlagen des Möbelbaus

Kraftvolle Verbindungen für ausdrucksstarke Projekte

HolzWerken

Impressum

Originally published in the United States of America
by The Taunton Press, Inc. in 2021

The Foundations of Woodworking:
Taunton Press, Newtown, Connecticut

Deutsche Ausgabe: © 2022 *HolzWerken*
im Vincentz Network GmbH & Co. KG, Hannover

Übersetzung: Michael Auwers, Dassel
Produktion: PrintMediaNetwork, Oldenburg
Printed in the EU

ISBN 978-3-7486-0636-9
Best.-Nr. 22053

HolzWerken
Ein Imprint von Vincentz Network GmbH & Co. KG
Plathnerstr. 4c, 30175 Hannover
www.holzwerken.net

Weitere Materialien kostenlos online verfügbar!

http://www.holzwerken.net/bonus

Ihr exklusiver Bonus an Informationen!
Zusätzlich zu diesem Buch bietet Ihnen *HolzWerken* Bonus-Materialien zum Download an.
Scannen Sie den QR-Code oder geben Sie den Buch Code unter www.holzwerken.net/bonus ein und erhalten Sie kostenfreien Zugang zu Ihren persönlichen Bonus-Materialien!

Buch-Code: TE1167

Zur deutschen Ausgabe

In diesem Buch benutzt der Autor häufig ein sog. Nutsägeblatt (engl.: *dado blade* bzw. *dado set*), welches in Nordamerika verbreitet ist.

Diese Sägeblätter sind in Deutschland zwar nicht verboten, wie häufig behauptet wird, aber auf vielen Maschinen nicht oder nicht sicher einzusetzen. Näheres kann man hier nachlesen:
https://www.holzwerken.net/blog/heiko-rech/sind-dado-blades-verboten/

Die gute Nachricht: man kann die Nuten auch mit einem normalen Kreissägeblatt schneiden. Dazu wird das Brett mit jeweils verschobenem Parallelanschlag mehrfach über das Sägeblatt geschoben. Dadurch erreicht man Nuten, die breiter als das Sägeblatt sind.

Auf den Fotos ist der Parallelanschlag in Schritt zwei und drei jeweils etwas weiter nach rechts justiert worden. Dadurch ergibt sich eine breitere Nut.

Auf HolzWerken TV finden Sie auch zwei Videos, in denen Sie sich das ansehen können.
https://www.holzwerken.net/holzwerken-tv/oberfraese/ganz-genaue-nuten-an-der-kreissaege/
https://www.holzwerken.net/holzwerken-tv/maschinen/saubere-nuten-auf-der-tischkreissaege/

Inhaltsverzeichnis

„Also, Mike, worum geht es in dem Buch?"
Kurz gesagt: Wenn mein erstes Buch ***Wie wir Möbel bauen und warum***
Sie angeregt hat, in die Werkstatt zu gehen und etwas zu bauen,
dann hoffe ich, dass Sie mit diesem Buch in der Hand das Selbstvertrauen
und die Kenntnisse haben, wirklich loszulegen und es wirklich zu bauen.

Einleitung

Der Keim zu diesem Buch wurde gelegt, als ich mein erstes Buch *Wie wir Möbel bauen und warum* schrieb. Ursprünglich hatte ich zwar beabsichtigt, alles aufzunehmen, was ich in Bezug auf das Handwerk für wichtig hielt. Schnell wurde mir aber klar, dass ich dieses Ziel auf keinen Fall in dem Rahmen erreichen würde, der mir zur Verfügung stand. Stattdessen versuchte ich also, Hilfestellungen anzubieten, um sinnhafte Arbeiten auszuführen und die in der Werkstatt verbrachte Zeit lohnend zu machen. Während der Arbeit an dem ersten Buch begann ich deshalb, die Informationen zu katalogisieren, die zwar nicht genau in dessen Thematik passten, aber dennoch unabdingbare Voraussetzungen sind, wenn unsere Bemühungen erfolgreich sein sollen. Diese Informationen bilden den Kern des vorliegenden Bandes. Ich schlage in ihm einen Pfad vor. Es ist auf keinen Fall der einzige Pfad, aber es ist einer, bei dem ich zuversichtlich bin, dass er es Ihnen ermöglichen wird, so zu arbeiten, wie Sie es wirklich möchten.

Wir beginnen mit den Bauklötzen, den Noten der Melodie, also mit den grundlegenden Holzverbindungen, die als Mittel dienen, um unser Ziel zu erreichen. Indem wir uns praktische Kenntnisse auf dem Gebiet der Verbindungen erarbeiten, schaffen wir ein Instrumentarium, aus dessen Optionen wir wählen können, um die Aufgaben zu bewältigen, sie sich uns auf unserem Weg stellen. Nuten aller Art sind die elementarste Form der Holzverbindung, sie sind aber dennoch ungemein belastbar. Ich zeige einige altbewährte Techniken, um Nuten zu schneiden, und von diesem Ausgangspunkt schreiten wir zu den anderen wichtigen Verbindungen fort. Jede ist für sich leicht zu beherrschen, wenn man sie jedoch zusammen einsetzt, geben sie uns die Fähigkeit, jedes Werkstück herzustellen, das wir uns vorstellen können.

Ich gehe auf häufig anzutreffende Möbelkonstruktionen ein, um die Verbindungen zu zeigen, die Ihnen zur Verfügung stehen. Wenn Sie anfangen, ein Werkstück unter dem Gesichtspunkt der Verbindungen zu betrachten, die zwischen den Bauteilen bestehen, haben Sie einen weiteren großen Schritt auf dem Pfad bewältigt, der zu den Möbeln führt, die Sie bauen möchten. Der Schlüssel zum Erfolg liegt dann darin, eine Strategie zu entwickeln, um auf effizienteste Art und Weise vom Anfang bis zum Ende zu gelangen.

Jeder Fehlschritt kann dazu führen, dass man sich einem halbfertigen Werkstück gegenübersieht, in das man viel Zeit und Geld investiert hat, ohne jetzt zu wissen, wie man es zu Ende führen soll. Es gibt kaum etwas Unangenehmeres, wenn man sich in diesem Handwerk versucht. Ich erörtere deshalb nicht nur, was man tun sollte und wann, sondern auch, warum es am sinnvollsten ist, auf die vorgeschlagene Weise vorzugehen. Ich hoffe, dass Sie mit diesen Informationen einen durchdachten Weg finden, um jedes erdenkliche Werkstück zu bauen, das Ihnen vorschwebt.

Ich zeige Ihnen, wie man die grundlegenden Verbindungen anschneidet, und dann, wie man sie zu einem funktionierenden Entwurf zusammenfügt. Abschließend zeige ich Ihnen dann, wie man am besten einen Weg findet, der mit dem geringsten Aufwand und den besten Ergebnissen zum Ziel führt. Das war's. Los geht's.

1 Konstruktionsstrategien

Die Ratschläge dieses Kapitels lassen sich in einigen einfachen Konzepten zusammenfassen: Achten Sie bei der Auswahl des Holzes und seiner Aufteilung auf den Faserverlauf. Gehen Sie von Bauteilen aus, die eben und rechtwinklig sind. Erarbeiten Sie sich ein System, nach dem Sie die Bauteile eines Werkstücks organisieren und kennzeichnen. Machen Sie sich klar, wo Verbindungen angeschnitten werden sollen (und wo nicht), bevor Sie ein Werkzeug in die Hand nehmen oder zu einer Maschine gehen. Es gibt einen Unterschied zwischen ‚genau' und ‚gleich groß'. Sie müssen ihn kennen, und Sie müssen wissen, warum das eine wichtiger ist als das andere. Schließlich müssen Sie lernen, wann man die Arbeitszeichnungen und -pläne beiseitelegt und sich die Abmessungen der Bauteile vom Werkstück selbst vorgeben lässt.

Die meisten dieser Konzepte, vielleicht sogar alle, sind Ihnen bereits vertraut. Jedes von Ihnen bildet an und für sich schon ein guter Ratschlag. Zusammengenommen schaffen sie eine Reihe von Wegpunkten, die einen sicheren Pfad zu einem erfolgreichen Werkstück weisen. Jeder der Schritte ist leicht zu befolgen. Wenn man aber einen überspringt, ergeben sich bei der Konstruktion später vielleicht Schwierigkeiten. Zudem ist die Wahrscheinlichkeit geringer, dass man mit dem Endergebnis zufrieden ist.

Wenn Sie sich zum Beispiel nicht die Zeit nehmen, das Holz sorgfältig auszuwählen, wirkt sich das negativ auf die Zeit und Mühe aus, die Sie im Laufe der Zeit in das Werkstück investieren müssen. Wenn man beim Abrichten des Rohholzes nachlässig vorgeht, wird das Anschneiden der Verbindungen später zu einem Albtraum. Wenn man keine eindeutige Kennzeichnung der Bauteile und ihrer Lage innerhalb eins Werkstücks verwendet, führt das unweigerlich zu Fehlschnitten, Flickarbeiten und dem Zuschneiden von Ersatzteilen. Wenn man alle Bauteile eines Werkstücks gleich am Anfang genau auf Endgröße zuschneidet, gibt es später bestimmt Probleme (und noch mehr nachzuschneidende Ersatzteile). Wenn man das Konzept nicht verstanden hat, dass ‚gleich groß' wichtiger ist als ‚genau', führt das nicht unbedingt zu schlechten Arbeitsergebnissen, aber es bedeutet doch, dass man mehr Aufwand betreiben muss, um das gewünschte Ergebnis zu erzielen.

Alle diese Szenarien mögen sich etwas furchteinflößend anhören, auch wenn ich das nicht beabsichtigt habe. Allerdings vermute ich, dass Sie sich selbst bereits einigen dieser Probleme gegenübergesehen haben, wenn Sie sich schon einmal am Bau eines Möbelstücks versucht haben. Ich weiß, dass es mir so gegangen ist. Ich weiß aber auch, dass mir die Zeit in der Werkstatt mit wachsender Erfahrung und wachsendem Verständnis für die gegenseitige Bedingtheit dieser Faktoren immer mehr Freude bereitet hat und meine Werkstücke immer mehr den Vorstellungen ähnelten, die ich mir am Anfang von ihnen gemachte hatte.

Sorgfalt bei der Auswahl und Verwendung des Holzes

Hier fängt die Reise an. Unser Schicksal wird so sehr von dem Holz bestimmt, mit dem wir anfangen, dass jede Fehlentscheidung, jeder Mangel an Überlegung zu diesem Zeitpunkt sich negativ auf den Aufwand auswirkt, den wir später im Laufe der Konstruktion aufbringen müssen. Wenn man beim Entwurf eines Möbels in Begriffen wie ‚Eiche', ‚Nussbaum' oder ‚Kirschholz' denkt, ist das ein guter Ausgangspunkt. Als Anfänger verschiebt man das Nachdenken über die Holzart oft auf einen späteren Zeitpunkt im Entscheidungsprozess. Je mehr man aber mit verschiedenen Hölzern arbeitet und ihre Eigenarten kennenlernt – wie sie arbeiten und wie sich ihr Aussehen auf das fertige Stück auswirkt –, desto häufiger hat man schon eine bestimmte Holzart vor Augen, wenn man mit dem Entwurf beginnt. Selbst dann gibt es noch Variablen, die bei der Gesamtplanung eines Werkstücks berücksichtigt werden sollten. Wenn man hört, dass jemand Esche als Holzart nicht mag, dann liegt das oft daran, dass er an den unregelmäßigen Faserverlauf in manchen Werkzeugstielen denkt. Eichenholz ist seit den Zeiten der ‚Altdeutschen Stilmöbel' mit ihren Wohnwänden in ‚Eiche rustikal' in Verruf geraten. Beide Holzarten zeigen jedoch in rift- oder quartiergeschnittener Form eine schöne, zurückhaltende, lineare Kraft. Damit ist auch schon der andere Aspekt angesprochen, der bei der Holzauswahl berücksichtigt werden sollte. Es geht nicht nur um die Holzart, mit der wir arbeiten werden, sondern auch darum, wie wir den Faserverlauf (und damit die Maserung) innerhalb eines Werkstücks anordnen. Diese Entscheidung kann sich ebenso sehr auf den Erfolg eines Stücks auswirken wie die Art des Holzes, das man verwendet.

Auffällig oder zurückhaltend – das Holz, für das Sie sich entscheiden, spielt eine große Rolle bei der Wirkung, die Sie anstreben. Der Tisch aus geriegeltem Ovangkol auf der gegenüberliegenden Seite macht mächtig etwas her, während die gerade gemaserte Esche bei der Kommode oben die Linearität betont und einen ruhigen, geordneten Eindruck vermittelt.

Die Lage im Stamm entscheidet über den Faserverlauf

Bretter aus demselben Baum können sehr unterschiedliche Eigenarten aufweisen, je nachdem, von welcher Stelle eines Stamms sie herrühren. Die Maserung kommt durch die Ausrichtung der Jahresringe zustande und der Art und Weise, wie sie von den geraden Flächen eines Brettes geschnitten werden. Die Maserung wiederum trägt wesentlich zum charakteristischen Aussehen eines Bretts bei, auch wenn sie sich je nach Holzart unterscheiden kann. Der Kontrast zwischen dem Früh- und dem Spätholz, der zum Entstehen der Jahresringe führt, kann bei manchen Hölzern sehr stark sein, sodass eine deutliche Maserung entsteht, während er bei anderen Holzarten fast vollkommen fehlt, was zu einer relativ einheitlichen Fläche führt. Das Verständnis dafür, wie die Maserung das Aussehen des von uns gewählten Holzes beeinflusst, ist ein wichtiger Faktor, wenn es darum geht, das angestrebte Aussehen eines Werkstücks zu erzielen.

FLADERGESCHNITTENES HOLZ IST AUSDRUCKSSTARK

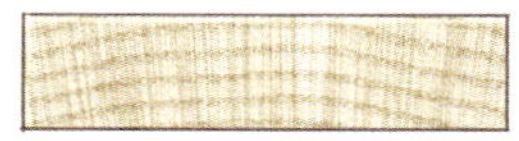

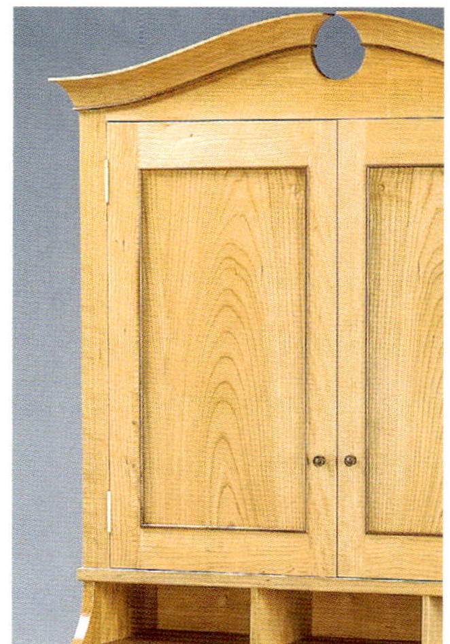

Bretter, bei denen die Jahresringe parallel zu den Flächen liegen, zeigen auf diesen sehr auffällige Maserungen. Diese sogenannten Flader können hervorragend geeignet sein, um größere Flächen wie eine Türfüllung oder ein Schubladenvorderstück zu beleben. Sie können bei eher linearen Bauteilen wie Tischbeinen oder Rahmenfriesen aber auch zu eher chaotischen Wirkungen führen.

QUARTIERGESCHNITTENES HOLZ KANN AUFFÄLLIG ODER ZURÜCKHALTEND SEIN

Ein Brett, bei dem die Jahresringe senkrecht zur Fläche stehen, zeigt schmale, gerade Maserungslinien, durch welche die lineare Natur von Bauteilen wie Blendrahmen, Türrahmen und Sprossen betont wird. Sie können auch wegen der Markstrahlen, die von der Mitte des Baumstamms nach außen weisen, einen sehr dekorativen Effekt zeigen. Bei riftgeschnittenem Holz liegen die Markstrahlen fast parallel zur Fläche des Bretts, was je nach ihrer Größe zu recht dramatischen optischen Wirkungen führen kann. Die starken Markstrahlen in Weißeiche **(1)** können sich als sehr auffällige Spiegelstriche im Holz zeigen, während die kleineren Markstrahlen der Amerikanischen Platane **(2)** zu einer schillernden Maserung führen, die an Insektenflügel erinnert. Bei Hölzern mit unauffälligen Markstrahlen wie der Esche führt der Riftschnitt zu einer ruhigen Maserung, die den Bauteilen ein geordnetes Aussehen verleiht **(3)**.

1

2

3

RIFTGESCHNITTENES HOLZ HAT AUF ALLEN SEITEN EINE GERADE MASERUNG

Bei riftgeschnittenem Holz verlaufen die Holzfasern diagonal zur Fläche. Diese Faserausrichtung führt weder zu den wilden Fladern eines scharf eingeschnittenen Bretts noch zu den deutlichen Spiegelstrichen von quartiergeschnittener Ware, aber sie hat eine sehr wichtige Eigenschaft. Die diagonale Ausrichtung der Holzfasern führt zu einer dichten, geraden Maserung auf allen vier Seiten eines Bauteils. Das ist besonders wichtig bei Bauteilen mit quadratischem Querschnitt wie Tischbeinen, bei denen man gleichzeitig auf benachbarte Seiten des Teils blickt. Wie quartiergeschnittenes lässt sich riftgeschnittenes Holz auch gut bei anderen dünnen Bauteilen verwenden, um einen geordneten Eindruck zu schaffen, der die Linienführung eines Möbelstücks betont **(1)**. Riftgeschnittenes Holz bekommt man kaum als solches im Handel. Man kann es aber leicht selbst herstellen, indem man die Außenseiten von scharf eingeschnittenen Brettern abtrennt, wo die Jahresringe meist im Winkel zu den Flächen verlaufen **(2)**.

MASERBILDER KOMBINIEREN, UM DIE BESTE WIRKUNG ZU ERZIELEN

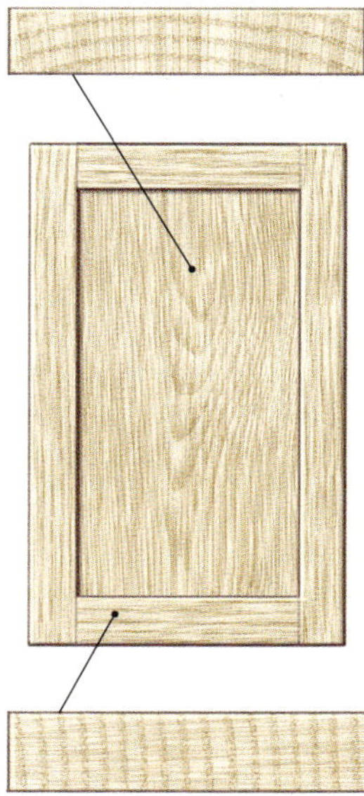

Stehende Jahresringe rahmen das auffällig gefladerte Holz ein und geben den Bauteilen des Schranks Struktur.

Wenn man Holz mit unterschiedlichen Maserungen zusammen verwendet, kann das sowohl interessant wirken als auch dem Möbelstück eine Struktur verleihen. Bei diesem schmalen, hohen Schrank aus Kirschholz wurde ein auffällig gemasertes Brett für die Türfüllungen und Schubladenvorderstücke verwendet, wodurch ein sonst eher schlichtes Möbelstück einen schönen optischen Reiz erhielt. Diese dramatischen Elemente wurden dann mit quartier- und riftgeschnittenen Bauteilen eingerahmt, um dem Stück Ordnung zu verleihen und die linearen Qualitäten des Entwurfs zu betonen. Bei der Kombination von Hölzern denken wir oft an unterschiedliche Holzarten, aber man kann auch bei ein und derselben Holzart die Kombination verschiedener Maserbilder als wichtiges Entwurfselement nutzen.

Flader verleihen Türfüllungen und Schubladenvorderstücken eine dramatische Wirkung.

Unterschiedlich gemasertes Holz aus einer einzigen Bohle

Die Querschnittszeichnung eines Holzstamms auf Seite 14 sieht man häufig in Büchern zum Thema Holzwerken. Sie ist zwar nützlich, wenn es darum geht, zu verstehen, wie unterschiedliche Maserbilder zustande kommen, je nachdem, von welcher Stelle eines Stamms ein Brett stammt. Sie kann aber auch irreführend wirken. Wenn man sich eine solche Zeichnung ansieht, kann man verständlicherweise zu der Meinung gelangen, man müsse eine Anzahl von Brettern kaufen, um für die verschiedenen Bauteile eines Werkstücks den jeweils gewünschten Faserverlauf zur Verfügung zu haben. Es ist aber so, dass man schon mit einem einzigen Brett eine relativ große Kontrolle darüber erlangen kann, wie die Holzfasern in den verschiedenen Bauteilen verlaufen. Dies kann sich wiederum sehr deutlich auf das Aussehen des fertigen Möbelstücks auswirken. Die links abgebildete Kirschbohle kann man als zwei Zoll starke, scharf eingeschnittene Ware im Holzhandel bekommen. Wenn man jedoch beim Zuschnitt der Bauteile umsichtig vorgeht, kann diese Bohle Bauteile mit Fladerschnitt, Riftschnitt und sogar Quartierschnitt liefern, mit denen sich dann die verschiedenen Aspekte der Bauteile innerhalb des Gesamtentwurfs hervorheben lassen.

Scharf- oder fladergeschnittene Bauteile erhält man aus dem Mittelstück der Bohle.

Bauteile mit diagonal verlaufenden Fasern können von den Seiten der Bohle geschnitten werden.

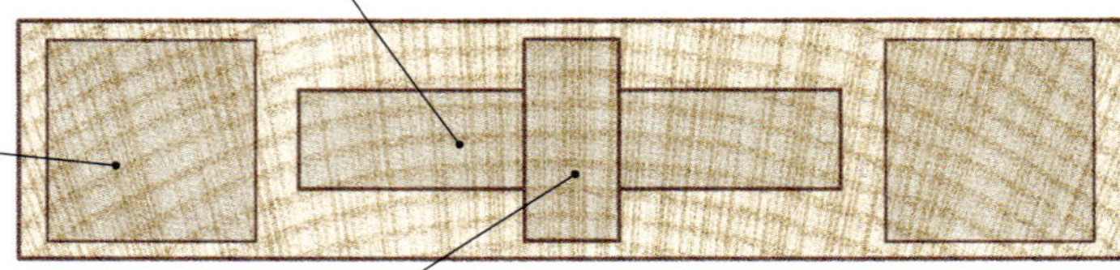

Aus dem Mittelstück kann man auch schmale Bauteile mit stehenden Jahresringen (Quartierschnitt) schneiden.

GENUG HOLZ FÜR EINEN KLEINEN TISCH AUS EINER EINZIGEN BOHLE

In einem meiner Lieblingskurse fangen meine Teilnehmer mit einer einzigen sägerauen Bohle an und haben am Ende einen eleganten kleinen Tisch. Der Kurs zeigt zwar auch sehr gut, wie man einen Tisch baut und wie man Bauteile so formt, dass sie dem Stück eine eigene Persönlichkeit verleihen, aber er bietet auch Gelegenheit, sich einmal an der Aufteilung einer Bohle zu versuchen und dabei für jedes Bauteil den richtigen Faserverlauf zu wählen. Damit der Bau des Tisches gelingt – dies gilt ebenso für jedes andere Werkstück –, muss man genau wissen, welche Kriterien für jedes Bauteil gelten, und diese Kriterien im Auge behalten, wenn man das Rohholz aufteilt.

JEDES BAUTEIL BEKOMMT DIE MASERUNG, DIE IHM AM BESTEN ZU GESICHT STEHT

Eine Bohle mit den Maßen 2500 x 200 x 50 mm liefert mehr als genug Material für alle Bauteile dieses Beistelltischchens. Es mag wie Verschwendung anmuten, dass man am Schluss sogar noch Holz übrighat, aber dieser Überschuss stellt auch sicher, dass man flexibel genug zuschneiden kann, um bei jedem Bauteil genau den gewünschten Faserverlauf zu erhalten.

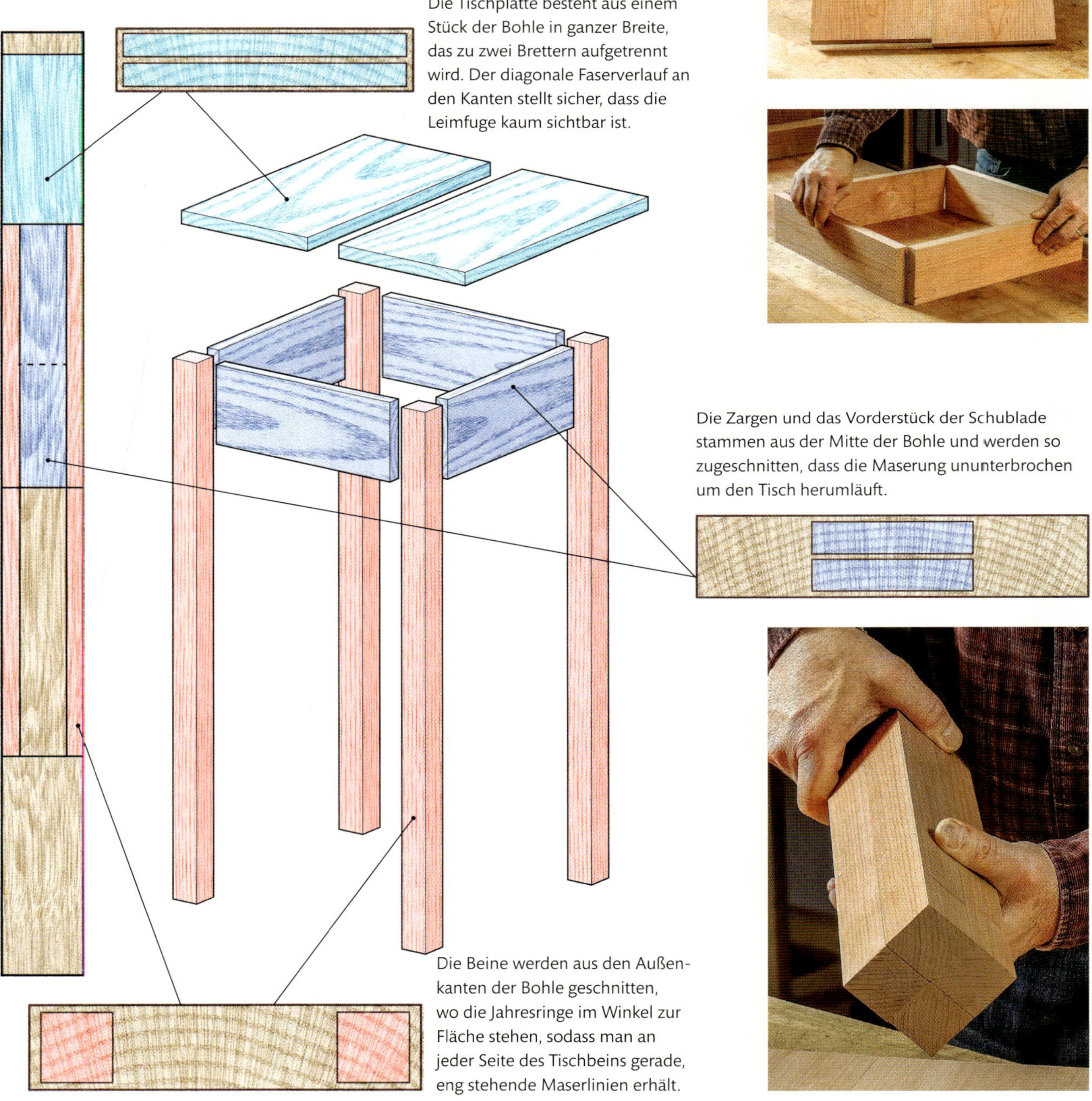

Die Tischplatte besteht aus einem Stück der Bohle in ganzer Breite, das zu zwei Brettern aufgetrennt wird. Der diagonale Faserverlauf an den Kanten stellt sicher, dass die Leimfuge kaum sichtbar ist.

Die Zargen und das Vorderstück der Schublade stammen aus der Mitte der Bohle und werden so zugeschnitten, dass die Maserung ununterbrochen um den Tisch herumläuft.

Die Beine werden aus den Außenkanten der Bohle geschnitten, wo die Jahresringe im Winkel zur Fläche stehen, sodass man an jeder Seite des Tischbeins gerade, eng stehende Maserlinien erhält.

Eben und rechtwinklig: das Fundament, auf dem das Haus gebaut wird

Die erste Aufgabe, die mir in der Schule während des Werkunterrichts gestellt wurde, bestand darin, aus einem sägerauen Kantholz mit einem Querschnitt von 50 x100 mm einen Klotz mit den genauen Maßen 25 x 75 x 300 mm herzustellen, dessen Flächen genau eben sein und genau senkrecht aufeinander stehen sollten. Wir verwendeten für die Aufgabe Maschinen – Tischkreissäge, Abrichte und Dicktenhobel –, aber sie wäre genauso gut mit Handwerkzeug zu lösen gewesen. Dieser genau bemessene Klotz stellte eine der wichtigsten Lektionen in meiner Zeit als Holzwerker dar. Nicht nur, weil ich bei seiner Herstellung ein Verständnis dafür bekam, welche Schritte für seine Herstellung notwendig waren, sondern auch, weil mir bei der Arbeit klar wurde, dass genaues Zurichten des Rohholzes die Grundlage jeder guten tischlerischen Arbeit ist. Wenn man sich nicht die Zeit nimmt, das Material eben abzurichten und rechtwinklig zu fügen, wird einem keiner der folgenden Arbeitsschritte leicht gelingen und gut ausfallen. Das Arbeiten mit windschiefen Brettern, Kanthölzern und Bohlen, deren Flächen und Enden nicht senkrecht zueinanderstehen, verursacht später unweigerlich Probleme. Auch wenn man alle späteren Schritte vollkommen perfekt ausführt, werden diese Arbeiten doch von Frustrationen begleitet sein. Die Tatsache, dass ich die mir gestellte Aufgabe mit Maschinen und nicht mit Handwerkzeugen gelöst habe, ist nicht wirklich relevant; wichtig ist, dass man weiß, wie man auf dem gewählten Weg zum gewünschten Ergebnis gelangt. Beide Methoden stellen einen vor jeweils eigene Probleme. Maschinen stellen große Investitionen dar, die man als Anfänger auf dem Gebiet der Holzbearbeitung nicht aufbringen kann oder möchte. Handwerkzeuge sind im Vergleich eher bezahlbar, erfordern aber relativ gute Kenntnisse darüber, wie man sie schärft und einstellt, bevor man überhaupt nur daran denken kann, sein Material zuzurichten. Es gibt keine Abkürzungen auf dem Weg zum guten Handwerker. Wenn man allerdings über ein gewisses Maß an Sensibilität und Durchhaltevermögen verfügt, dann wird man den Weg auch bewältigen. Man kann die Reise an verschiedenen Punkten beginnen, aber der erste Schritt sollte immer sein, dass man lernt, wie man Holz eben zurichtet und rechtwinklig fügt.

AUFTEILEN

Der erste Schritt beim Zurichten von Rohholz besteht darin, es grob aufzuteilen. Das hat eine Reihe von Vorteilen. Zum einen sind kleinere Teile leichter zu handhaben, wenn man sie abrichtet, auf Dicke hobelt oder an der Tischkreissäge zuschneidet. Man kann auch das Rohholz besser ausnutzen, wenn man es so aufteilt, dass beim Abrichten von geworfenen oder verzogenen Bohlen möglichst wenig Material abgenommen werden muss. Aber der wichtigste Grund, der dafürspricht, das Rohholz als erstes aufzuteilen, liegt darin, dass man so die Spannungen im Holz löst. Beim Trocknen des Holzes entstehen im Holz immer mehr oder weniger starke Spannungen. Diese Spannungen stehen bei einer ganzen Bohle im Gleichgewicht. Wenn man die Bohle jedoch in einzelne Teile schneidet, werden die Spannungen freigesetzt, und die Teile werfen oder verziehen sich. Deshalb länge ich alle Teile mit der Handkreissäge ab **(1)**, und trenne dicke Bohlen an der Bandsäge auf **(2)**, mit der ich auch grob auf Breite zusäge. Die Bretter sind zu diesem Zeitpunkt noch nicht eben genug, um sie sicher an der Tischkreissäge schneiden zu können. Verzogene oder geschüsselte Bretter lassen sich mit der Handkreissäge oder Bandsäge problemlos sägen **(3)**, aber an der Tischkreissäge kann sich die Sägefuge hinter dem Sägeblatt schließen und das Werkstück gefährlich zurückschlagen.

1

2

3

ZUSÄTZLICHES ROHHOLZ ERMÖGLICHT ZUSCHNITT NACH FASERVERLAUF

Ich habe gelernt, dass ich mehr Holz kaufen muss, als ich brauche, wenn ich genug Material für ein Werkstück haben will. Ich weiß, dass Holz teuer sein kann und dass es einem schwer fällt, mehr als notwendig für ein Werkstück auszugeben. Am Anfang versuchte ich, gerade so viel Holz zu kaufen, dass es für mein Vorhaben reichte. Und dann musste ich mich mit Aststellen auseinandersetzen und mir überlegen, wie ich Splintholz oder andere Holzfehler verstecken könnte. Was noch schlimmer war: Oft führte jeder Fehler dazu, dass ich ein zweites (oder drittes) Mal zur Holzhandlung fahren musste. Wenn man etwas Rohholz mehr zur Verfügung hat, lassen sich solche Probleme leichter vermeiden.

Außerdem kann man mit diesem zusätzlichen Material auch die Gelegenheit nutzen, für jedes Bauteil den idealen Faserverlauf zu wählen. Das hier gezeigte Brett ist dafür ein gutes Beispiel. Die Fasern verliefen relativ parallel zu der einen Kante, aber deutlich im Winkel zur anderen **(1)**. Wenn ich das Brett nicht mit Überbreite gekauft hätte, wäre mir am Schluss ein Bauteil verblieben, über das die Maserung diagonal verlief, was den Gesamteindruck des Werkstücks beeinträchtigt hätte. Weil ich ein breiteres Brett zur Verfügung hatte, konnte ich es so zusägen, dass die Maserung in jedem Bauteil gerade verlief **(2 und 3)**.

OPTIMALE AUSRICHTUNG DES FASERVERLAUFS IN TISCHBEINEN

1

2

Wenn man Tischbeine von den Außenkanten eines Bretts schneidet, erhält man Material mit mehr oder weniger diagonal verlaufenden Jahresringen. Falls die Richtung jedoch zu sehr von der Diagonalen abweicht, hat man doch wieder einen problematischen Maserungsverlauf und muss Zeit aufwenden, um sich zu überlegen, wie man diesen am besten versteckt. Wenn das Rohholz stark genug ist, versuche ich den Faserverlauf noch zu optimieren, damit die Maserung auf jeder Seite möglichst gerade ist. Ich muss mich immer noch entscheiden, welche Seiten am besten aussehen, aber diese Entscheidungen sind wenigstens etwas leichter zu treffen. Ich fertige mir zuerst eine Schablone aus Karton an, deren Ausschnitt etwas größer ist als der Rohling, den ich für das Tischbein benötige. Ich verwende die Schablone, um die Enden der Tischbeine genau diagonal zum Faserverlauf auszurichten **(1)**. Dann übertrage ich die Kanten auf die Fläche des Rohholzes **(2)** und säge die Rohlinge aus **(3)**. Um die Rohlinge dann fertigzustellen, neige ich den Arbeitstisch der Bandsäge, sodass ein Riss parallel zum Bandsägeblatt liegt, und schneide dort ein **(4)**. Danach wird der Arbeitstisch wieder in die Horizontale gebracht, und man verwendet die soeben angeschnittene Seite als Bezugsfläche, um die benachbarte Seite im rechten Winkel dazu anzuschneiden **(5)**. Abschließend werden die beiden anderen Seiten jeweils im rechten Winkel angeschnitten, um einen Rohling zu erhalten, der ein guter Ausgangspunkt für ein Tischbein ist **(6)**.

3

4

5

6

ABRICHTEN: ZUERST DIE FLÄCHEN, DANN DIE KANTEN UND ENDEN

Beim Abrichten der ersten Fläche ist der Arbeitstisch der Abrichthobelmaschine die Bezugsfläche. Wenn das Material die Hobelwelle passiert hat, übt man Druck nach unten auf den Abnahmetisch aus.

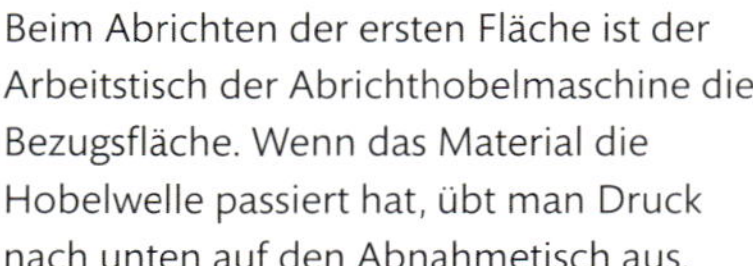

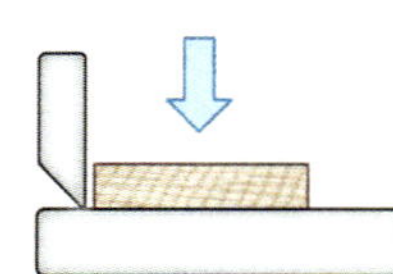

Ob man mit Handwerkzeug oder mit Maschinen zurichtet, man muss auf jeden Fall zuerst eine Fläche eben abrichten. Ich vertraue meiner Abrichthobelmaschine für diese Aufgabe **(1)**. Als nächstes wird das Material dann auf Endstärke ausgehobelt, wobei die zweite Seite parallel zur ersten gehobelt wird. Bei dieser Arbeit wird die Dicktenhobelmaschine verwendet **(2)**. Oft wird gefragt, ob man wirklich beide Maschinen benötigt – ja, denn sie erfüllen sehr unterschiedliche Aufgaben. Mit der Abrichte kann man eine zweite Fläche nicht parallel zu einer ersten aushobeln, und mit einem Dicktenhobel kann man eine erste Fläche nicht eben aushobeln. (Das Letzte stimmt so nicht ganz, aber das ist wieder eine andere Geschichte.) Als nächstes gehen wir wieder zurück zum Abrichthobel, um eine Kante des Bretts eben und senkrecht zu den beiden Flächen zu fügen **(3)**. Danach können wir endlich die Tischkreissäge einschalten, das Material auf Breite sägen **(4)** und ablängen **(5)**. Die Tischkreissäge mag zwar wie ein Mittel der rohen Gewalt anmuten, aber ich verwende sie als Werkzeug, um abschließend auf Maß zu schneiden und um Verbindungen anzuschneiden. Wenn sie richtig eingestellt und mit einem scharfen Sägeblatt ausgestattet ist, schlägt sie sich dabei recht gut. Eigentlich gilt also das Gleiche wie bei einem Handwerkzeug.

Beim Fügen der benachbarten Kante wird der Anschlag des Abrichthobels zur Bezugsfläche. Sie müssen das Material fest an den Anschlag drücken, während Sie es über die Hobelwelle führen, um eine rechtwinklige Kante zu erhalten.

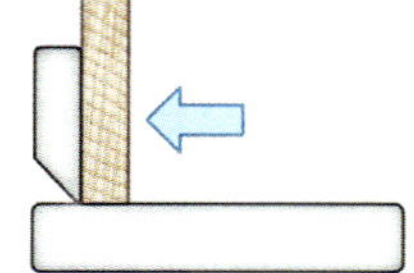

BEIM ABRICHTEN VON QUADRATISCHEN ROHLINGEN KANN MAN AUF DIE TISCHKREISSÄGE VERZICHTEN

Bei Material mit quadratischem Querschnitt (und sogar bei schmalen Rohlingen bis zu einer Breite von etwa 75 mm) verwende ich die Dicktenhobelmaschine, um die letzten Seiten rechtwinklig zu fügen. Fügen Sie an der Abrichte zwei benachbarte Seiten rechtwinklig (1), und kennzeichnen Sie die Kante, um sie als Bezugskante beim Hobeln zu verwenden (2). Hobeln Sie dann die beiden anderen Seiten in der Dicktenhobelmaschine aus, indem Sie die abgerichteten Seiten auf den Arbeitstisch auflegen (3). Auf diese Weise erhalten Sie Bauteile mit genau quadratischem Querschnitt, ohne sich mit Spuren von der Tischkreissäge plagen zu müssen.

Einige Gedanken über das Zurichten

Ich möchte an dieser Stelle eine kleine Pause einlegen, weil wir einen furiosen Start hingelegt haben. Bevor wir das Thema ‚Zurichten' hinter uns lassen, wäre es meines Erachtens gut, ihm noch einen weiteren Blick zu widmen.

Die Diskussion über die Auswahl und das Zurichten des Rohholzes drehte sich vor allem darum, wie man von sägerauem Holz zu solchem gelangt, das abgerichtet und auf Maß gebracht worden ist. Das mag manchmal wie eine laute und staubige Plackerei anmuten, aber man schafft damit die Grundlage für alles, was danach noch folgt. Der Trick dabei ist, vom fertigen Werkstück auszugehen und festzulegen, wie in jedem seiner Teile die Holzfasern verlaufen sollen. Davon ausgehend kann man in der Holzhandlung die Bretter und Bohlen aussuchen, die den gewünschten Faserverlauf aufweisen, und dann kann man anfangen, die Aufteilung dieses Materials so zu planen, dass man Bauteile erhält, die das gewünschte Aussehen aufweisen. Ich sage oft, dass über ein ansprechendes Aussehen schon in der Holzhandlung entschieden wird, und das ist genau, worauf ich hinaus will – je sorgfältiger man bei der Holzauswahl vorgeht, desto wahrscheinlicher ist es, dass man am Schluss zu dem Möbel gelangt, das man sich vorgestellt hatte, bevor man mit der Arbeit begann.

Wenn man dies bedenkt, wird die scheinbar banale Arbeit des Zurichtens zu einer wichtigen Voraussetzung für das Gelingen des Werkstücks, sowohl in Hinsicht auf die Einfachheit und Genauigkeit der Konstruktion als auch in Hinsicht auf das endgültige Aussehen. Wenn man diese Arbeit richtig bewältigt, ist das Holzwerken plötzlich ein ganzes Stück einfacher und befriedigender geworden.

„Kann man nicht jemanden dafür bezahlen, dass er das Zurichten für einen erledigt?" Die Antwort auf diese vernünftig klingende Frage lautet „Nein", weil während des Zurichtens ein sehr wichtiger Vorgang abläuft. Sie lernen Ihr Material kennen. Beim Abrichten und Aushobeln wird man (unabhängig davon, ob es maschinell oder mit Handwerkzeug geschieht) sehr schnell mit dem Faserverlauf vertraut, man merkt, wo er die Richtung ändert und wo es vermutlich zu Faserausrissen kommen wird. Man merkt sich die besonders schönen Flächen, aber auch die Aststellen, die Holzfehler und Splintholzkanten, und man beginnt, den Zuschnitt der Bauteile dementsprechend zu planen. In der Holzhandlung bin ich stets auf der Suche nach den ‚perfekten' Bohlen, aber die Realität sieht immer anders aus als dieses Ideal. Holz ist ein organisches Material, und seine vom Zufall geprägte Natur trägt zwar wesentlich dazu bei, es so ansprechend zu machen, sie kann aber trotzdem frustrierend sein, wenn man auf der Suche nach dem Faserverlauf ist, der haargenau für jedes Bauteil eines Werkstücks passt. Letztendlich nehme ich die besten Bohlen, die ich finde, und lasse es damit gut sein. Wenn ich dann in die Werkstatt komme, bemühe ich mich nach Kräften, das beste Holz dort zu verwenden, wo es drauf ankommt, und die Holzfehler an Stellen zu verstecken, wo man sie nicht so leicht sieht. Am Ende dieses Auswahl-, Abricht- und Zuschnittprozesses fühlt es sich manchmal an, als hätte ich meine Zeit damit verbracht, immer das geringste Übel auszuwählen, und meine anfängliche Hoffnung, ein perfektes Werkstück zu schaffen, hat etwas Schaden genommen. Das Merkwürdige ist, dass ich dann vielleicht etwas frustriert bin, dass aber das Ergebnis meiner Bemühungen meist doch recht ansprechend aussieht, wenn ich einen Schritt zurücktrete. Das ist inzwischen so oft geschehen, dass ich angefangen habe, mich darauf zu verlassen: Wenn ich bei jeder anstehenden Aufgabe mein Bestes gebe und mit der gleichen Absicht dann zum nächsten Schritt übergehe, dann werde ich auch das Ergebnis erhalten, das ich mir erhoffe.

Mit Dreiecken für Ordnung sorgen

Man hört oft, gute Verbindungsarbeit beginne mit dem guten Anreißen. Ich würde hinzufügen, dass die Voraussetzung für gutes Anreißen und gut angeschnittene Verbindungen das deutliche Markieren der Bauteile ist. Wenn Sie schon einmal einen halben Tag damit verbracht haben, Schwalbenschwanzzinkungen für eine Schublade zu schneiden, nur um dann den letzten Satz Zinken in die falsche Richtung zu schneiden, dann wissen Sie, wie wichtig es ist, alle Bauteile deutlich zu kennzeichnen und stets auf diese Markierungen zu achten.

Je ehrgeiziger die Werkstücke werden und je mehr Türen und Schubladen sie aufweisen, desto größer wird auch die Gelegenheit, Teile miteinander zu verwechseln. Wenn man nicht über ein System verfügt, um schnell all die ansonsten nicht zu unterscheidenden Bauteile zu identifizieren und richtig anzuordnen, wird man unweigerlich Fehler machen.

Um mir das Heulen und Zähneklappern zu ersparen, das auf falsch angeschnittene Verbindungen folgt, verwende ich das Tischlerdreieck: Ein täuschend schlichtes Markierungszeichen, das auf magische Weise die DNA jedes Bauteils aufschlüsselt, mit dem ich arbeite, und so Fehler vermeiden hilft, noch bevor sie sich ereignen.

Im Gegensatz zu komplizierteren Markierungssystemen mit korrespondierenden Zahlen, Buchstaben oder Hieroglyphen liefert das schlichte Dreieck alle Informationen, die man für jedes Bauteil benötigt – welche Fläche und welche Kante nach oben und außen weisen, und an welcher Stelle welche Verbindung angeschnitten wird. Ob man einfach nur eine Tischplatte verleimen oder ein kompliziertes Korpusmöbel mit vielen Bauteilen konstruieren will: Das Tischlerdreieck ist die einfachste und intuitivste Weise, Ordnung in alle Bauteile zu bringen.

Jedes Bauteil wird auf der Sichtseite oder Oberkante mit einem Teil eines Dreiecks oder einem ganzen Dreieck gekennzeichnet, dessen Spitze nach vorne oder oben weist. Bei einer Tür aus Rahmen und Füllung legen Sie zum Beispiel zuerst die Längsfriese nebeneinander. Zeichnen Sie ein Dreieck über die Sichtseiten der beiden Friese. Die Spitze weist nach oben. Legen Sie dann die Querfriese zusammen, und markieren Sie sie mit einem weiteren nach oben weisendem

JEDES BAUTEIL BEKOMMT EIN STÜCK EINES DREIECKS

Es gibt viele verschiedene Arten, die Teile eines Werkstücks zu kennzeichnen; ich finde das sogenannte Tischlerdreieck am einfachsten und effektivsten. Wenn ich das Dreieck angezeichnet habe, kann ich jedes beliebige Teil aus der Unordnung auf meiner Hobelbank nehmen und weiß sofort, wo es im Werkstück hingehört, welche Seite nach vorne und welche nach hinten, welche nach oben und welche nach unten weist. Der erste Schritt beim Markieren der Teile besteht darin, sie so anzuordnen, wie man sie haben möchte. Bei einer Tür in Rahmen-und-Füllungsbauweise legt man die Teile so vor sich, dass die Vorderseiten nach oben weisen, schiebt sie dann paarweise zusammen und zieht jeweils ein Dreieck über die Paare. Wenn die Teile wieder zum Rahmen ausgelegt werden, sollten alle Dreiecke in die gleiche Richtung weisen.

SICH IN EINEM KLEINEN TISCH ZURECHTFINDEN

Selbst ein scheinbar einfaches Werkstück wie dieser Beistelltisch von Christian Becksvoort besteht aus einer ansehnlichen Zahl von Bauteilen und einer ebenso ansehnlichen Zahl von Möglichkeiten, sie durcheinander zu bringen. Es ist hilfreich, wenn man die Bauteile zu Gruppen zusammenstellt – Tischplatte, Zargen, Schubladenvorderstück, Traversen und Tischbeine – und dann Dreiecke anzeichnet, um die Lage jedes Teils innerhalb seiner Gruppe festzulegen.

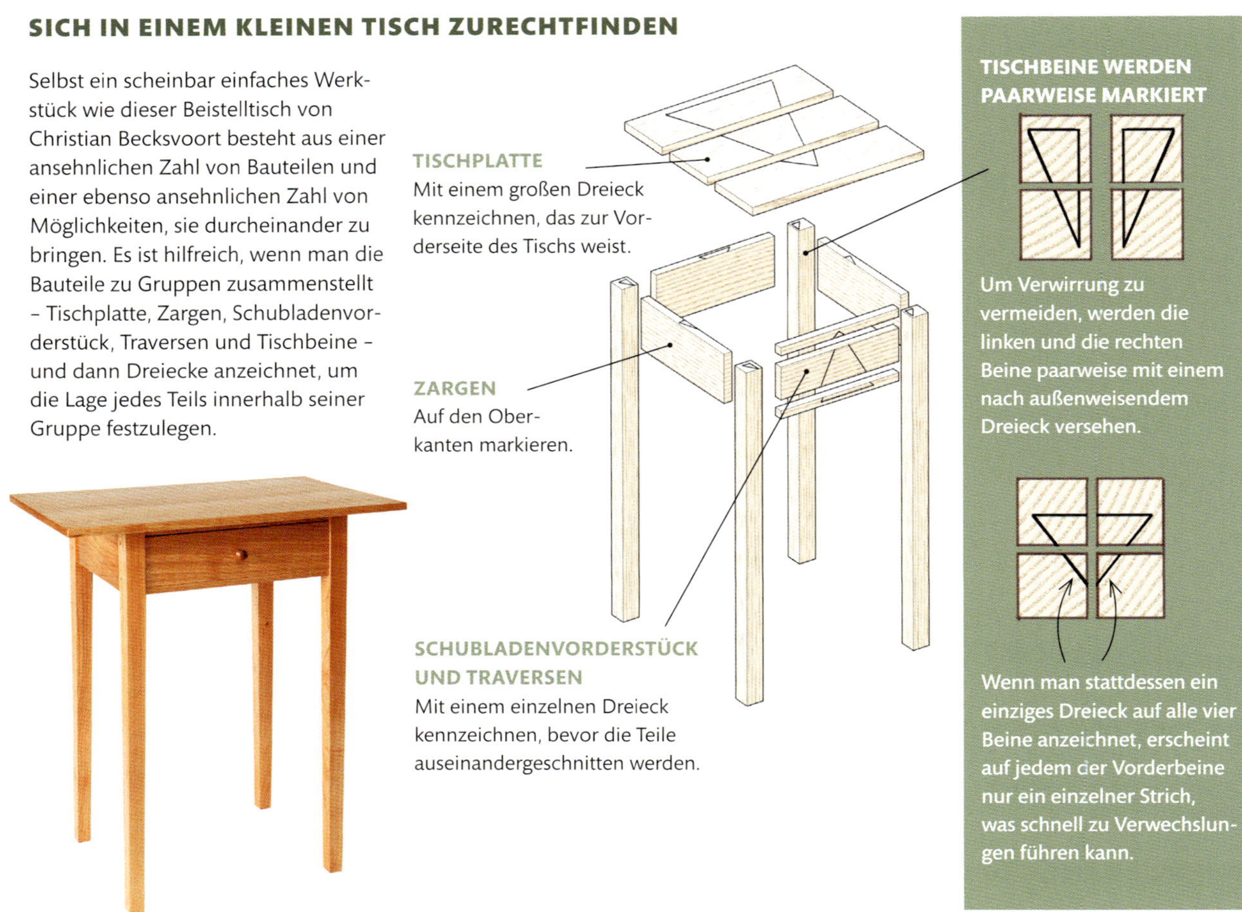

Dreieck. Markieren Sie abschließend auch die Füllung. Jedes Bauteil weist jetzt eine Markierung auf, aus der seine Lage in der Tür, seine Sichtseite und seine senkrechte Ausrichtung abzulesen ist.

Bei Schubladen werden nicht die Sichtseiten, sondern die Oberkanten der Stücke mit Dreiecken gekennzeichnet, die nach vorne weisen. Die Oberkanten der Seitenstücke erhalten ein Dreieck, die Oberkanten des Vorder- und Hinterstücks ein weiteres. Korpusse und die Zargen von Tischen werden auf die gleiche Weise mit Dreiecken auf den Sichtseiten und Oberkanten gekennzeichnet.

Bei Tischbeinen wenden Sie ein anderes Verfahren an. Wenn man auf die oberen Enden aller vier Beine ein einziges Dreieck zeichnet, erhalten die beiden vorderen Beine jeweils nur einen schrägen Strich, was zu Verwechselungen führen kann. Kennzeichnen Sie stattdessen die oberen Enden paarweise an, indem Sie jeweils rechtwinklige Dreiecke auf die linken und auf die rechten Beine zeichnen. So haben Sie genug Informationen, um Verjüngungen und Verbindungen an die Tischbeine anzuschneiden. Rechtwinklige Dreiecke sind auch nützlich, wenn es in einem Werkstück zwei gleiche Elemente gibt – Türen oder Schubladen zum Beispiel. Falls es mehr als zwei Elemente sind, nummeriert man sie auf die einfachste und systematischste Weise, die möglich ist.

Die paar Sekunden, um Tischlerdreiecke auf die Bauteile zu zeichnen, zahlen sich beim Anreißen und Anschneiden der Verbindungen wirklich aus. Unabhängig davon, wie geduldig Sie auch Ihre Maschinen einrichten und Ihr Material zurichten, wird es doch keine zwei Holzstücke geben, die in jeder Hinsicht genau gleich sind. Die Maße eines jeden Stücks können sich

EIN KORPUS MIT VIELEN BESTANDTEILEN

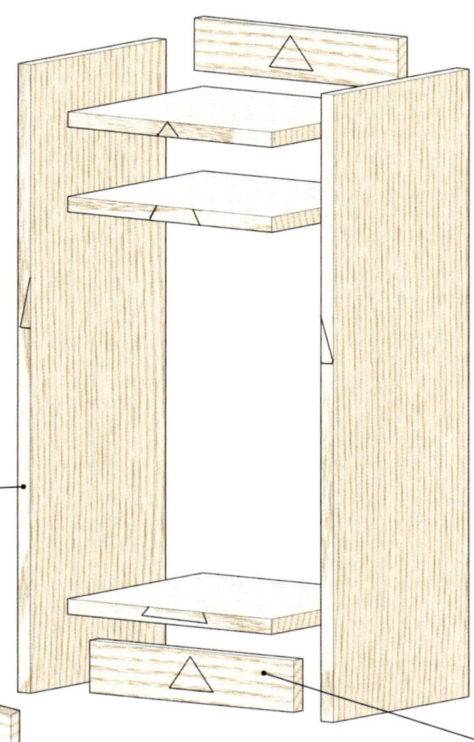

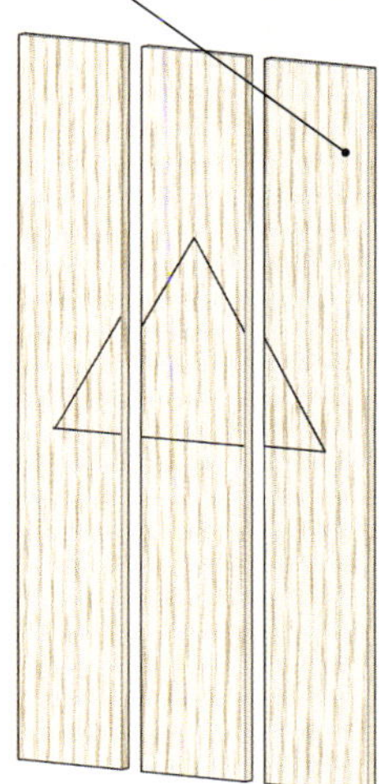

RÜCKWAND
Zeichnen Sie auf der Vorderseite ein nach oben weisendes Dreieck an.

KORPUSTEILE
Die Seitenteile und Zwischenböden werden an den Vorderkanten mit nach oben weisenden Dreiecken versehen.

Korpusteile, die nach vorne weisen, wie die Scheuerleiste und die obere Teilrückwand erhalten auf der Sichtseite ein Dreieck.

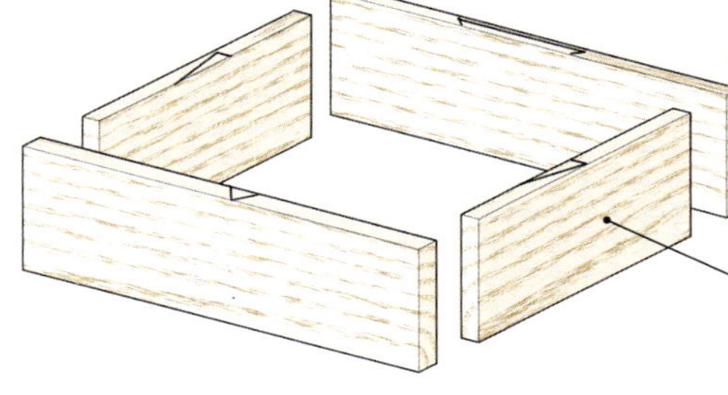

SCHUBLADE
Zeichnen Sie auf die Oberkanten der Seitenstücke und des Vorder- und Hinterstücks jeweils ein nach vorne weisendes Dreieck.

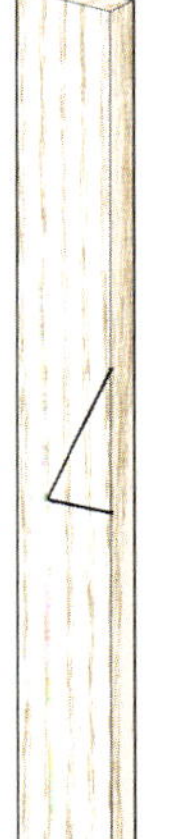

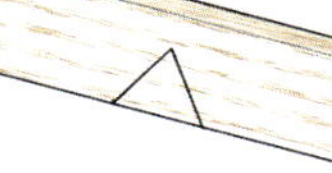

TÜR
Zeichnen Sie ein Dreieck auf die Querfriese und eines auf die Längsfriese, jeweils nach oben weisend. Falls die Tür eine Holzfüllung erhält, wird diese auch mit einem Dreieck gekennzeichnet.

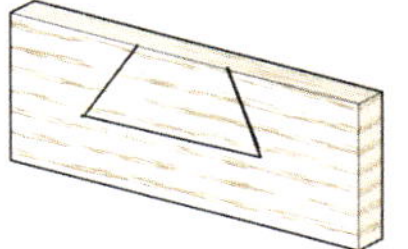

GLEICHE BAUTEILE MARKIEREN

Wenn ein Werkstück mehrere gleiche Türen oder Schubladen enthält, kann das zusätzlich für Verwirrung sorgen. Bei Türpaaren verwende ich rechtwinklige Dreiecke. Wenn man die senkrechte Seite des Dreiecks zur Mitte hinweisen lässt, erhält jedes Bauteil eine eindeutige Markierung. Bei Schubladenpaaren gehe ich genauso vor, gehe aber noch einen Schritt weiter, indem ich jede Schublade so markiere, als sei sie ein Einzelstück, und zusätzlich jedes Bauteil mit einer Nummer versehe.

KONSISTENTE ERGEBNISSE BEI DER MASCHINENARBEIT

Wenn man bei der Maschinenarbeit konsequent auf die Bezugsflächen der Bauteile achtet, erhält man konsistentere Ergebnisse. Tischlerdreiecke helfen dabei sehr. An der Tischkreissäge wird das Dreieck am Anschlag angelegt, wenn man Nuten schneidet **(1)**. Wenn man Zapfen schneidet, legt man die Bezugsfläche auf den Arbeitstisch, stellt die Schnitthöhe auf die Unterkante der Nut ein und schneidet die erste Zapfenwange **(2)**. Auch beim Schneiden der Schlitze wird die Bezugsfläche am Anschlag angelegt **(3)**. Zusammen stellen diese Maßnahmen sicher, dass die Bauteile an der Vorderseite alle fluchten, auch wenn ihre Stärke unterschiedlich oder die Schlitze nicht genau mittig angeschnitten sein sollten.

1

2

3

im Laufe der Zeit geringfügig verändern. Indem man die Tischlerdreiecke zu Hilfe nimmt, kann man sicherstellen, dass wenigsten eine Seite (meist die vordere) jeder Baueinheit eben ist und fluchtet.

Das funktioniert auf folgende Weise. Damit alle Verbindungen an der Vorderseite einer Tür aus Rahmen und Füllung fluchten, werden die Sichtseiten der Quer- und Längsfriese an den Anschlag der Tischkreissäge angelegt, wenn man die Nut für die Füllung schneidet, und die gleichen Sichtseiten werden auch an den Anschlag der Schlitzstemmmaschine angelegt, wenn man die Schlitze schneidet. Durch diese Ausrichtung stellen Sie sicher, dass die Entfernung von der Sichtseite der Friese zur Füllungsnut und von der Sichtseite zum Schlitz gleich sind. Falls die Friese nicht genau gleich stark sind, zeigt sich das an der Rückseite der Tür, nicht an der Vorderseite. Das Gleiche gilt, wenn man Zapfen schneidet. Schneiden Sie zuerst die Wangen, die nach vorne weisen, in der gleichen Entfernung von der Sichtseite des Querfrieses. Falls Sie dann nachschneiden müssen, um eine gute Passung zu erreichen, tun Sie das auf der nach hinten weisenden Wange..

Ich achte auch auf die Tischlerdreiecke, wenn ich Verbindungen mit der Hand anschneide. Beim Zinken einer Schublade zeigen mir die Dreiecke, wo ich an den Seitenstücken die Schwalbenschwänze anreißen muss. Wenn ich die Schwalbenschwänze geschnitten habe, spielen die Dreiecke ihre wichtigste Rolle: Sie stellen sicher, dass die Bauteile korrekt ausgerichtet sind, wenn ich die Zinken auf dem Vorder- und Hinterstück anreiße. Ich richte mich auch wieder nach den Tischlerdreiecken, wenn ich an der Tischreissäge die Nuten für den Schubladenboden schneide.

Auch beim Verleimen ist es wichtig, die Bauteile an der richtigen Stelle und in der vorgesehenen Richtung anzuordnen. Bevor Sie also die Bauteile verputzen und die Tischlerdreiecke durch Hobeln oder Schleifen entfernen, sollten Sie sie an den Verbindungen wieder auftragen, wo man sie später nicht mehr sieht.

UNNÖTIGE HANDARBEIT VERMEIDEN

Die Arbeit an der Hobelbank kann so schon anstrengend genug sein, ohne dass man Rohlinge nachschneiden muss, weil man Schwalbenschwänze an der falschen Stelle angeschnitten hat. Das kommt in jedem Kurs, den ich leite, mindestens einmal vor, und es ist immer frustrierend für den Teilnehmer. Auch in meiner eigenen Werkstatt werde ich von der Furcht beherrscht, die gute Arbeit an einer Zinkung umsonst zu machen, und deshalb behalte ich meiner Tischlerdreiecke sorgfältig im Auge, wenn ich Verbindungen anzeichne.

WÄHREND DER ARBEIT DIE MARKIERUNGEN ERNEUT ANBRINGEN

Bei der Oberflächenbearbeitung neigen die Tischlerdreiecke zum Verschwinden. Wenn man nicht vorsichtig ist, steht man plötzlich da und versucht sich zu erinnern, wo welches Bauteil hingehört. Bevor ich also an die Oberflächenarbeit gehe, übertrage ich die Dreiecke auf unauffällige Stellen wie etwa Zapfenwangen. Man kann den Stress beim Verleimen auch etwas reduzieren, indem man die Dreiecke auf Klebeband überträgt, das an den einzelnen Bauteilen befestigt wird.

Der gezeichnete Arbeitsplan

Nachdem jedes Bauteil des Werkstücks mit einem Tischlerdreieck gekennzeichnet ist, gibt es noch eine weitere, ebenso wichtige Aufgabe, die wir erledigen müssen, bevor wir mit der Arbeit beginnen. Ich nenne dies einen gezeichneten Arbeitsplan. Nehmen Sie sich ein paar Minuten Zeit, und kennzeichnen Sie an jedem Bauteil die ungefähre Lage der Verbindungen. Nicht mit dem Tischlerwinkel, Lineal oder Anreißmesser – nur ein Bleistiftkringel, um einen Falz, Schlitz oder eine Zinkung zu markieren. Wenn Sie später präzise anreißen oder die Verbindungen anschneiden, können Sie sich nach diesem Arbeitsplan richten, um sicherzustellen, dass alles seinen richtigen Platz findet. Es mag gegen die Intuition gehen, wenn man so die Platzierung der Arbeitsschritte und ihre Ausführung in zwei Schritte aufteilt, aber es ist wesentlich effizienter, die Aufmerksamkeit jeweils nacheinander ungeteilt einer Aufgabe zuzuwenden als beiden gleichzeitig.

Diese Methode ist bei der Handarbeit wichtig, wo man viel Zeit und Arbeit umsonst aufwenden kann, wenn die Bauteile oder ihre Ausrichtung durcheinandergeraten, aber sie ist ebenso entscheidend, wenn man an einer Maschine arbeitet, an der es sehr schnell zu sehr schwerwiegenden Fehlern kommen kann.

Wenn man an der Tischkreissäge steht, das Nutsägeblatt sich dreht und die Staubabsaugung einen Höllenlärm macht, dann ist das kein guter Zeitpunkt, um noch einmal zu überlegen, wo man den Schnitt ausführen muss. Ein zuvor schnell angebrachter Bleistiftstrich reduziert den Stress dieser Situation beträchtlich und macht es mehr als wahrscheinlich, dass Sie alles an der richtigen Stelle machen.

Diese Markierungen anzubringen, geht zwar schnell von der Hand, aber der Vorgang erfordert genaues Nachdenken. Es geht darum, sich später, wenn man seine Aufmerksamkeit auf andere Dinge richten muss, darauf verlassen zu können, dass die Markierungen dort sind, wo sie hingehören. Durchgehende Verbindungen werden auf beiden Seiten des Bauteils markiert. Wenn es um das Anreißen oder die Maschinenarbeit geht, zeigt die Markierung, dass an dieser Stelle etwas getan werden muss. Gibt es keine Markierung, geschieht dort nichts. Ein Falz wird an beiden benachbarten Flächen markiert, eine abgesetzte Nut erhält eine deutliche Markierung an ihrem Ende. Falls ein Bauteil

Nehmen Sie sich einen Augenblick Zeit, um auf al en Bauteilen eines Werkstücks alle anzuschneidenden Verbindungen zu markieren (gegenüberliegende Seite). Diese groben Andeutungen dienen beim genauen Anreißen als Wegweiser. Es ist leichter, sich auf die Genauigkeit des Anreißens zu konzentrieren, wenn man sich keine Gedanken darüber machen muss, ob man auf der richtigen Seite oder am richtigen Ende eines Bauteils arbeitet.

geschweift oder verjüngt geschnitten werden soll, kennzeichnen Sie es entsprechend. Der erste Nachttisch im Shaker-Stil, den ich gebaut habe, sollte Beine mit Verjüngungen an den Innenseiten haben. Nach einem Fehlschnitt war jedes der Beine an allen vier Seiten verjüngt. Ich besitze diesen Tisch heute noch, und ich sehe diese Beine jedes Mal, wenn ich an ihm vorbeigehe. Fehler können zwar pädagogisch wertvoll sein, aber es ist nicht so angenehm, nur auf diese Weise zu lernen.

Ich habe viele Möbel gebaut, und gelegentlich habe ich auch Verbindungen an Stellen angeschnitten, wo sie nicht hingehörten. Ich kann mich aber nicht erinnern, dass mir ein solcher Fehler je unterlaufen ist, wenn ich einen gezeichneten Arbeitsplan angelegt hatte. Wenn ich einen Kurs leite, in dem ein Möbel gebaut werden soll, müssen die Teilnehmer als erstes alle Bauteile mit einem Tischlerdreieck kennzeichnen. Als zweites müssen Sie dann einen Arbeitsplan zeichnen. Das ist so wichtig, dass alle Maschinen stillstehen, bis ich mir die Bauteile jedes Teilnehmers angesehen habe. Das ist schon mit vielen Herausforderungen verbunden, wenn ich alleine arbeite. Wenn es aber darum geht, ein Dutzend Möbelstücke gleichzeitig in einer Kurswerkstatt entstehen zu lassen, dann erreicht man damit eine ganz andere Dimension. Eine, in der ich ohne die gezeichneten Arbeitspläne vollkommen verloren wäre.

Weniger messen führt zu besseren Ergebnissen

Es mag zuerst widersinnig erscheinen, dass man bessere Arbeitsergebnisse erzielt, wenn man weniger misst. Aber es spricht einiges für dieses Postulat. Wenn Sie sich schon mal die Arbeitszeichnung für ein Möbelstück angesehen haben, in der es Hunderte von Maßangaben geben kann, dann denken Sie vermutlich, Sie müssten alle diese Maße genau einhalten, damit Ihr Möbel ein Erfolg wird. Eine meine Aufgaben bei der Zeitschrift *Fine Woodworking* besteht darin, alle diese Maße zu ermitteln und in einer Arbeitszeichnung unterzubringen. Das größte Problem besteht darin, die Maße überhaupt vom Autor zu bekommen. Das liegt daran, dass er sie nicht alle kennt. Wie kann das sein? Jeder gute Möbeltischler, den ich kenne, arbeitet nach zwei sehr wichtigen Maximen. Beide drehen sich um die Kernidee, dass man weniger misst, um schneller und genauer zu arbeiten. Beide Maximen können Sie bei Ihrer Arbeit von Anfang an nutzen.

Das erste Konzept benenne ich als „gleich, nicht genau". Wenn Sie sich die Arbeitszeichnungen für den kleinen Schrank im Arts-and-Crafts-Stil auf den Seiten 120-121 ansehen, werden Sie viele Maßangaben finden. Die gute Nachricht ist, dass Sie diese Maße nicht genau einhalten müssen. Sie können hier und da etwas von ihnen abweichen und am Schluss dennoch ein schönes Möbelstück gebaut haben. Es ist aber von entscheidender Wichtigkeit, dass alle paarweise vorkommenden Bauteile genau gleich lang sind. Wenn ein Seitenteil oder Zwischenboden auch nur um einen Millimeter von seinem Gegenstück abweicht, bauen Sie schon Probleme in Ihr Werkstück ein, bevor Sie überhaupt mit der Arbeit begonnen haben. Bauteile ungleicher Länge führen zu einem Korpus, der nicht rechtwinklig ist oder dessen Verbindungen sich nicht schließen.

Der Schlüssel zum Zuschneiden der Bauteile auf die richtige Größe liegt darin, eine durchdachte Methode anzuwenden, um dieses Ziel zu erreichen. Es hört sich an, als ob man präzise arbeiten müsste, und das stimmt auch. Aber die Antwort liegt nicht darin, ein Bandmaß zu verwenden. Eine bessere Methode besteht darin, von Anfang an konsistent zu bauen, indem man die Bauteile methodisch zurichtet. So hobele ich alle Bauteile zur gleichen Zeit auf Stärke aus. Auch wenn ich geringfügig von der Idealstärke abweiche, sind doch alle Teile gleich stark. Wenn ich zusätzliches Material auf die gleiche Stärke wie bereits ausgehobelte bringen

▸ *Fortsetzung Seite 39*

VON ANFANG AN AUF RECHTWINKLIGKEIT ACHTEN

Bauteile auf Länge zu schneiden, mag wie eine recht alltägliche Arbeit erscheinen, aber sie kann sich sehr stark auf die folgenden Schritte auswirken. Es geht zu diesem Zeitpunkt nicht so sehr um die genaue Länge der Teile, die man zuschneidet, sondern vielmehr darum, ob zusammengehörende Bauteile gleich lang sind. Ihr bester Freund in dieser Phase ist ein Stoppklotz, den Sie am Querschnittanschlag anspannen **(1)**. Es ist zwar offensichtlich, dass die Seitenteile des Korpus gleichlang sein müssen **(2)** und auch der Boden und der Deckel, aber bei genauerer Betrachtung wird deutlich, dass auch die anderen waagerechten Bauteile das gleiche Maß von Brüstung zu Brüstung aufweisen wie der Boden und Deckel. Am einfachsten kann man dafür sorgen, dass später alles passt, wenn man die Bauteile jetzt alle auf die gleiche Länge schneidet **(3)**.

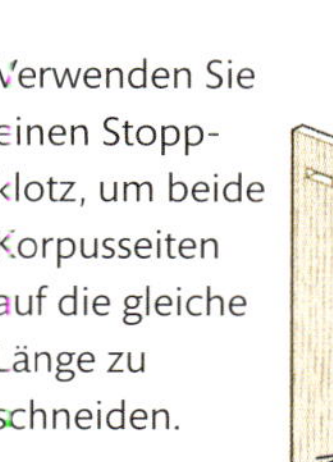

Verwenden Sie einen Stoppklotz, um beide Korpusseiten auf die gleiche Länge zu schneiden.

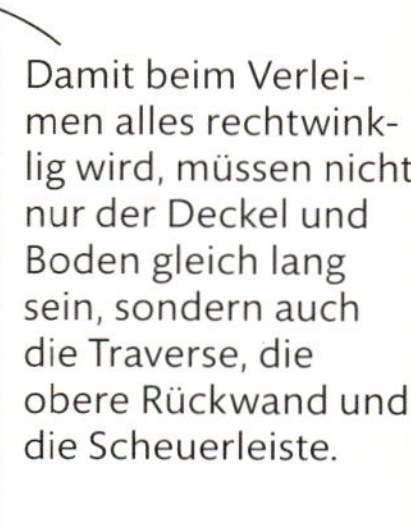

Damit beim Verleimen alles rechtwinklig wird, müssen nicht nur der Deckel und Boden gleich lang sein, sondern auch die Traverse, die obere Rückwand und die Scheuerleiste.

DIE ENTFERNUNG VON BRÜSTUNG ZU BRÜSTUNG IST DER SCHLÜSSEL ZU EINEM RECHTWINKLIGEN KORPUS

1

2

3

Auf Seite 35 habe ich erwähnt, dass Bauteile zwar unterschiedlich lang ausfallen können, dass aber jene, die von Brüstung zu Brüstung gleich lang sein sollen, auch das gleiche Ausgangsmaß haben sollten. Diese Strategie zahlt sich auf folgendem Grund aus: Wenn man die Zapfen an den Bauteilen anschneidet, kann man den Anschlag am Anfang einmal einstellen und dann mit der Arbeit beginnen **(1 und 2)**. Danach kann man die Zapfen auf ihre Endlänge schneiden **(3)** und erhält so ohne viel Arbeit genau passende Bauteile **(4)**. Ich weiß, dass es hier nur darum geht, ein paar Zapfen anzuschneiden, aber das zugrunde liegende Konzept macht einem die Arbeit leichter und sorgt zudem für eine höhere Ausführungsqualität. Das Konzept stammt vom brillanten Steve Latta, von dem ich es vor vielen Jahren übernommen habe und seitdem bei fast jedem Möbelstück anwende, das ich baue.

4

VERBINDUNGEN ANSCHNEIDEN, BEVOR DIE BAUTEILE AUF BREITE GESCHNITTEN WERDEN

1

2

Diese Idee ist das Gegenstück zum ‚Brüstung zu Brüstung'-Konzept, aber in diesem Fall werden die Bauteile, die verbunden werden sollen, zuerst auf die gleiche Breite geschnitten. Bei meinen Möbeln sieht man immer wieder Bauteile, die an den Verbindungsstellen etwas über andere hinausragen. Dieses Merkmal habe ich vom Arts-and-Crafts-Stil übernommen.

Man benötigt dafür jedoch oft eine Anzahl von Bauteilen mit jeweils etwas unterschiedlicher Breite. Wenn ich alle diese Teile auf ihr Endmaß schnitte, bevor ich die Verbindungen anschneiden, wäre das eine furchteinflößende Aufgabe – eine, an deren Bewältigung ich sehr wahrscheinlich scheitern würde. Bei diesem kleinen Schrank sind zum Beispiel der Deckel und Boden mit durchgestemmten Zapfen mit den Seitenteilen verbunden. Wenn man die Bauteile anfänglich auf die gleiche Breite zuschneidet, vereinfacht man das Anreißen der Verbindungen beträchtlich **(1)**, und die Teile später auf Endbreite zu schneiden, ist ein Kinderspiel **(2)**.

VON AUSSEN NACH INNEN BAUEN

Das Einpassen einer Tür ist ein perfektes Beispiel dafür, dass man an einem gewissen Punkt die Arbeitszeichnung beiseitelegen sollte, um ab da das Werkstück die Maße der Bauteile bestimmen zu lassen, die man anfertigt. In diesem Fall besteht die Strategie darin, die Tür etwas größer zu bauen als die Öffnung im Korpus, und sie dann auf Maß zu verputzen. Auch wenn man sein Bestes gibt, um einen rechtwinkligen Korpus zu bauen, weicht er in der Realität vermutlich etwas von diesem Ideal ab. Das ist glücklicherweise kein großes Problem. Wenn die Fugen auf allen Seiten der Tür gleich breit sind, wird das Ganze gut aussehen. Eine Tür mit Übermaß gibt Ihnen die Möglichkeit, das zu erreichen. Das Einpassen einer Tür geschieht Schritt für Schritt. Als erstes schneidet man mit der Tischkreissäge eine saubere Kante an der Unterseite der Tür an **(1)**. Dann wird die Tür mit der Scharnierseite in die Korpusöffnung gehalten und die Fuge an der Unterseite kontrolliert **(2)**. Falls die Fuge ungleichmäßig ist, legt man eine kleine Zulage am Anschlag der Tischkreissäge an und schneidet die Unterseite der Tür nach **(3)**. Wenn man so eine gleichmäßige Fuge an der Unterseite erreicht hat, wiederholt man den Vorgang an der oberen Seite. Das Ziel ist eine gleichmäßige Fuge mit 3 mm Breite an der Oberseite der Tür **(4)**. Das mag etwas breit erscheinen, wenn die Tür aber mittig ausgerichtet ist, passt es schon ganz gut. Um die Position der Scharniere anzureißen, legen Sie Zulagen unter die Tür, bis sie in der Höhe mittig ausgerichtet ist, und übertragen mit dem Anreißmesser die Ober- und Unterkante jeder Scharniertasche auf den Korpus **(5)**.

2. Schneiden Sie die Oberkante nach, sodass oben und unten eine Fuge mit 1,5 mm Breite entsteht.

1. Schneiden Sie die Unterkante der Tür zuerst so zu, dass unten eine gleichmäßige Fuge entsteht, wenn man die Tür gegen die Scharnierseite des Korpus hält.

3. Hängen Sie die Tür ein, um zu ermitteln, um wieviel die Griffseite der Tür nachgeschnitten werden muss.

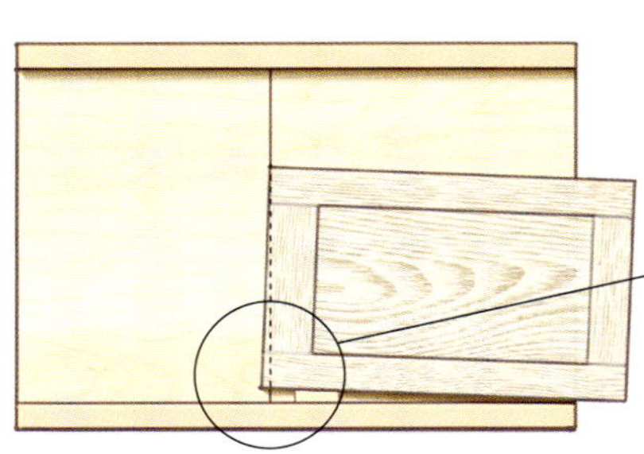

Verwenden Sie eine Zulage, um den Winkel zu bestimmen, in dem die Unterkante der Tür nachgeschnitten wird.

4

5

muss, entscheide ich mich meist für ein etwas geringeres Maß und hobele alte wie neue Bauteile zu gleicher Zeit auf diese Stärke.

Auch beim Ablängen und auf Breite Schneiden der Bauteile ist es wichtig, die richtige Vorgehensweise zu wählen. In diesem Stadium können Sie sich das Leben sogar unnötig schwer machen, wenn Sie die Teile auf die Maße zuschneiden, die in einer Arbeitszeichnung angegeben sind. Ein besserer Ansatz besteht darin, sich zuerst über die Schlüsselmaße des Stücks klar zu werden. Bei einem Korpusmöbel oder einem Tisch entscheiden die Entfernungen von Brüstung zu Brüstung darüber, wie gut die Verbindungen passen, auch wenn die Gesamtlängen der Bauteile sich unterscheiden mögen. Unabhängig davon, ob an einem Bauteil nun lange durchgehende Zapfen oder kurze abgesetzte Zapfen oder sogar Schwalbenschwanzzinken angeschnitten werden sollen, beginne ich deshalb damit, alle diese Teile auf die gleiche Länge zu schneiden. Dann kann ich die Brüstungen der Verbindungen alle mit der gleichen Einstellung anschneiden und die Teile später auf das Endmaß verputzen. Mit dieser Methode ist es wesentlich leichter, konsistente Abmessungen zu erhalten, als wenn man die Teile auf ihre unterschiedlichen Endlängen schneidet und dann versucht, das richtige Brüstungsmaß anzuschneiden, damit dann später hoffentlich alles gut zusammenpasst. Das gleiche Konzept gilt, wenn man Bauteile auf Breite schneidet. Es ist leichter, Teile gleicher Breite zu verbinden und sie danach auf ihre Endbreite zu verputzen.

Das zweite Konzept, mit dem man die Notwendigkeit von Messungen verringern kann, ist das „Arbeiten von außen nach innen“: Das bedeutet, dass man Innenteile eines Werkstücks erst dann anfertigt, wenn das Äußere zugeschnitten worden ist. Bei einem Schrank heißt das, erst den Korpus zusammenzubauen und dann die Bauteile für Tür und Schubladen auf die dadurch vorgegebenen Maße zuzuschneiden. Natürlich sind diese Maße in der Arbeitszeichnung vorgegeben, aber wer garantiert Ihnen, dass sie noch genau stimmen, wenn alles zusammengebaut wird? Es ist zwar gut, über eine bemaßte Arbeitszeichnung zu verfügen, aber es ist auch recht klar, dass es ab einem gewissen Punkt am besten ist, die Zeichnung beiseitezulegen und von dem auszugehen, was man bereits gebaut hat.

Rags

2 Fälze und Nuten

Jetzt geht es mit dem eigentlichen Möbelbau los. Wir haben Zeit und Sorgfalt aufgewandt, um aus unserem Rohholz eben abgerichtete und rechtwinklig gefügte Bretter herzustellen, und mit einem Falz oder einer Nut beginnen wir jetzt diese Bretter in Bauteile zu verwandeln. Eine gute Stelle, um mit dem Thema Holzverbindungen zu beginnen, sind zwei einfache Verbindungen, die Sie bestimmt kennen. Man sagt, dass zu große Vertrautheit leicht zu Geringschätzung führen kann, und in diesem Fall könnte das dazu führen, dass wir diesen Verbindungen nicht die Aufmerksamkeit entgegenbringen, die sie verdient haben. Dann würden wir jedoch ein wichtiges Element des Gesamtbildes außer Acht lassen. Die grundlegenden Verbindungen, die sich in fast jedem Werkstück finden, das wir bauen, bestehen fast immer aus Nuten und Fälzen. Während die Nut und der Falz nicht schwierig anzuschneiden sind, kann sich die Methode, die man dabei je nach gegebener Situation verwendet, doch unterscheiden. Deswegen besteht ein guter Teil dieses Kapitels aus Möglichkeiten, die Verbindungen anzuschneiden, und aus Hinweisen, welche Verbindung man für die anstehende Aufgabe wählen könnte.

Genauso wichtig wie das Wissen um die Herstellung einer Verbindung ist es, zu wissen, wie man sie in den eigenen Arbeiten einsetzt. Nuten und Fälze sind zwar einfach und manchmal auch nur eingeschränkt nützlich, wenn man sie alleine verwendet, aber man kann sie kombinieren, um zu vielseitigen und belastbaren Konstruktionen zu gelangen. Wenn Sie lernen, wie man diese beiden Verbindungen anschneidet und wie man sie im Möbelbau einsetzt, haben Sie schon einen guten ersten Schritt gemacht.

Kombinationen, die funktionieren

Hier ist eine kleine Auswahl der vielen Formen, in denen diese Verbindungen auftreten. Bei der Entscheidung über die Aufnahme bin ich von den Kombinationen ausgegangen, die ich selbst am häufigsten verwende. Im Laufe der Jahre haben sie mich schon oft gerettet, wenn es eng wurde, und es gibt keine einzige darunter, auf die ich gerne verzichten würde.

ECKVERBINDUNGEN

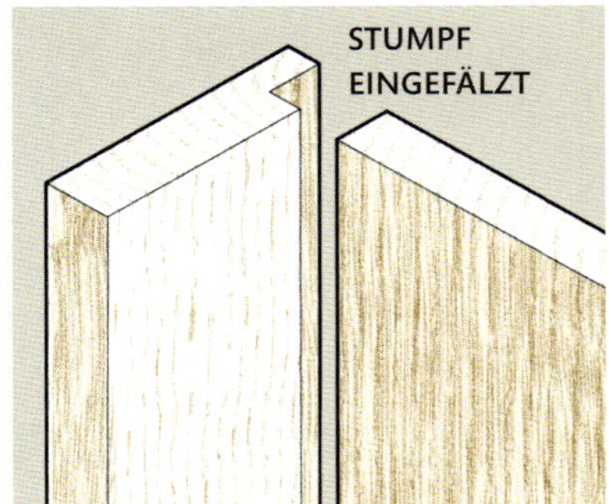

Eine einfache Art, zwei Bauteile fluchtend zu verbindend und dabei die Schmalseite des einen Teils zu verbergen.

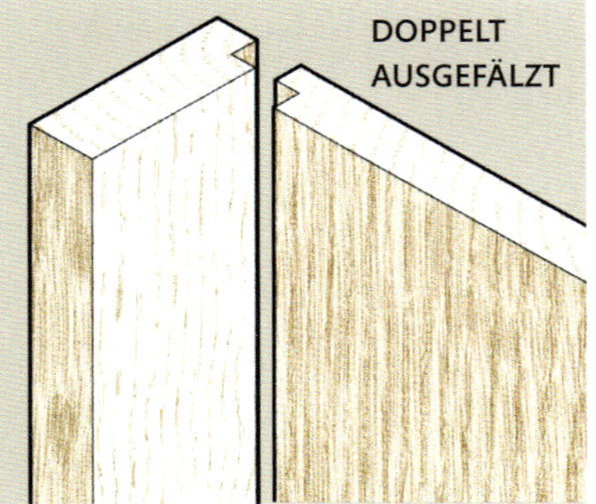

Ein zweiter Falz vermindert die Breite des einzelnen Falzes und bietet eine zweite Bezugskante.

Wenn man zusätzlich eine Nut anschneidet, ist es leichter, fluchtend zu verbinden, und die Leimfläche wird vergrößert.

VERBINDUNGEN FÜR (REGAL-) BÖDEN

Erfordert präzise auf Stärke gebrachte Böden und bietet keine sehr belastbare Verleimung.

Der Boden kann beliebig stark sein, was das Einpassen erleichtert.

Beide Seiten des Bodens können bearbeitet werden, ohne dass sich die Passung verändert.

Die Nut und der Spund sind an den Korpusvorder- und -hinterseiten nicht sichtbar.

ECKVERBINDUNGEN

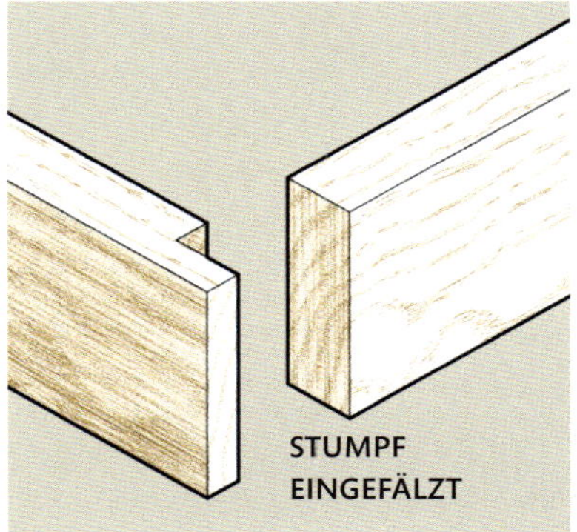

Ist leichter gut fluchtend zu arbeiten als eine einfache stumpfe Verbindung, die Verleimung ist aber dennoch nicht sehr belastbar.

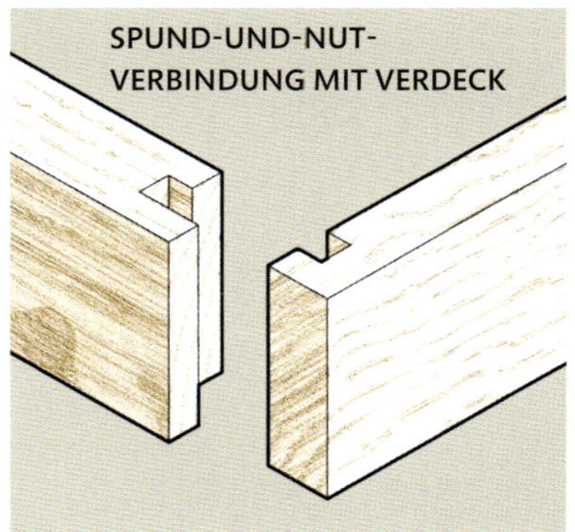

Größere Leimfläche und einfachere Fluchtung; gut für Sperrholz geeignet.

BREITENVERBINDUNGEN

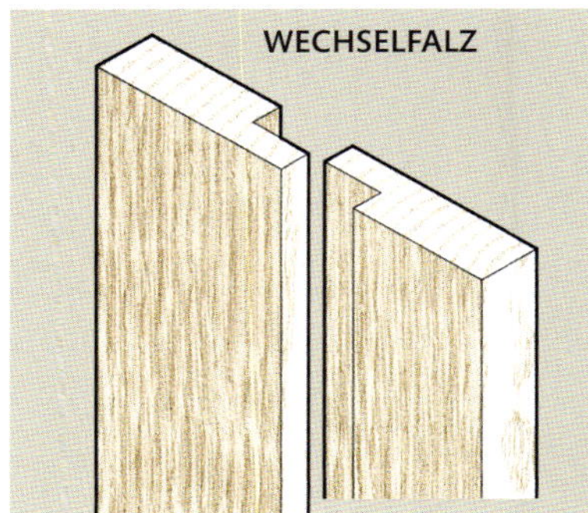

Die Fälze erlauben das Arbeiten des Holzes und verdecken Lücken.

Besser zu fluchten, aber aufwendiger anzuschneiden.

Der Spund wird durch eine Feder ersetzt, was die Konstruktion der Verbindung erleichtert.

ÜBERBLATTUNGEN

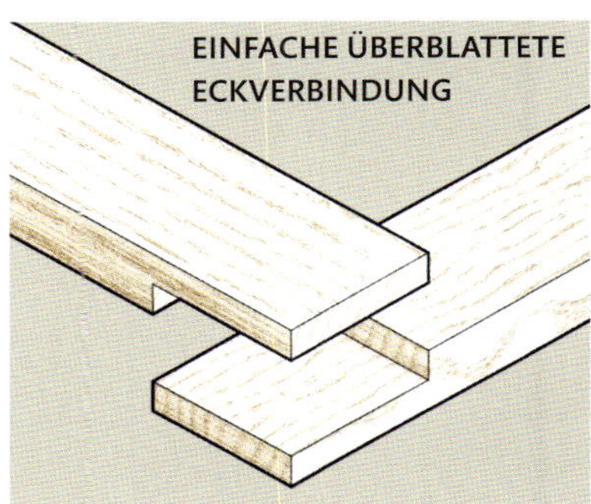

Ein gewisses Maß an Fluchtung wird gewährleistet; die große Leimfläche macht die Verbindung belastbar.

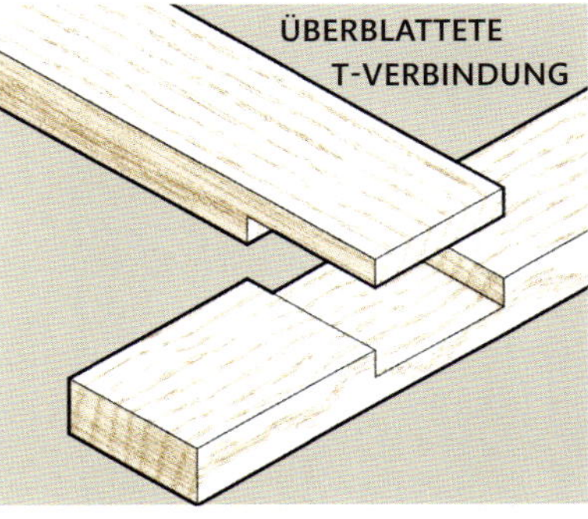

Das Querstück muss auf die Breite der Nut zugeschnitten werden; belastbare Verleimung.

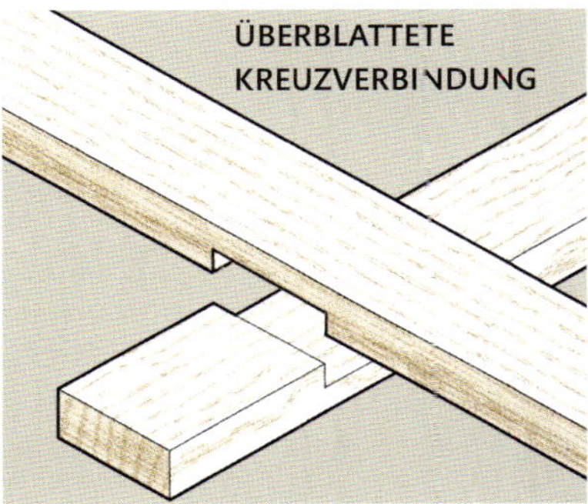

Erfordert sorgfältiges Einpassen beider Bauteile; belastbare Verleimung.

ÜBERBLATTUNGEN BEI SENKRECHT STEHENDEN BAUTEILEN

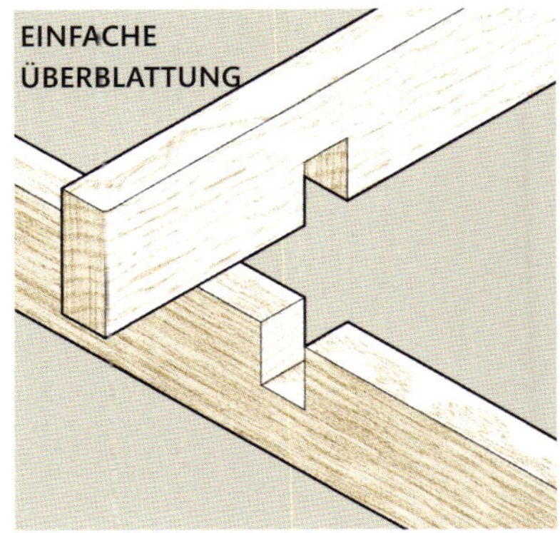

Kann schwaches ‚kurzes Holz' zur Folge haben, wenn die Verbindung nahe am Ende eines Bretts angeschnitten wird.

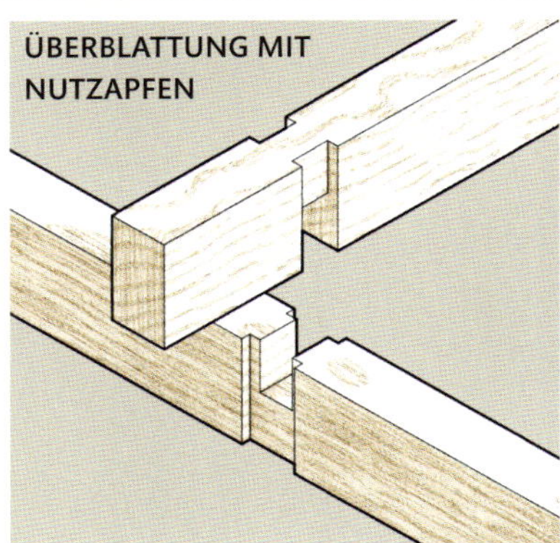

Belastbarer als die einfache Überblattung, vermeidet Probleme mit ‚kurzem Holz'.

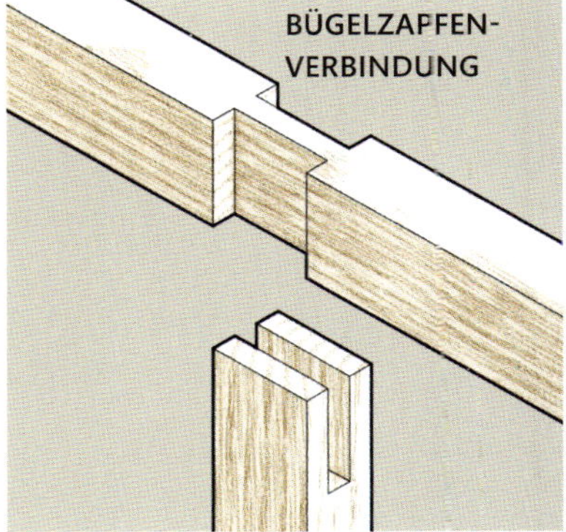

Bessere Fluchtung und doppelte so große Leimfläche im Vergleich zur einfachen Überblattung.

Bescheiden, leistet aber doch Großes: der Falz

Die Abbildungen auf den vorhergegangenen Seiten zeigen, dass ein Falz in unterschiedlichen Gestalten auftreten kann. Leider erfordern diese unterschiedlichen Ausformungen unter Umständen auch jeweils andere Methoden, um die Verbindung anzuschneiden. Kurz gesagt: Ich verwende die Tischkreissäge, wo es möglich ist, und setze die Handoberfräse ein, wenn das sinnvoller erscheint.

Wenn sich der Falz über die ganze Längsseite oder das ganze Hirnholzende eines Bretts erstreckt und das Werkstück klein genug ist, um es auf den Arbeitstisch der Tischkreissäge zu legen, wähle ich diesen Weg. Bei abgesetzten oder unterbrochenen Fälzen verwende ich die Oberfräse, je nach anstehender Arbeit entweder freihändig oder in einem Frästisch.

Auch wenn man sich entscheidet, einen Falz an der Tischkreissäge zu schneiden, gibt es dafür noch unterschiedliche Methoden. Wenn man ein normales Sägeblatt verwendet, muss man zwei Schnitte ausführen. Bei dem einen liegt das Werkstück auf dem Arbeitstisch auf, beim zweiten steht es hochkant. Mit einem Nutsägeblatt, das aus zwei äußeren Randsägeblättern und einer je unterschiedlichen Zahl von Zerspanersägeblättern besteht, kann man Fälze bis zu einer Breite von 20 mm in einem Durchgang anschneiden. Ein kleiner Hinweis: Mit einem Nutsägeblatt kann man auch sehr einfach Zapfen anschneiden, ein weiterer guter Grund, sich ein solches Werkzeug zuzulegen.

Eine gute Methode, um einen Falz anzuschneiden, besteht darin, das Falzsägeblatt auf eine größere Breite als die des Falzes einzustellen und dann nur einen Teil des Blatts zu verwenden, um den Schnitt auszuführen.

▸ *Fortsetzung Seite 48*

DURCHGEHENDE FÄLZE AN DER TISCHKREISSÄGE SCHNEIDEN

Stellen Sie zuerst Ihr Nutsägeblatt für einen Schnitt zusammen, der breiter ist als der Falz, den Sie schneiden möchten **(1)**. Spannen Sie dann einen Hilfsanschlag mit L-förmigem Querschnitt an Ihrem Parallelanschlag an, sodass er knapp oberhalb des Sägeblatts sitzt **(2)**. Der Hilfsanschlag sollte nicht vom Sägeblatt berührt werden, aber so tief sitzen, dass er das Werkstück während des gesamten Schnitts führt. Achten Sie darauf, dass der Hilfsanschlag auch von vorne nach hinten in der Waage ist. Es ist am einfachsten, wenn man die Schnitthöhe einstellt, bevor man die endgültige Einstellung des Hilfsanschlags vornimmt. Stellen Sie die Schnitthöhe mit einem Kombinationswinkel ein. Er bestimmt die Tiefe des Falzes **(3)**. Der Kombiwinkel muss auf den Arbeitstisch gestellt werden, nicht auf den Tischeinsatz, weil dieser unter Umständen nicht mit dem Tisch fluchtet. Stellen Sie dann den Kombinationswinkel auf die Breite des Falzes ein, und verwenden Sie ihn, um den Hilfsanschlag einzustellen **(4)**. Jetzt können Sie den Falz schneiden (beachten Sie die Hinweise zum Anreißen auf Seite 26, um sicherzustellen, dass Sie den Falz an der richtigen Stelle anschneiden). Verwenden Sie bei langen, schmalen Werkstücken ein langes Schiebebrett, um auf der gesamten Länge des Teils Druck ausüben zu können **(5)**.

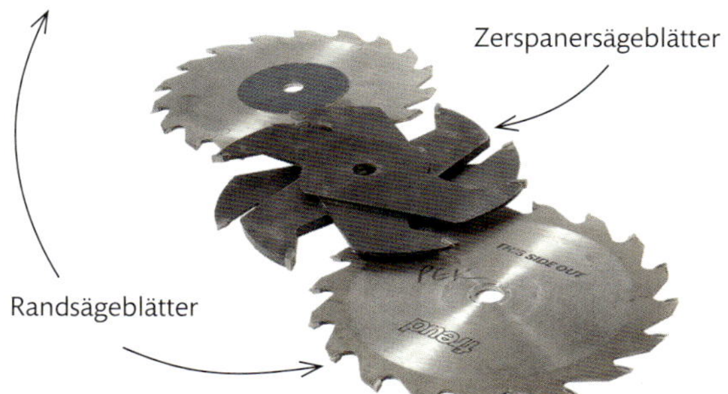

Ein Nutsägeblatt besteht aus einem Paar Randsägeblättern und einem Satz Zerspanersägeblättern unterschiedlicher Breite. Indem man sie kombiniert (und eventuell auch Zwischenscheiben verwendet), kann man Nuten in Breiten von 3 mm bis 20 mm schneiden.

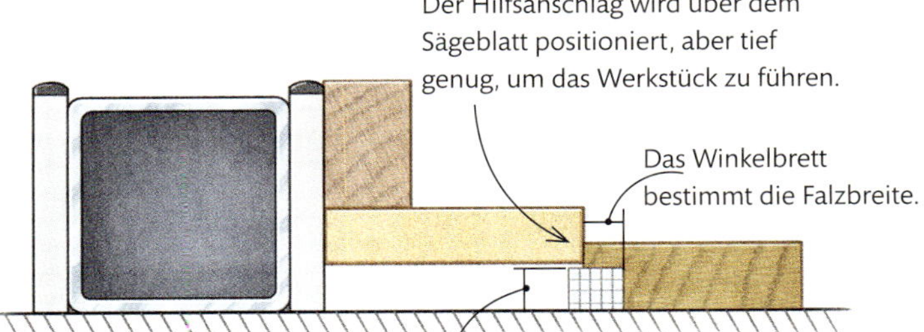

BEI BREITEN WERKSTÜCKEN EINEN SCHIEBEKLOTZ VERWENDEN

Bei breiten Werkstücken sollten Sie einen Schiebeklotz verwenden, um das Werkstück auf den Arbeitstisch zu drücken. Der breite Schnitt eines Nutsägeblatts führt zu größeren aufwärts gerichteten Kräften als bei einem normalen Sägeblatt. Das kann zum Anheben des Werkstücks führen, sodass der Falz zu flach geschnitten wird.

NEHMEN SIE SICH EINEN AUGENBLICK ZEIT, UND BAUEN SIE EINEN FRÄSTISCH

Die einfachste Form eines Frästisches besteht aus einer Handoberfräse, die kopfüber unter einem Arbeitstisch angebracht wird. Der Arbeitstisch weist in der Mitte eine Öffnung für das Fräswerkzeug auf. Dadurch wird die Oberfräse zu einer ganz anderen Maschine, mit der Sie viele Arbeiten ausführen können, die mit der handgeführten Fräse nicht zu bewältigen sind. Es gibt viele verschiedene Frästische auf dem Markt, die man auf der Werkbank einsetzen kann oder die mit einem eigenen Gestell versehen sind. Andererseits ist dies einer der Vorrichtungen, die man auch leicht und kostengünstig selbst bauen kann. Die Grundplatte der Oberfräse kann direkt an der Unterseite des Arbeitstischs angeschraubt werden, oder man erwirbt einen Oberfräsenlift, der die Fräse oder einen Fräsmotor aufnimmt (siehe gegenüberliegende Seite). Inzwischen besitze ich einen Oberfräsenlift und arbeite sehr gerne mit ihm, aber ich habe jahrelang problemlos mit einer einfachen Oberfräse gearbeitet, die an einem schlichten Arbeitstisch aus Sperrholz befestigt war. Der Fräser lässt sich am einfachsten wechseln, wenn man das Antriebsaggregat aus dem Tisch nimmt **(1)**. Die Einstellung der Schnitttiefe kann etwas mühsam sein, wenn man mit einer Hand über den Tisch und mit der anderen darunter arbeiten muss, aber es lässt sich bewältigen **(2)**. Einen losen Anschlag kann man leicht und präzise einstellen, indem man ein Ende anspannt und bewegt, bis die gewünschte Einstellung erreicht ist, und dann das andere Ende festspannt **(3)**.

TIPP

Am einfachsten lassen sich die Befestigungslöcher und die Öffnung für den Fräser auf dem Arbeitstisch anreißen, indem man die Grundplatte der Oberfräse als Schablone verwendet.

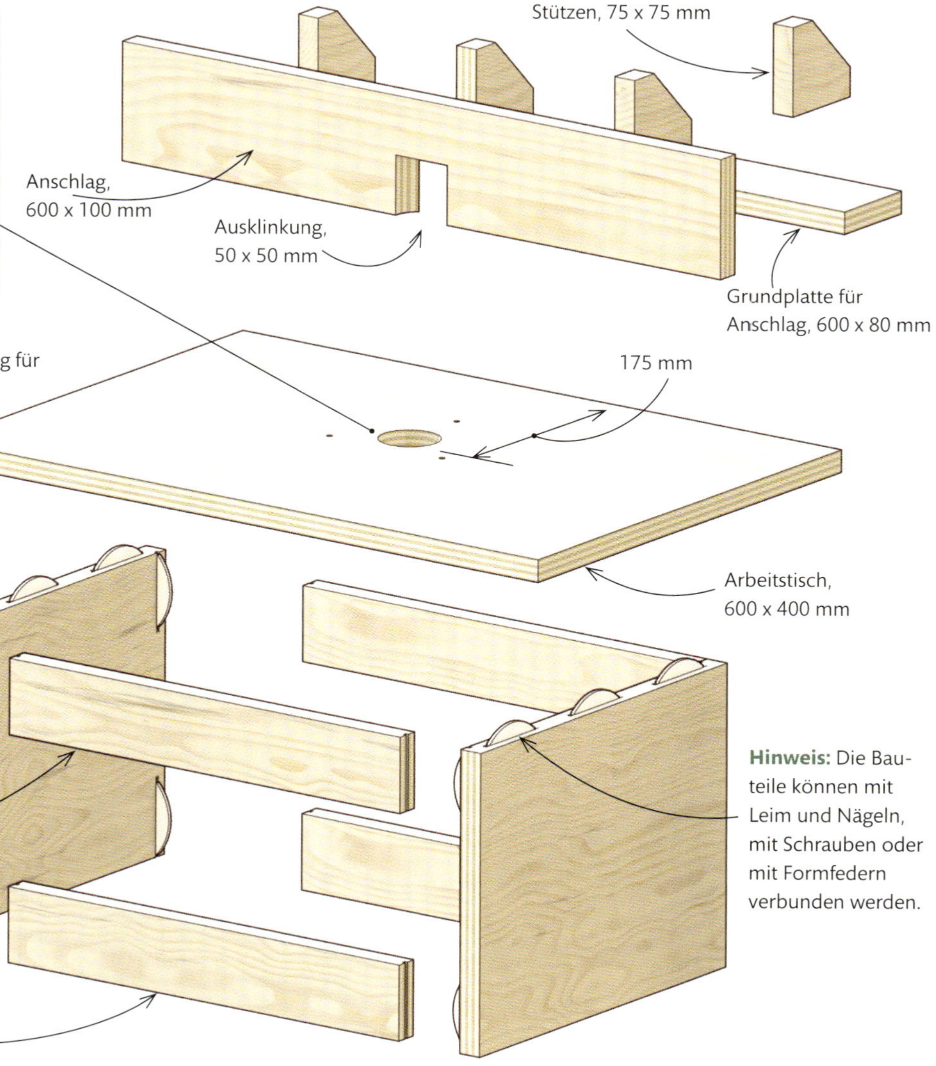

Stützen, 75 x 75 mm

Anschlag, 600 x 100 mm

Ausklinkung, 50 x 50 mm

Grundplatte für Anschlag, 600 x 80 mm

175 mm

Arbeitstisch, 600 x 400 mm

Seitenwände, 330 x 250 mm (Höhe ggf. entsprechend der Höhe der Oberfräse abändern

Obere Zarge, 380 x 50 mm

Untere Zarge, 380 x 60 mm

Hinweis: Die Bauteile können mit Leim und Nägeln, mit Schrauben oder mit Formfedern verbunden werden.

1

2

3

EIN FRÄSLIFT MACHT DIE ARBEIT BEQUEMER

Ein Fräslift kann einige Hundert Euro kosten. Hinzu kommen auch noch die Kosten für das Antriebsaggregat und für einen Frästisch, um den Fräslift aufzunehmen. Allerdings bietet er dann auch einiges an Gegenwert. Bei den meisten Fräsliften kann man den Fräser von oben wechseln. Auch die Schnitttiefe lässt sich von oben einstellen, viele Fräslifte haben zudem sehr präzise Feineinstellungsvorrichtungen.

ABGESETZTE FÄLZE AM FRÄSTISCH SCHNEIDEN

Um einen einfachen abgesetzten Falz zu schneiden, reißt man zuerst das abgesetzte Ende des Falzes am Werkstück an **(1)** und winkelt den Riss auf die Oberseite um. Bei geschwungenen Kanten muss man einen Falzfräser mit Anlaufring verwenden, aber bei geradem Material verwende ich einen einfachen Falzfräser, der in die Ausklinkung des Anschlags ragt. Um zu fräsen, stellt man zuerst den Anschlag auf die gewünschte Breite des Falzes ein **(2)**, und zeichnet dann senkrechte Linien auf den Anschlag, um den Schnittbereich des Fräsers zu kennzeichnen **(3)**. Wenn man den Falz fräst (wenn der Fräser wie hier in den Anschlag hineinragt, wird das Werkstück immer von rechts nach links am Anschlag entlanggeführt), wird der Riss für das Falzende am Werkstück an der linken Markierung am Anschlag ausgerichtet, und das Werkstück in den Fräser hineingeschwenkt, um die Fräsung zu beginnen **(4)**. Führen Sie das Werkstück dicht am Anschlag und auf dem Tisch entlang, und machen Sie eine langsame, gleichmäßige Fräsung **(5)**. Wenn ich das Verfahren in einem Kurs unterrichte, bringe ich oft am Anfang und Ende des Falzes einen Stoppklotz am Anschlag an, um sicherere und konsistentere Schnitte zu erzielen. Bei Fälzen, die mehr als 6 mm tief oder breit sind, sollte man in mehreren Durchgängen fräsen und den Fräser nach jedem Durchgang um 3 mm anheben **(6)**. Das abgesetzte Ende des Falzes lässt sich mit einem Beitel schnell rechtwinklig nachstechen **(7)**.

Ein Winkelbrett, den man am Parallelanschlag anbringt, ermöglicht genau dieses Vorgehen. Spannen Sie das Winkelbrett knapp über dem Sägeblatt an, und stellen Sie die Falzbreite ein, indem Sie den Parallelanschlag verstellen. Jetzt kann das Werkstück an der Kante des Winkelbretts entlanggeführt werden, um schnell einen Falz zu schneiden.

Für abgesetzte Fälze empfiehlt es sich oft eher, zur Handoberfräse zu greifen. Man kann Fälze zwar auch mit der handgeführten Fräse anschneiden, aber ich ziehe es vor, nach Möglichkeit eine Oberfräse in einem Frästisch zu verwenden. Es gibt im Handel sowohl Frästische mit Untergestell als auch für die Verwendung auf einer Werkbank. Man kann sich aber auch leicht selbst einen bauen. Am Frästisch kann man Fälze sicher und präzise schneiden, außerdem lassen sich viele andere Fräsarbeiten damit ausführen, sodass er eine wichtige Ergänzung Ihres Werkstattinventars darstellt. Falzfräser sind oft mit einem Anlaufring ausgestattet. Dieser ist unabdingbar, wenn man mit der handgeführten Fräse arbeitet, aber wenn ich am Frästisch arbeite, verwende ich statt des Anlaufrings lieber den Anschlag am Tisch, um das Werkstück zu führen. Das hat den zusätzlichen Vorteil, dass man die Breite des Schnitts leicht verändern kann, indem man den Anschlag verstellt.

Ein großer Falzfräser ist eine gute Wahl für die Arbeit an einem Frästisch mit Anschlag. Das hier gezeigte Exemplar hat einen Anlaufring, der aber bei dieser Arbeit nicht verwendet wird.

4

5

6

7

EIN FRÄSER, VIELE FÄLZE

Es gibt Situationen, in denen ein Fräser mit Anlaufring die beste Wahl ist; das Fälzen eines Bilderrahmens ist ein gutes Beispiel. Manche Fräser werden mit unterschiedlich großen Anlaufringen geliefert. Man kann die Falzbreite verändern, indem man einen anderen Anlaufring verwendet. Fräsen Sie im Uhrzeigersinn. Dieses Fräsen entgegen der Laufrichtung des Fräsers drückt die Schneiden in den Schnitt und erleichtert so die Führung der Oberfräse.

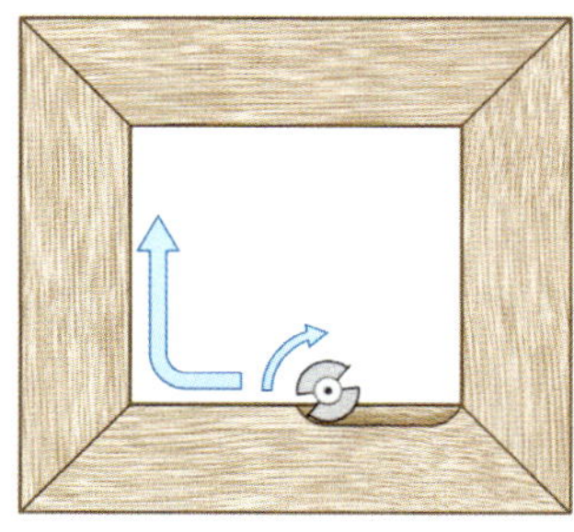

DURCHGEHENDE NUTEN AN DER TISCHKREISSÄGE SCHNEIDEN

Durchgehende Nuten lassen sich leicht schneiden. Rüsten Sie einfach Ihr Nutsägeblatt auf die gewünschte Breite auf, stellen Sie die Blatthöhe auf die gewünschte Schnitttiefe ein, und stellen Sie den Parallelanschlag so ein, dass die Nut im richtigen Abstand von der Werkstückkante geschnitten wird. Die Breite und die Lage müssen allerdings präzise eingestellt werden. Ein Nutsägeblatt schneidet in einem Durchgang eine Nut in einer genau vorgegebenen Breite. Wenn die Nut jedoch genau mittig in einem Werkstück verlaufen soll (oder Sie keine Lust haben, die Tischkreissäge mit einem Nutsägeblatt aufzurüsten), kann es besser sein, ein schmaleres Sägeblatt zu verwenden und die Nut in zwei Durchgängen zu schneiden, wobei das Werkstück nach dem ersten Schnitt rotiert wird.

Bei flachem Material sind Schiebeklötze nützlich. Wenn man die Schmalseite eines Bretts nuten möchte (rechts), ist es eine gute Idee, einen Druckkamm zu verwenden, um das Werkstück an den Anschlag zu drücken. Andernfalls kann es passieren, dass sich das Werkstück während des Fräsens vom Anschlag abhebt und man eine wellige Nut erhält. Einen Druckkamm kann man selbst herstellen und am Arbeitstisch festspannen, oder man kauft einen, dessen Grundplatte magnetisch ist. Eine andere Möglichkeit, die ich besonders schätze, ist ein Druckkamm, der in der Nut des Arbeitstischs der Tischkreissäge eingesetzt wird.

Mit Nuten haben Sie mehr Optionen

Eine Nut ist eine nützliche Sache. Man trifft an vielen Stellen in Möbelstücken auf Nuten, und sie nehmen je nach der Aufgabe, die sie erfüllen, ganz unterschiedliche Formen an. Deshalb ist es gut, wenn man unterschiedliche Methoden beherrscht, um Nuten zu schneiden. Durchgehende Nuten lassen sich recht einfach an der Tischkreissäge mit einem Nutsägeblatt schneiden. Abgesetzte Nuten schneide ich am Frästisch oder mit der handgeführten Oberfräse, je nachdem, wo die Nut geschnitten werden soll und wie groß das Werkstück ist.

Wie Fälze sind auch Nuten einfach zu schneiden und schon an und für sich nützlich, aber wenn man sie miteinander kombiniert, kann man auch recht anspruchsvolle Arbeiten ausführen. Es ist falsch zu glauben, ‚feine' Tischlerarbeiten erforderten schwierig anzuschneidende Verbindungen oder andere komplizierte Arbeitsverfahren. Die echte Herausforderung besteht darin, zu erkennen, wie man einfache Verbindungen kombinieren kann, um die anstehende Aufgabe zu lösen. Während Schlitze, Zapfen und Zinkungen notwendig sind, um die Palette der möglichen Verbindungen zu vervollständigen, erreichen Sie schon ein hohes Niveau an tischlerischem Können, wenn Sie sich zuerst darauf konzentrieren, einfache Verbindungen zu verwenden, um die Konstruktionen zu verwirklichen, die ihnen vorschweben.

MIT DER OBERFRÄSE ABGESETZTE NUTEN SCHNEIDEN

Wenn ich eine abgesetzte Nut an der Schmalseite eines Bretts schneide, etwa als Aufnahme für eine Füllung, greife ich gerne zu einen Scheibennutfräser (ganz links) und führe das Werkstück flach über den Tisch. Das ist effizienter, weil der größere Durchmesser des Fräsers eine glattere Fräsung ergibt als ein Nutfräser, allerdings werden die Enden der Fräsung rund. Bei Rahmen für Füllungen ist das kein Problem, weil man die Querfriese durchgehend nuten kann und de Nuten in den Längsfriesen da absetzen kann, wo die Schlitze für die Zapfen angeschnitten werden. Stellen Sie die Höhe des Fräsers so ein, dass er in der Mitte des Schlitzes schneidet **(1)**. Stellen Sie den Anschlag auf die Tiefe der Nut ein, und kennzeichnen Sie am Anschlag den Schneidenflugkreis des Fräsers. Markieren Sie die Lage der Schlitze auf der Sichtseite des Bretts, und schwenken Sie das Werkstück am Schlitz in den Fräser **(2)**. Fräsen Sie weiter, bis Sie den zweiten Schlitz erreicht haben. Verwenden Sie ein Schiebebrett, um das Werkstück auf den Arbeitstisch zu drücken und Ihre Hände vom Fräser fernzuhalten **(3)**. Das Ergebnis sollte eine saubere Nut von einem Schlitz bis zum anderen sein **(4)**. Bei Nuten, die weiter von der Werkstückkante entfernt liegen, müssen Sie zu einem normalen Nutfräser greifen. In diesem Fall wird das Werkstück am Anschlag angelegt und von oben auf den Fräser abgesenkt **(5)**. Falls die Nut an beiden Enden auf einen Schlitz trifft, müssen die Enden nicht rechtwinklig nachgeschnitten werden **(6)**.

ABGESETZTE NUTEN IN GROSSEN WERKSTÜCKEN

1

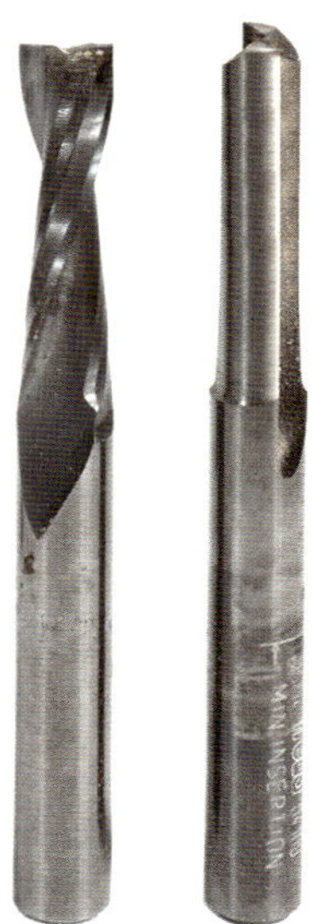

Wenn ich abgesetzte Nuten in große Werkstücke wie Korpusseiten fräse, arbeite ich mir der Oberfräse am Werkstück. In diesem Fall spielt die Handoberfräse mit Eintauchfunktion ihre Vorteile aus. Rüsten Sie die Fräse mit einem Parallelanschlag aus, und stellen Sie die Entfernung von der Werkstoffkante bis zum Fräser wie gewünscht ein **(1)**. Ich bringe am Parallelanschlag eine längere Leiste aus hartem Holz an, um eine größere Auflage und eine ebene Bezugsfläche für die Oberfräse zu erhalten. Ich ziehe Spiralnutfräser (ganz links) den Nutfräsern mit geraden Schneiden vor, weil sie sauberer schneiden und sich leichter eintauchen lassen. Legen Sie zuerst die Enden der Nut fest, indem Sie dort mit dem Fräser auf ganze Tiefe eintauchen **(2)**. Achten Sie beim Schneiden der Nut darauf, im Gegenlauf zu fräsen, damit die Rotation des Fräsers den Anschlag gegen das Werkstück zieht **(3)**. Beginnen Sie mit einem flachen Schnitt **(4)**, und führen Sie dann wiederholte Durchgänge mit jeweils größerer Schnitttiefe durch, bis Sie die Endtiefe der Nut erreicht haben. Stellen Sie die Nut fertig, indem Sie die Enden rechtwinklig nachstechen **(5)**.

2

Ein Tipp, um die richtige Fräsrichtung zu ermitteln

Es ist wichtig, so zu fräsen, dass die Rotation des Fräsers den Anschlag gegen das Werkstück zieht. Die richtige Richtung lässt sich leicht ermitteln, indem man mit der rechten Hand ein „L" bildet. Der Daumen weist auf die Kante des Werkstücks, an dem Sie fräsen. Die Finger zeigen dann in die Vorschubrichtung der Oberfräse.

3

4

5

Quernuten weisen Unterschiede zu Längsnuten auf

Die Richtung, in der eine Nut in einem Werkstück eingeschnitten wird, hat Einfluss darauf, was man mit ihr anstellen kann und wie man sie schneidet. Bisher haben wir von Längsnuten gesprochen. Die Quernut ist eine nützliche Verbindung, wenn es darum geht, Regalböden in einem Bücherregal oder Schubladenführungen in einer Kommode anzubringen. Man kann Sie auch mit Fälzen und Längsnuten verbinden, um einige recht beeindruckende Verbindungen zu gestalten (siehe Abbildungen auf den Seiten 36-37). Allerdings führt die Tatsache, dass eine Quernut die Holzfasern eines Werkstücks senkrecht durchtrennt, dazu, dass die Nutwandungen aus Hirnholz bestehen. Hirnholz ergibt keine gute Verleimung, was man bei Quernuten beachten muss. Das heißt nicht, dass die Quernut keine gute Verbindung ist, sondern lediglich, dass man sorgfältig bedenken muss, wo und wie man sie verwendet. Der Schrank auf Seite 74 ist ein gutes Beispiel dafür, wie man Quernuten mit Fälzen und Längsnuten kombinieren kann, um eine felsenfeste Konstruktion zu erhalten.

Durchgehende Quernuten schneide ich am liebsten mit einem Nutsägeblatt und Ablängschlitten an der Tischkreissäge. Bei Werkstücken, die zu breit sind, um sie gut auf mei-

EIN EIGNER ABLÄNGSCHLITTEN FÜR QUERNUTEN

Man kann zwar den normalen Ablängschlitten verwenden, um Quernuten zu schneiden, aber das breite Sägeblatt hinterlässt dann eine große Sägefuge (auf Seite 62 ist ein Schlitten zu sehen, der aus diesem Grund schon mehrfach geflickt wurde). Ich habe mir mehrere kleine Schlitten angefertigt, die ich für alle Schnitte verwende, bei denen es nicht darum geht, mit einem normalen Sägeblatt senkrechten Schnitt auszuführen. Anstatt sie jeweils mit Laufschienen für die Tischnuten der Tischkreissäge zu versehen, halte ich ein Paar Gehrungsanschläge vor, die ich bei Bedarf an den Schlitten schraube.

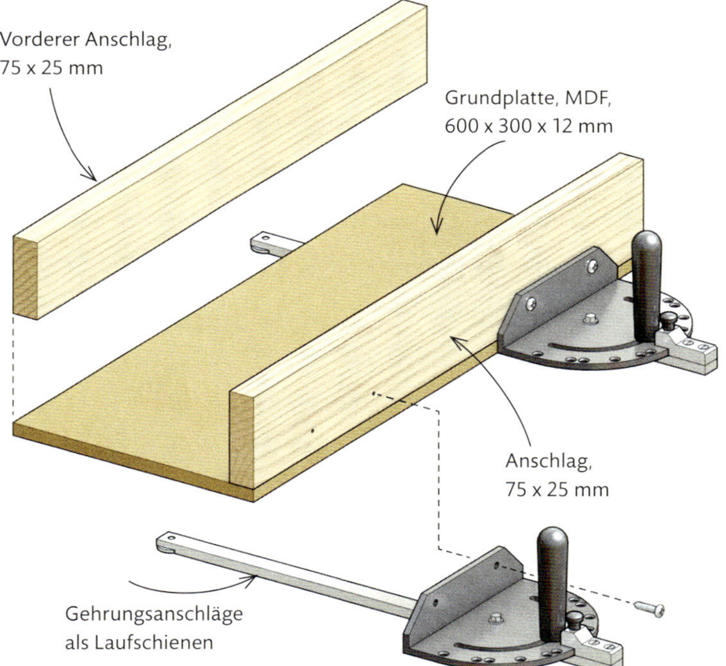

MIT STOPPKLÖTZEN FÜR KONSISTENTE SCHNITTE SORGEN

1

2

3

4

Für Quernuten in großen Werkstücken würde ich einen größeren Schlitten benötigen. Deshalb würde ich vielleicht auf die Tischkreissäge verzichten und gleich zur Oberfräse greifen. Für kleinere Wandregale und Schränkchen eignet sich dieser Schlitten mit einer Grundplatte von 600 x 300 mm und einem 75 mm hohen Anschlag sehr gut. Meist spanne ich einen Stoppklotz am Anschlag an und lege das Ende des Werkstücks dagegen, während ich die Quernut schneide **(1 und 2)**, aber bei Material, das länger ist als der Schlitten, verwende ich stattdessen einen Hakenanschlag. Dabei handelt es sich einfach um ein langes Brett mit einem Überstand an einem Ende. Man spannt ihn am Anschlag des Ablängschlittens an und hat so einen Anschlag, der über die Länge des Schlittens hinausragt **(3 und 4)**. Um sicherzustellen, dass dieser Anschlag in der Waage bleibt, wird an seiner Oberseite eine Hilfsleiste angeschraubt. Diese Leiste liegt auf dem Anschlag des Ablängschlittens auf und sorgt dafür, dass der Hakenanschlag nicht abkippt, wenn man ihn anspannt.

ABGESETZTE QUERNUTEN FRÄSEN

Abgesetzte Nuten kommen in Möbelstücken recht häufig vor. Sie lassen sich gut mit der Oberfräse schneiden. Besonders gut sind dafür Tauchfräsen (mit Hubkorb) geeignet. Je nach der Lage der Quernut und der Größe des Werkstücks bieten sich verschiedene Vorgehensweisen an. Der eigentliche Fräsvorgang bleibt dabei jedoch immer gleich. Man taucht an den Enden der Quernut bis zur vollen Nuttiefe ein und fräst dann in mehreren Durchgängen mit zunehmender Tiefe die Nut dazwischen bis zur Endtiefe. Falls nötig, werden dann noch die Enden mit dem Beitel rechtwinklig nachgestochen. Bei einer Quernut nahe am Ende eines Werkstücks kann man die Oberfräse mit einem Parallelanschlag aufrüsten und dann so vorgehen wie bei einer Längsnut **(1)**.

Falls die Quernut dafür zu weit vom Werkstückende entfernt ist, spannt man einen Anschlag auf das Material, um die Oberfräse zu führen. Messen Sie die Entfernung von der Kante der Oberfräsengrundplatte bis zum Fräser, um den erforderlichen Versatz für den Anschlag zu ermitteln **(2 und 3)**. Manche Grundplatten sind zwar an einer Seite gerade, aber ich ziehe es vor, den runden Teil der Grundplatte an den Anschlag anzulegen **(4)**. Falls man die gerade Seite am Anschlag anlegt und die Fräse sich bei der Verwendung dreht, wird die Quernut nicht gerade. Das ist kein Problem, wenn man den runden Teil der Grundplatte anlegt. Allerdings bringe ich eine Markierung an der Grundplatte an, die ich am Anschlag ausrichte, um sicherzustellen, dass ich immer im gleichen Abstand fräse, auch wenn der Fräser nicht genau mittig in der Grundplatte sitzen sollte. Ein Vorteil dieses Anschlags ist, dass man mehrere gleiche Bauteile dagegen spannen und in einem Durchgang fräsen kann, wodurch man Vorbereitungszeit spart und sicherstellt, dass die Quernuten aller Bauteile miteinander fluchten.

1

ner Tischkreissäge zu bearbeiten, ist die Oberfräse die bessere Wahl. Falls ich mehrere Quernuten in ein Brett schneiden möchte, etwa für Regalböden in einem Bücherregal, bringe ich am Anschlag einen Stoppklotz an, um sicherzustellen, dass die Quernut in jedem Brett an der gleichen Stelle liegt. Bei Werkstücken, die länger als der Ablängschlitten sind, kann man einen Hakenanschlag verwenden, der, wie der Name nahelegt, aus einem langen Brett mit einem hakenförmigen Anschlag an einem Ende besteht. Indem man ihn am Anschlag des Ablängschlittens anspannt, kann man auch bei einem längeren Brett nahe der Mitte sehr präzise wiederholte Quernuten einschneiden.

Abgesetzte Quernuten schneide ich meist mit der Oberfräse (allerdings gibt es auch Situationen, in denen sich die Verwendung der Tischkreissäge anbietet, siehe Seite 58). Eine abgesetzte Quernut nahe am Ende eines Werkstücks behandle ich wie eine abgesetzte Längsnut und verwende den Parallelanschlag, um die Oberfräse zu führen. Arbeiten Sie umsichtig, wenn Sie sich vom Ende des Werkstücks entfernen, weil es schwieriger sein kann, den Anschlag am Material entlangzuführen, ohne dass die Oberfräse während des Schnitts abkippt. Eine bessere Lösung, um in größerer Entfernung vom Werkstückende zu fräsen, besteht darin, eine Führungsschiene am Werkstück anzuspannen, an der die Oberfräse entlanggeführt wird. Diese Methode bietet den zusätzlichen Vorteil, dass man mehrere Werkstücke nebeneinanderlegen und in einem Zug fräsen kann, sodass sichergestellt ist, dass die Quernuten auf allen Stücken in gleicher Höhe liegen.

2

3

Schreibtisch-Organizer: Abgesetzte Quernuten an der Tischkreissäge

Ich schneide zwar abgesetzte Quernuten meist mit der Oberfräse, es gibt aber Situationen, in denen es sinnvoller ist, die Tischkreissäge zu verwenden. Die Nuten für die Regalböden in diesem Schreibtisch-Organizer sind ein gutes Beispiel. Die Schwalbenschwanzzinkungen fallen einem vielleicht zuerst ins Auge, aber es sind die dünnen Böden und Zwischenwände, die dieses Werkstück aus einem einfachen Kasten zu einer interessanten und nützlichen Ergänzung des heimischen Arbeitsplatzes machen. Der Grund, warum ich die Tischkreissäge verwende, liegt in der Größe der Bauteile. Es wäre schwierig, eine Anlage an diesen kurzen Korpusseiten anzuspannen, und sie würden auch keine hinreichend große Fläche bieten, um eine Oberfräse auflegen zu können. Aber die geringen Abmessungen der Bauteile machen sie leicht zu handhaben, wenn man einen Ablängschlitten an der Tischkreissäge verwendet.

Bei den meisten Möbeln schneide ich die Quernuten schmaler als die Stärke der Regalböden und fälze diese dann auf Endstärke aus. Bei dünnem Material wie diesem lasse ich den Regalboden in ganzer Stärke in die Quernut ein. Ich schneide die Quernuten mit einem Nutsägeblattsatz, der aus zwei Teilen besteht, und eine

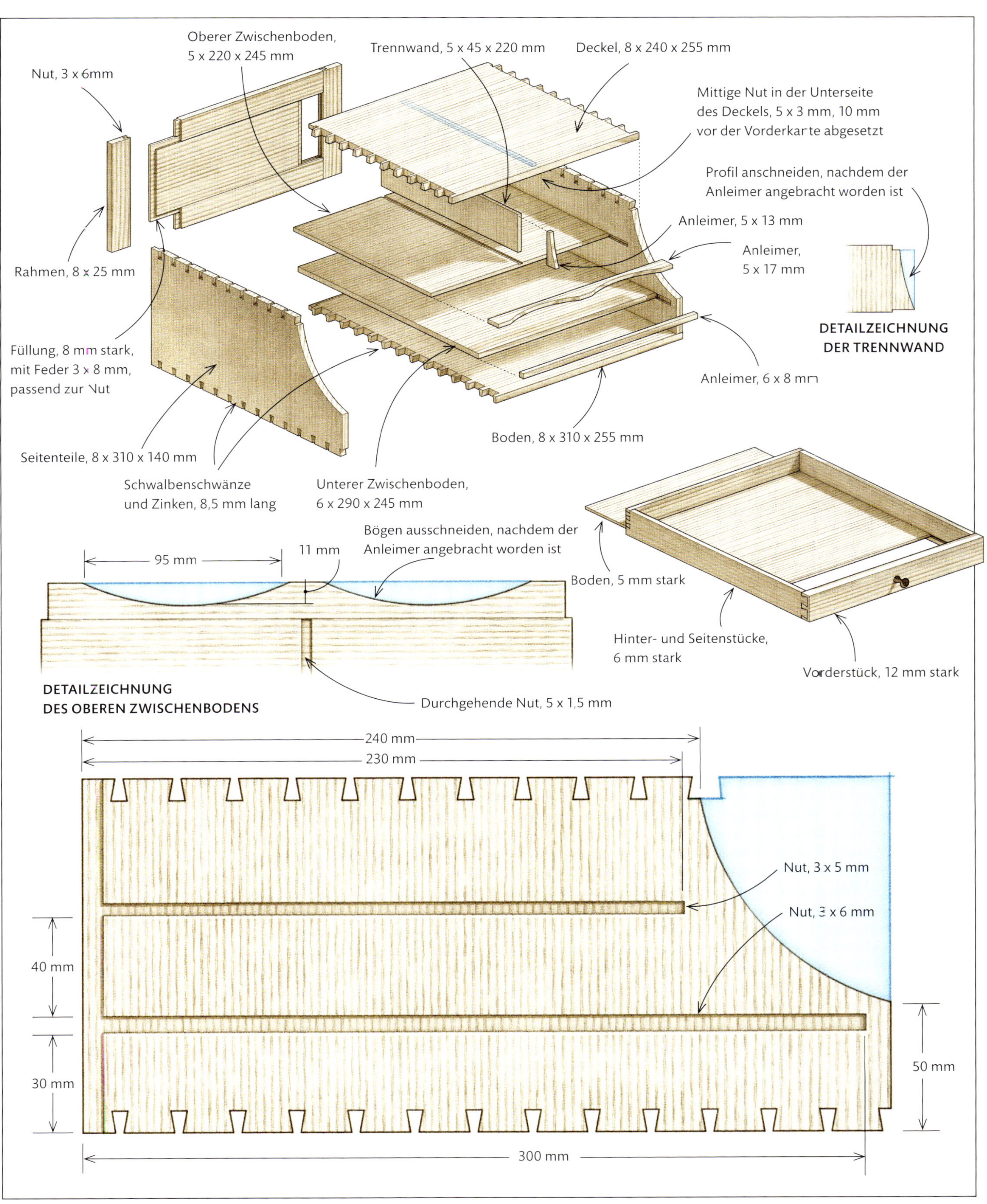
Oberer Zwischenboden, 5 x 220 x 245 mm
Trennwand, 5 x 45 x 220 mm
Deckel, 8 x 240 x 255 mm
Nut, 3 x 6mm
Mittige Nut in der Unterseite des Deckels, 5 x 3 mm, 10 mm vor der Vorderkante abgesetzt
Profil anschneiden, nachdem der Anleimer angebracht worden ist
Anleimer, 5 x 13 mm
Anleimer, 5 x 17 mm
Rahmen, 8 x 25 mm
DETAILZEICHNUNG DER TRENNWAND
Füllung, 8 mm stark, mit Feder 3 x 8 mm, passend zur Nut
Anleimer, 6 x 8 mm
Boden, 8 x 310 x 255 mm
Seitenteile, 8 x 310 x 140 mm
Schwalbenschwänze und Zinken, 8,5 mm lang
Unterer Zwischenboden, 6 x 290 x 245 mm
Bögen ausschneiden, nachdem der Anleimer angebracht worden ist
95 mm
11 mm
Boden, 5 mm stark
Hinter- und Seitenstücke, 6 mm stark
Vorderstück, 12 mm stark
DETAILZEICHNUNG DES OBEREN ZWISCHENBODENS
Durchgehende Nut, 5 x 1,5 mm
240 mm
230 mm
Nut, 3 x 5 mm
Nut, 3 x 6 mm
40 mm
30 mm
50 mm
300 mm

EINE QUERNUT AM ANFANG DES SCHNITTS ABSETZEN

Ein Werkstück auf ein sich drehendes Sägeblatt abzusenken, mag sich nicht sehr vernünftig anhören. Wenn man dabei aber auf die richtige Weise vorgeht, ist es eine sichere und effiziente Methode, um eine abgesetzte Quernut zu schneiden. Der Schlüssel zum sicheren Sägen liegt darin, die Position des Werkstücks unter Kontrolle zu haben, wenn man es auf das Sägeblatt absenkt. Falls sich das Werkstück nach hinten bewegt, kann es sehr schnell außer Kontrolle geraten, was zu sehr schlimmen Folgen führen kann, bevor man Gelegenheit hat, zu reagieren. Am besten lässt sich das verhindern und das Einsatzsägen zu einer sicheren Arbeitsmethode machen, indem man einen Ablängschlitten verwendet. Man hindert den Ablängschlitten, sich beim Einsetzen des Schnitts nach hinten zu bewegen, indem man einen Stoppklotz am Parallelanschlag anspannt, sodass er mit dem hinteren Ende des Schlittens fluchtet. Die einzige Schwierigkeit besteht darin, den Stoppklotz so zu positionieren, dass das Sägeblatt dort mit dem Schnitt beginnt, wo Sie es möchten.

Markieren Sie zuerst das Ende der Quernut auf dem Werkstück an, und stellen Sie das Sägeblatt auf die gewünschte Schnitttiefe ein. Legen Sie dann das Werkstück auf den Ablängschlitten, und schieben Sie es vorwärts, bis die Markierung an der Stelle ist, wo die Zähne des Sägeblatts mit der Grundplatte des Schlittens fluchten **(1)**.

AM VORDEREN ENDE ABGESETZTER SCHNITT

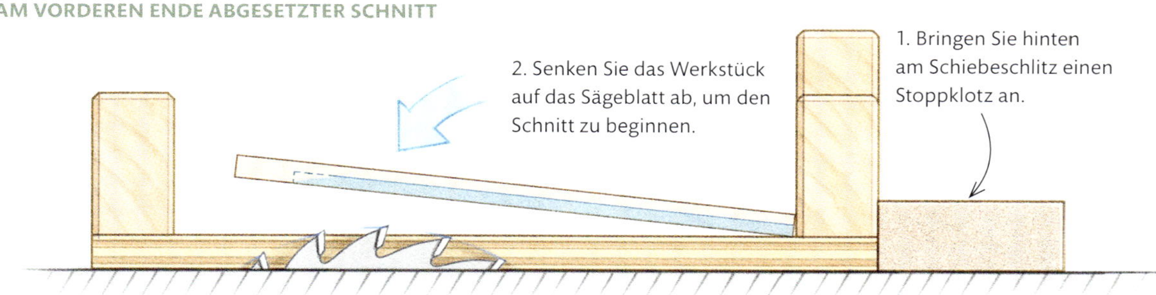

Nut mit ebenem Grund schneidet. Ich stelle den Satz so zusammen, dass ich unten eine 6 mm breite Nut schneiden kann; für die Nuten, in die die Trennwand und der obere Regalboden eingelassen werden, verwende ich nur ein Sägeblatt, das eine 4 mm breite Nut schneidet.

Abgesetzte Schnitte an der Tischkreissäge sind nicht ganz problemlos, es gibt aber einige Maßnahmen, mit denen man der Vorgang einfacher machen kann. Das größte Problem entsteht dadurch, dass die Bauteile an einem Stoppklotz angelegt werden, um sicherzustellen, dass die Quernuten in den Seiten fluchten. Da ich für beide Seitenteile den gleichen Anschlag verwende, müssen die Hälfte der Quernuten am vorderen Ende abgesetzt werden und die anderen am hinteren Ende. Bei den Quernuten, die am vorderen Ende abgesetzt werden, senke ich das Bauteil von oben auf das Sägeblatt ab, um den Schnitt zu beginnen. Um diese Arbeit sicherer zu machen, wird am hinteren Ende des Schlittens ein Stoppklotz angespannt. Der Stoppklotz bestimmt, wo der Schnitt beginnt und verhindert, dass der Schlitten sich nach hinten bewegt, wenn das Bauteil abgesenkt wird. Die anderen Quernuten werden am hinteren Ende abgesetzt. Um den Stoppklotz für diesen Schnitt anzubringen, wird der Schlitten so weit nach vorne geschoben, dass die Markierung für das Ende sich dort befindet, wo das Sägeblatt aus dem Material austritt. Dann spannt man am vorderen Ende des Schlittens einen Stoppklotz an der Tischkreissäge an. Man beginnt den Schnitt genauso wie bei einer durchgehenden Quernut und beendet ihn, wenn der Schlitten an den Stoppklotz stößt. Die Säge wird ausgeschaltet, und das Bauteil abgehoben, wenn das Sägeblatt zum Stillstand gekommen ist. Die Enden der Quernuten werden abschließend rechtwinklig nachgestochen.

Lassen Sie den Schlitten in dieser Position, während Sie einen Stoppklotz bündig mit der Hinterkante des Schlittens anspannen (2). Spannen Sie einen zweiten Stoppklotz am Anschlag des Schlittens an, und legen Sie das Werkstück daran an. Schalten Sie die Säge ein, und senken Sie das Werkstück auf das Sägeblatt ab. Halten Sie es dabei dicht an den Anschlag und den Stoppklotz (3). Wenn das Werkstück ganzflächig auf dem Ablängschlitten aufliegt, führen Sie diesen nach vorne, um den Schnitt auszuführen.

EINE QUERNUT AM ENDE DES SCHNITTS ABSETZEN

AM HINTEREN ENDE ABGESETZTER SCHNITT

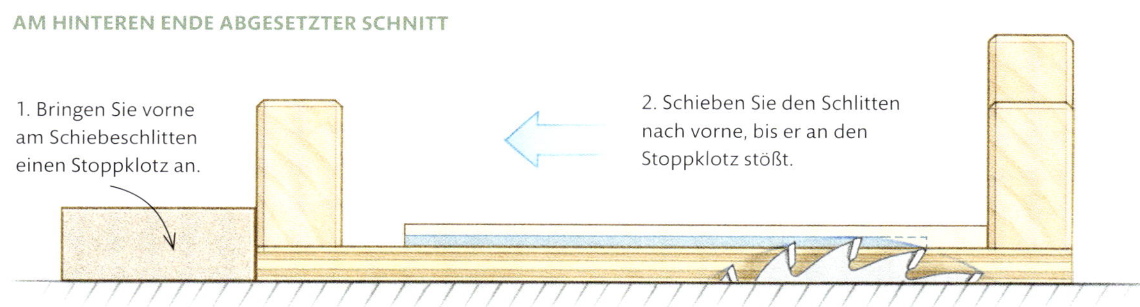

Eine Quernut am Ende des Schnitts abzusetzen ist einfacher. Man beginnt den Schnitt genauso wie bei einer durchgehenden Quernut. Ein Stoppklotz am vorderen Ende des Ablängschlittens verhindert aber, dass das Sägeblatt hinten aus dem Werkstück austritt. Um die richtige Position des Stoppklotzes festzulegen, markieren Sie am Werkstück (oder in diesem Fall direkt auf dem Ablängschlitten) die Stelle, an der die Nut enden soll. Schieben Sie dann den Schlitten so weit vorwärts, das ein Sägezahn am hinteren Ende des Sägeblatts mit der Grundplatte des Schiebeschlittens fluchtet und an der Markierung liegt **(1)**. Spannen Sie den Stoppklotz dort an **(2)**, und führen Sie den Schnitt aus. Halten Sie das Werkstück fest, wenn der Schlitten an den Stoppklotz stößt, und schalten Sie die Säge aus. Warten Sie bis zum Stillstand der Säge, bevor Sie das Werkstück anheben.

Verlängern Sie die Wandungen der Quernut mit einem breiten Stechbeitel bis zur Endlinie der Nut. Stechen Sie dann dort mit einem schmalen Beitel ein, und ebenen Sie mit diesem auch den Nutgrund.

EINE ALTERNATIVE ZUM AUSKLINKEN DES REGALBODENS

Anstatt eine Ausklinkung in den Regalboden zu sägen (siehe Seite 80), kann man auch einfach eine kürzere Leiste an der Vorderkante des Bodens anbringen, um die Ausklinkungen zu bilden. Damit die Leiste genau zwischen die Seitenwände passt, schiebt man den Regalboden in den Korpus ein **(1)**. Schneiden Sie die Leiste etwas stärker als den Regalboden und schneiden Sie die Enden so nach, dass die Leiste genau in den Korpus passt **(2)**. Lassen Sie den Regalboden im Korpus, während Sie die Leiste an seiner Vorderkante anleimen. Fixieren Sie die Leiste dabei mit Klebeband **(3)**. Nehmen Sie den Regalboden aus dem Korpus, wenn der Leim trocken ist, und hobeln Sie die Leiste mit dem Boden bündig.

Wandschrank mit Spiegel: Möbelbau nur mit Quernuten und Fälzen

Die Konstruktion dieses Stücks mit Quernuten erlaubt einige Freiheiten beim Entwurf. Da die Seitenteile über den Boden und Deckel hinausragen können, kann man die Gestaltung vielfältig variieren. In unserem Beispiel entsteht so zwischen den verlängerten Seitenteilen oben und unten zusätzlicher Stauraum. Außerdem sind die oberen Enden der Seitenteile geschwungen, um das klobige Aussehen des Schranks abzumildern. Am unteren Ende sind die Seiten geschwungen verjüngt, auch wieder, um das Aussehen leichter zu machen. Zwischen ihnen ist hier ein Regalboden eingefügt, um Kleinkram aufzunehmen.

Die Längsfriese, die vorne am Korpus angeleimt sind, dienen als partieller Blendrahmen und sind ein wichtiges Entwurfselement. Sie geben dem Stück optisches Gewicht, indem sie die dünnen Vorderkanten der Seitenteile verdecken. Außerdem dienen sie einem wichtigen konstruktiven Zweck, da sie die Seitenteile mit den Böden und dem Deckel verbinden. Zusätzlich decken sie die Quernuten an den Vorderkanten der Seitenteile ab und bieten die Möglichkeit, den Schrank mit einer Tür zu versehen. Die Tür selbst ist an den Ecken überblattet, die Verbindung ist mit Holznägeln zusätzlich gesichert. Der Spiegel wird durch Profilleisten gehalten. Die Rückwand besteht aus Brettern mit Wechselfalz, damit das Holz arbeiten kann, ohne dass sich Fugen auftun. Die Bretter sorgen auch für eine zusätzliche Verbindung zwischen den Böden und der Rückwand des Korpus, sodass dieser weiter gestärkt und ausgesteift wird. Der Schrank ist ein sehr gutes Beispiel dafür, dass man sich auf einfache Verbindungen beschränken kann, ohne Abstriche beim Aussehen eines Möbels, der Auswahl an Gestaltungsmöglichkeiten oder der Belastbarkeit der Konstruktion machen zu müssen. Wenn Sie mir die Vorgabe machen würden, nur Nuten und Fälze als Verbindungen einsetzen zu dürfen, könnte ich bestimmt eine Vielzahl von Möbeln bauen, bevor mir die Ideen ausgingen.

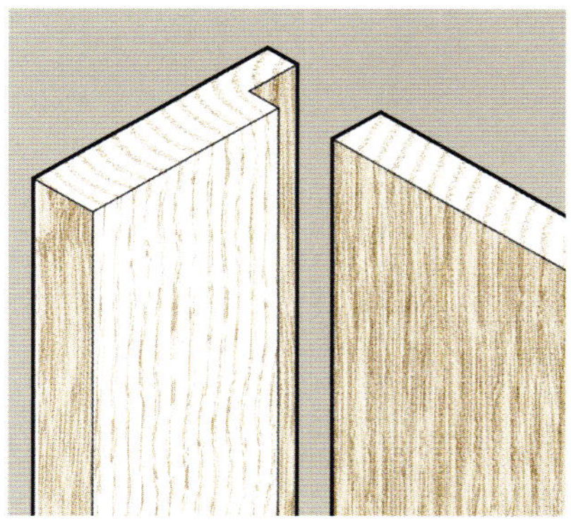

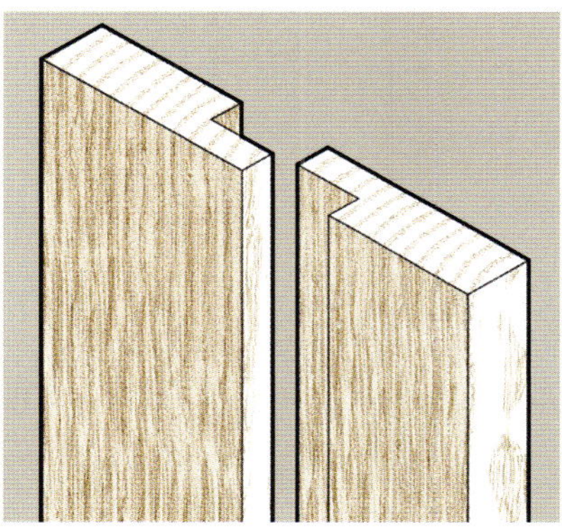

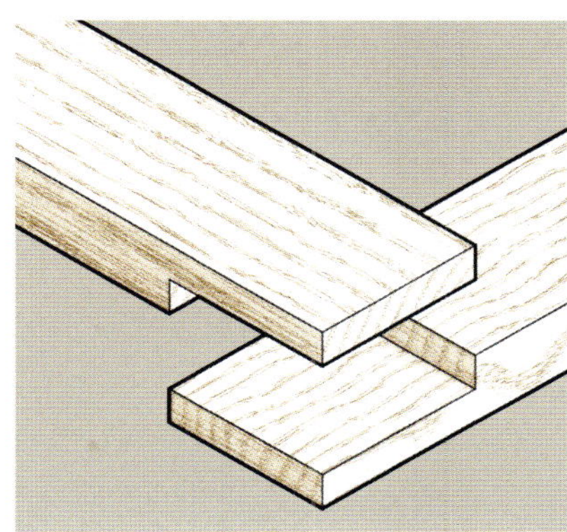

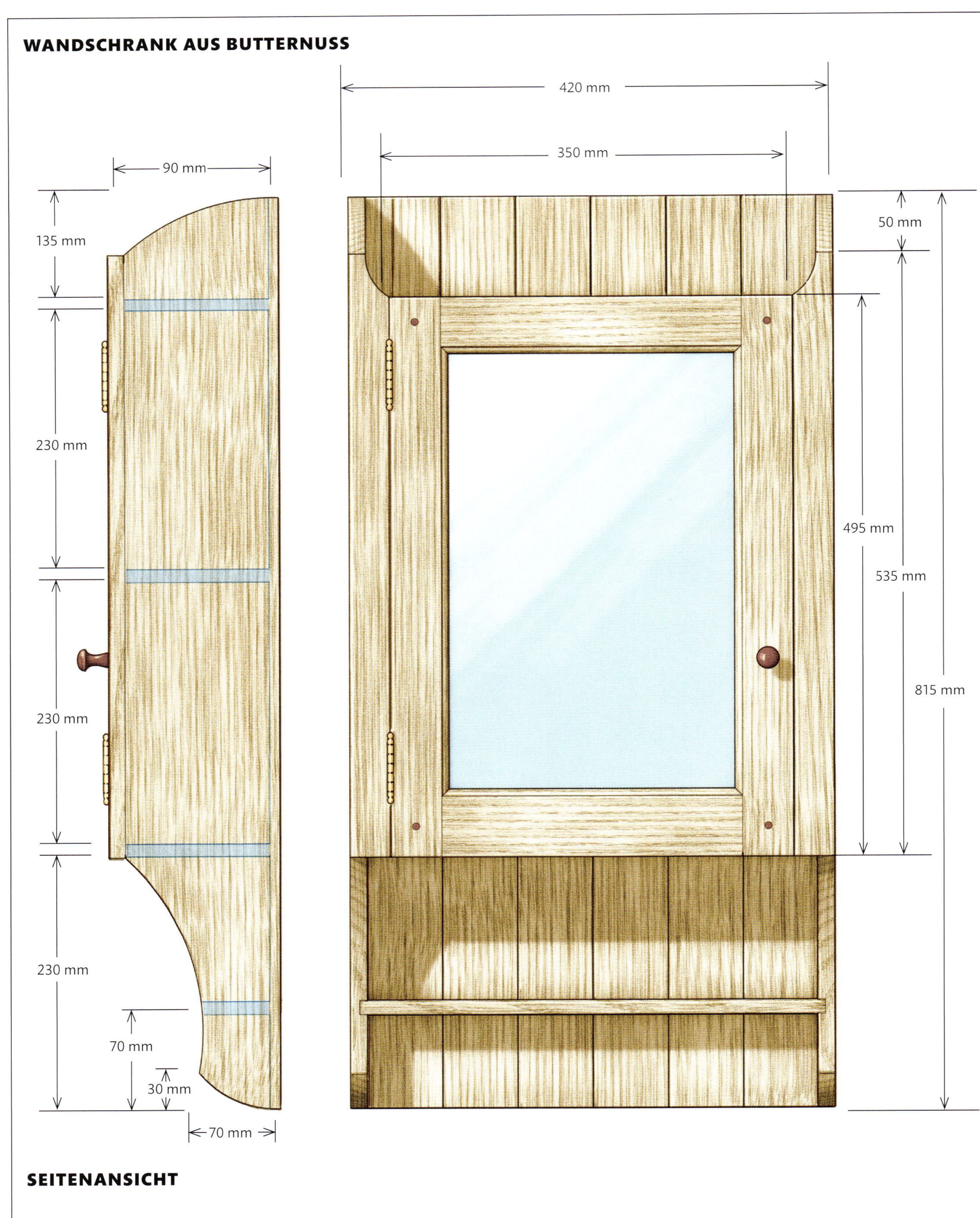
WANDSCHRANK AUS BUTTERNUSS
420 mm
350 mm
90 mm
135 mm
50 mm
230 mm
495 mm
535 mm
230 mm
815 mm
230 mm
70 mm
30 mm
70 mm
SEITENANSICHT

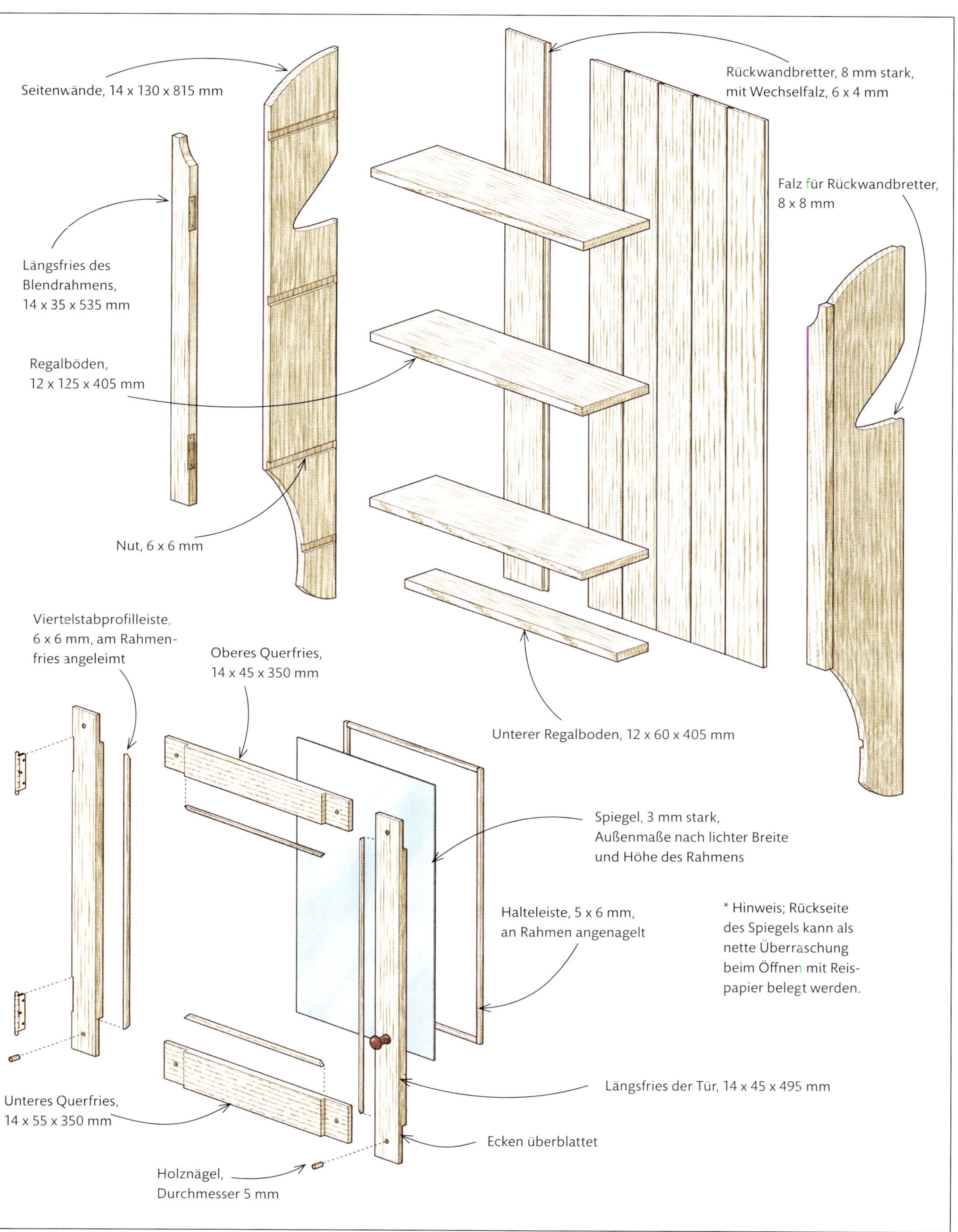
Seitenwände, 14 x 130 x 815 mm
Rückwandbretter, 8 mm stark,
mit Wechselfalz, 6 x 4 mm
Falz für Rückwandbretter,
8 x 8 mm
Längsfries des
Blendrahmens,
14 x 35 x 535 mm
Regalböden,
12 x 125 x 405 mm
Nut, 6 x 6 mm
Viertelstabprofilleiste,
6 x 6 mm, am Rahmen-
fries angeleimt
Oberes Querfries,
14 x 45 x 350 mm
Unterer Regalboden, 12 x 60 x 405 mm
Spiegel, 3 mm stark,
Außenmaße nach lichter Breite
und Höhe des Rahmens
Halteleiste, 5 x 6 mm,
an Rahmen angenagelt
* Hinweis; Rückseite
des Spiegels kann als
nette Überraschung
beim Öffnen mit Reis-
papier belegt werden.
Längsfries der Tür, 14 x 45 x 495 mm
Unteres Querfries,
14 x 55 x 350 mm
Ecken überblattet
Holznägel,
Durchmesser 5 mm

SCHNELLER MÖBELBAU MIT FÄLZEN UND QUERNUTEN

1

2

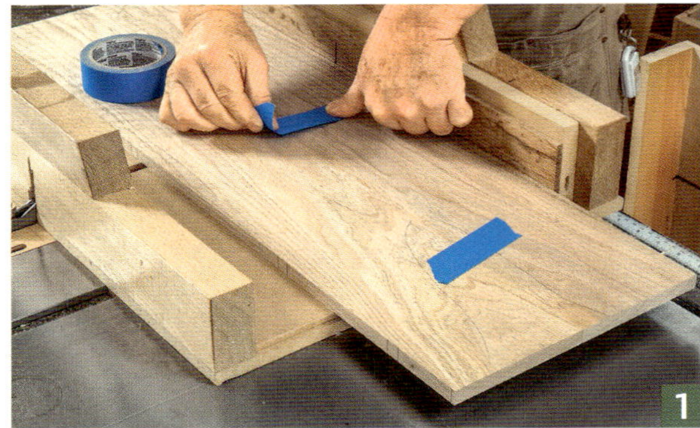

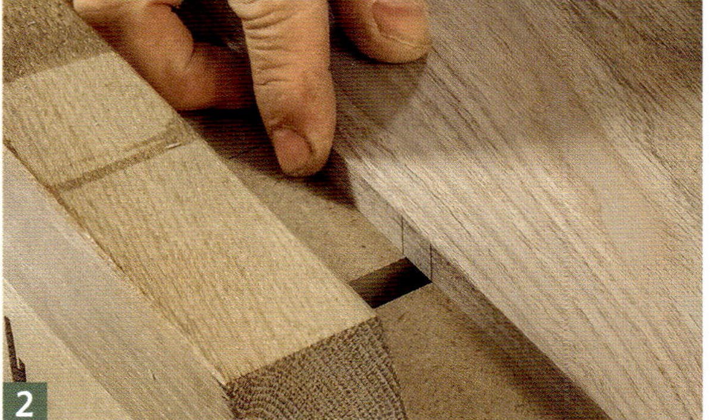

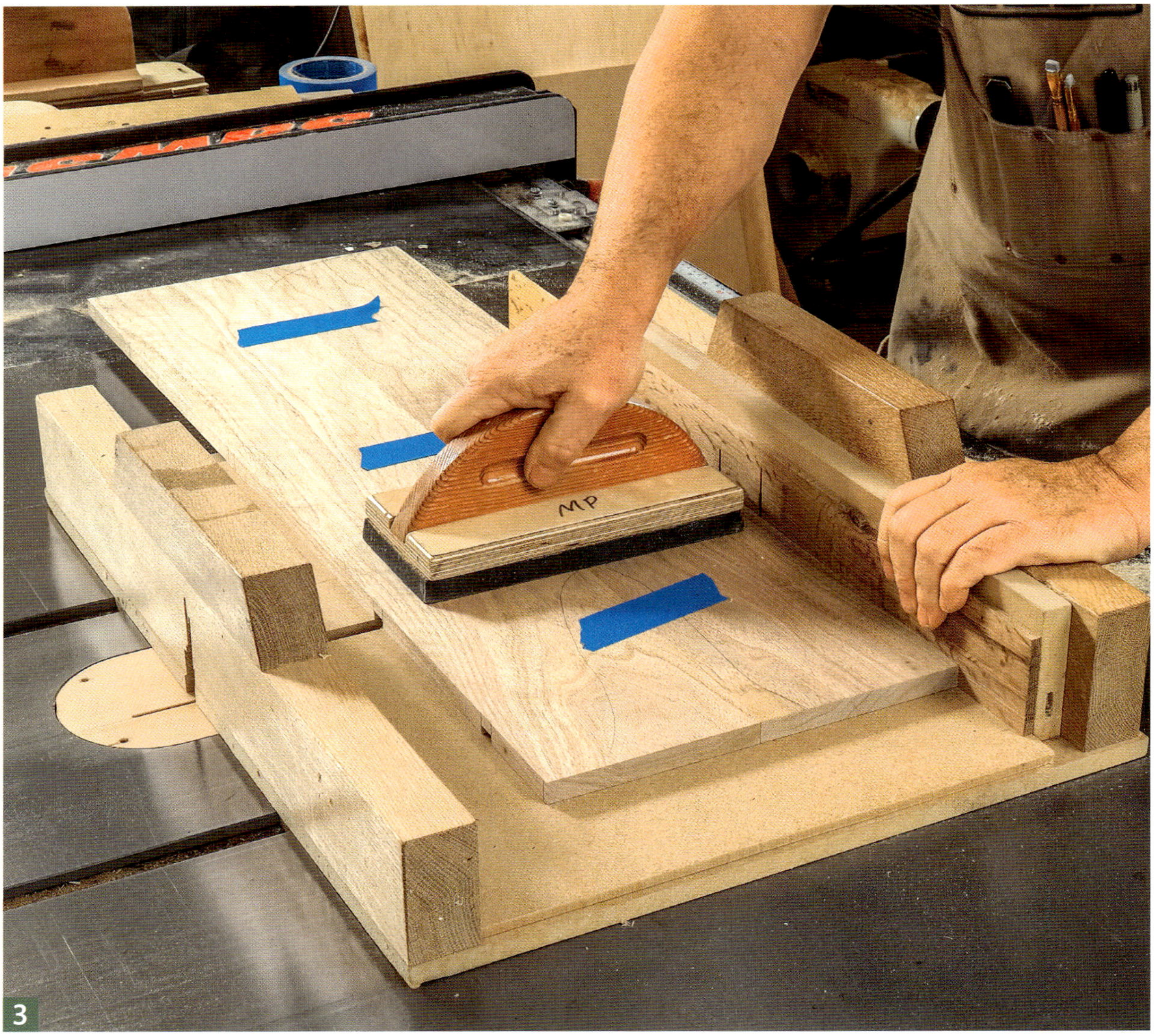

3

4

5

6

Es ist wichtig, dass die Quernuten in den beiden Korpusseitenteilen fluchten. Man kann bei größeren Bauteilen für übereinstimmende Schnitte sorgen, indem man einen Stoppklotz an einem Ablängschlitten verwendet. Eine andere Lösung, die gut für schmalere Bauteile geeignet ist, besteht darin, sie beide zugleich zu schneiden. Diese Methode habe ich in diesem Fall angewandt. Legen Sie die Seitenteile nebeneinander, und sichern Sie die Fuge an einigen Stellen mit Klebeband **(1)**, damit sich die Teile während des Sägens nicht gegeneinander verschieben können. Bei dieser Methode müssen Sie lediglich die Lage der Quernuten an der Kante eines Bauteils markieren und dann diese Bleistiftmarkierung an der Sägefuge des Ablängschlittens ausrichten **(2)**. Da beide Bauteile zugleich geschnitten werden, ist eine solche Markierung vollkommen ausreichend, und man kann sich den Stoppklotz sparen. Die Quernuten werden zueinander passen, auch wenn Sie nicht genau an der Markierung sägen. Beim gleichzeitigen Nuten von zwei Bauteilen muss man darauf achten, dass diese ganzflächig auf dem Ablängschlitten liegen. Ein Schiebeklotz, der beide Teile überbrückt, ist dafür gut geeignet **(3)**. Als letzte Verbindung werden noch die Fälze für die Rückwand an den Seitenteilen angeschnitten **(4)**. Um die Böden auf die richtige Stärke auszuhobeln, stellen Sie ein Probestück her, das so genutet ist wie die Seitenteile, und verwenden es, um Ihre Arbeit am Dicktenhobel zu überprüfen **(5)**. Ich strebe dabei eine etwas stramme Passung an, damit ich die Böden mit dem Hobel nacharbeiten kann, ohne dass sich in der Verbindung eine Fuge zeigt **(6)**. Wenn alle Verbindungen angeschnitten sind, können Sie die Bögen an den oberen und unteren Enden der Seitenteile aussägen und glätten **(7)**.

7

EINE STRATEGIE, UM BAUTEILE WÄHREND DES VERLEIMENS BÜNDIG AUSZURICHTEN

1

2

3

4

Das Problem beim Verleimen eines Korpus mit Quernuten besteht darin, sicherzustellen, dass die Böden vorne und hinten bündige abschließen, Die Quernuten sind dabei nicht sehr hilfreich, deswegen verwende ich zwei unterschiedliche Methoden, die zusammen zu guten Ergebnissen führen. Die hinteren Kanten der Böden müssen vor dem Falz liegen. Dafür bringe ich mit Klebeband eine Holzleiste im Falz an, an die ich dann die Böden anlege **(1 und 2)**. Um sicherzustellen, dass die Vorderkanten der Böden mit den Seitenteilen bündig abschließen, schneide ich sie mit etwas Überbreite zu, und verputze sie nach der Montage auf Endmaß. Achten Sie beim Verleimen darauf, dass die Zwingen über den Quernuten sitzen **(3)**. Wenn man nicht sorgfältig arbeitet, ist der Korpus schnell aus dem rechten Winkel gezogen. Nachdem Sie die Zwingen abgenommen haben, verputzen Sie die Vorderkanten der Böden, sodass sie mit den Seitenteilen fluchten **(4)**. Dann werden Sie Längsfriese des Blendrahmens angeleimt **(5)**. Ich schneide die Taschen für die Türscharniere, bevor ich die Längsfriese anleime.

5

EINE RÜCKWAND AUS BRETTERN MIT WECHSELFALZ

Eine Rückwand aus Brettern mit Wechselfalz wird mit Drahtstiften oder Schrauben an der hinteren Seite des Korpus befestigt. Der Wechselfalz erlaubt das Arbeiten des Holzes. So weit ist das noch recht einfach. Ich habe aber einige Hinweise, damit Sie eine ansprechende Rückwand für Ihren Korpus erhalten. Das erste Problem besteht darin, die Breite der Bretter zu berechnen. Dabei muss man die lichte Weite der Korpusöffnung berücksichtigen, die Anzahl der Bretter, die Breite des Falzes und schließlich auch die gewünschte Breite der Schattenfuge. Das sind eine Menge Faktoren, deshalb fertige ich eine Arbeitszeichnung im Maßstab 1:1 an, um sicher zu gehen, dass am Schluss alles passt. Selbst dann gebe ich den Brettern noch etwas Überbreite und verputze sie später auf Passung. Legen Sie die Bretter nebeneinander, und markieren Sie die Rückseiten mit einem Tischlerdreieck. Reißen Sie dann die Lage der Fälze auf den Schmalseiten der Bretter an. Jede Verbindung besteht aus zwei Fälzen, eine an der Vorderseite des einen Bretts und die andere an der Rückseite des Gegenstücks. Das kann leicht etwas verwirrend werden, deshalb kennzeichne ich jede Schmalseite, an der ein Falz angeschnitten werden muss, mit einem „O" und jede, die nicht gefälzt wird, mit einem „X" **(1)**. So muss man an der Tischkreissäge nicht lange nachdenken. Ich verwende zwei Schiebeklötze, um sicherzustellen, dass der Falz auf ganzer Länge des Bretts gleich tief ist **(2)**. Die beiden Endbretter spielen bei der Aussteifung des Korpus eine wichtige Rolle, da sie die Seitenteile mit dem Boden verbinden, deswegen sorge ich durch Nageln und Leimen für eine belastbare Verbindung. Die dazwischen liegenden Bretter werden an jedem Boden angenagelt. Holzstreifen sorgen für einen gleichmäßigen Abstand **(3)**. Bei einem größeren Werkstück würde ich Schrauben statt der Nägel verwenden.

1

2

3

EIN EINFACHER, KRÄFTIGER TÜRRAHMEN

Eine einfache Überblattung mag nicht gut als Verbindung für einen Türrahmen geeignet erscheinen. Man sieht sie auch nicht sehr häufig in dieser Funktion, obwohl sie ist recht gut dafür geeignet ist. Die große Leimfläche der Verbindung macht sie sehr belastbar, und sie ist schnell angeschnitten. Ich verwende einen Queranschlag und ein Nutsägeblatt an der Tischkreissäge auf die gleiche Weise, wie ich auch einen Zapfen anschneiden würde. In diesem Fall muss man jedoch nur eine Wange an jedem Bauteil anschneiden **(1).** Der Nachteil der Überlappung als Rahmenverbindung liegt darin, dass man sehr viele Zwingen benötigt, damit er sich beim Verleimen nicht verzieht. Man benötigt ein Paar Zwingen, das in der Breite über dem Rahmen liegt, und ein Paar, das in der Länge angesetzt wird **(2).** Außerdem müssen die Überlappungen auch noch senkrecht eingespannt werden **(3).** Nach dem Verleimen kann man je nach Wunsch die Eckverbindungen noch durch Holznägel sichern, um sie zu verstärken und optisch aufzuwerten.

1

2

3

AUF GEHRUNG GESCHNITTENE PROFILLEISTEN SCHAFFEN EINEN FALZ FÜR DEN SPIEGEL

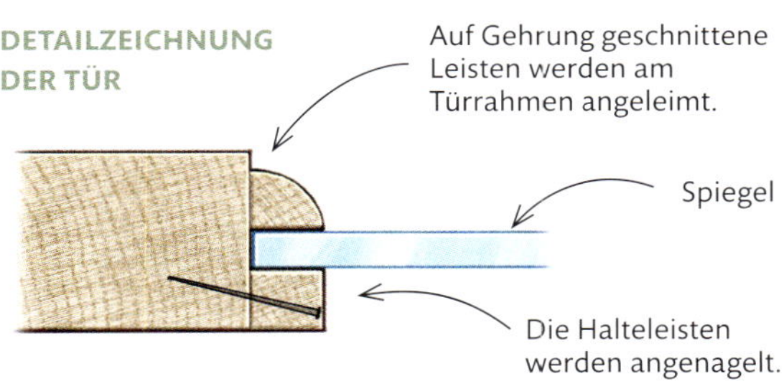

Anstatt den Rahmen für den Spiegel auszufälzen, kann man einen Falz schaffen, indem man an den Innenkanten des Rahmens auf Gehrung geschnittene Profilleisten anleimt. Bei diesem Stück hat die Leiste ein Viertelstabprofil. Es wird etwas nach unten versetzt, sodass darüber ein schmaler Stab entsteht. Fräsen Sie zuerst an beiden Kanten eines breiten Rohlings einen Viertelstab an. Sägen Sie dann von jeder Kante einen Streifen ab, um die Profilleisten zu erhalten **(1).** Die Gehrungen schneide ich in Handarbeit an und passe sie dann ebenso in den Rahmen ein. Sägen Sie an jedem Ende einer Leiste grob eine Gehrung an, sodass die Leiste noch Überlänge hat. Schneiden Sie dann in einer Gehrungsstoßlade mit dem Handhobel den Winkel und die Länge korrekt an **(2).** Die Passung sollte an allen vier Ecken dicht sein, aber nicht so stramm, dass sich die Profilleisten in der Mitte nach innen biegen **(3).** Ich lege eine mit Klebeband bedeckte Platte aus MDF in die Rahmenöffnung. damit die Profilleisten in der richtigen Höhe sitzen, wenn ich sie anleime. Der Spiegel wird von Leisten mit quadratischem Querschnitt gehalten, die ohne Leim am Rahmen angenagelt werden, damit man die Spiegel später gegebenenfalls wieder entnehmen kann **(4).** Reispapier, das an der Rückseite des Spielgels aufklebt wird, ist eine nette Überraschung, wenn die Tür geöffnet wird.

Ein hoher, schlanker Schrank: Einfache Verbindungen, geschickt eingesetzt

Fälze und Nuten mögen zwar leichter anzuschneiden sein als Schwalbenschwanzzinkungen und Schlitz-und-Zapfen-Verbindungen, aber ich möchte betonen, dass sie dennoch eine vielseitige und leistungsfähige Kombination darstellen, wenn es darum geht, Möbel zu bauen. Dabei handelt es sich nicht um eine ‚abgespeckte' Methode des Möbelbaus oder um einen Kompromiss, der eingegangen wird, um die Konstruktion zu erleichtern. Der hohe, schlanke Schrank im klassischen Shaker-Stil ist ein gutes Beispiel dafür, dass man solide, elegante Möbel bauen und dabei nur einfache Verbindungen verwenden kann. Die meisten Korpusverbindungen bei diesem Werkstück sind Fälze und Nuten. Die oberen Traversen werden zwar in die Seitenwände eingezinkt, aber ich habe statt dieser halbverdeckten Schwalbenschwanzzinkungen manchmal auch eine ausgefälzte Quernut als Verbindung eingesetzt. (Die Zinkungen an den Schubladen kann man auch durch Fälze ersetzen, die man mit Holznägeln zusätzlich absichert.)

Bei diesem Werkstück steht man vor dem gleichen Problem wie bei dem vorhergehenden Wandschrank: Eine Quernut stellt keine formschlüssige Verbindung dar, wie das etwa eine Schwalbenschwanzzinkung ist. Außerdem gibt es keine Langholzleimflächen, sodass die Verleimung nicht sehr belastbar ist. Das hört sich nach einem Ausschlusskriterium an, wenn man aber geschickt vorgeht, kann man die Korpusverbindungen belastbarer machen, als einfache Quernuten das wären. Wie bei den Wandschrank fügen wir auch hier senkrechte Längsfriese an, um einen Teil-Blendrahmen zu schaffen, der die Zwischenböden mit den Seitenwänden verbindet. Da dieser größere, auf dem Fußboden stehende Schrank größeren Belastungen durch Scherkräfte ausgesetzt ist, verstärken wir die Leimverbindungen durch mechanische Hilfsmaßnahmen. Bei diesem Stück sind die Seitenteile gespundet und in Nuten in den Längsfriesen des Blendrahmens eingelassen. Außerdem werden die Längsfriese mit Holznägeln an den Zwischenböden befestigt. Die Rückwand ist als Rahmen-und-Füllung konstruiert und verbindet die Zwischenböden an der Hinterseite mit den Seitenwänden des Korpus.

Auch die Quernuten, die als Verbindung zwischen den Böden und den Seitenwänden dienen, werden aufwendiger gestaltet. Während die Quernuten des Wandschranks genauso breit waren wie die Stärke der Böden, werden die Böden bei diesem Werkstück gefälzt, um in schmalere Quernuten zu passen. Das macht etwas mehr Arbeit, aber das Ausfälzen löst in diesem Fall einige Probleme und sorgt für genauere Ergebnisse. Die Methode besteht darin, die Quernut schmaler zu schneiden als die Stärke des Materials und dann die Enden der Zwischenböden auszufälzen, um einen Spund zu erhalten, der in die Quernut passt. Ein großer Vorteil dieser Herangehensweise liegt darin, dass man das Material nicht genau auf eine vorgegebene Stärke aushobeln muss, damit es in eine Quernut passt. Der zweite Vorteil besteht darin, dass es leichter ist, auf diese Weise die Rechtwinkligkeit der Konstruktion sicherzustellen. Bei einer Quernut in voller Materialbreite berührt der Zwischenboden den Nutgrund. Deshalb wirkt sich jede Unregelmäßigkeit in der Nuttiefe (zu der es nicht selten kommt) auf die Maße des Werkstücks aus. Wenn man das Bauteil ausfälzt, das in die Nut eingesteckt wird, wird die Brüstung der Verbindung zum bestimmenden Faktor für ihren Sitz. Man schneidet also die Quernut etwas tiefer als nötig, um sicherzustellen, dass der Spund nicht den Nutgrund berührt, bevor die Brüstung auf dem Material aufsitzt. Das ist sehr viel leichter, als den Zwischenboden auf ein genaues Maß zuzuschneiden.

Das Verständnis dafür, wie eine einfache Maßnahme (in diesem Fall das zusätzliche Ausfälzen eines Verbindungsteils) zu genaueren Arbeitsergebnissen führen kann, ist eine wesentlich Voraussetzung für die Weiterentwicklung Ihrer Fähigkeiten als Tischler. Dieser einzelne Schritt enthebt einen aller Sorgen um genaue Stärken und genaue Tiefen und macht einem das Leben zugleich etwas leichter. Wenn Sie im Laufe der Zeit Erfahrung sammeln, fällt Ihnen die Arbeit mit Holz leichter und macht mehr Vergnügen – nicht nur, weil Ihre eigenen Fähigkeiten wachsen, sondern auch, weil Ihr Herangehen an die Arbeit und Ihre Arbeitsstrategie besser werden. Je effektiver Sie Ihren Weg durch die Arbeit an einem Werkstück planen, desto genauer wird diese Arbeit, ohne dass Sie zusätzlichen Aufwand betreiben müssen.

Dieser Schrank ist auch gutes Beispiel dafür, dass eine solide Konstruktion nicht nur auf der Belastbarkeit der verwendeten Verbindungen beruht, sondern auch darauf, wie diese Verbindungen eingesetzt werden. Wir denken beim Entwurf eines Stückes oft daran, wie es aussehen wird, aber zum Entwurfsvorgang gehört auch, sich Gedanken darüber zu machen, wie die einzelnen Bauteile zusammengefügt werden, und darüber, ob das Möbel sich auch auf Dauer als haltbar beweisen wird.

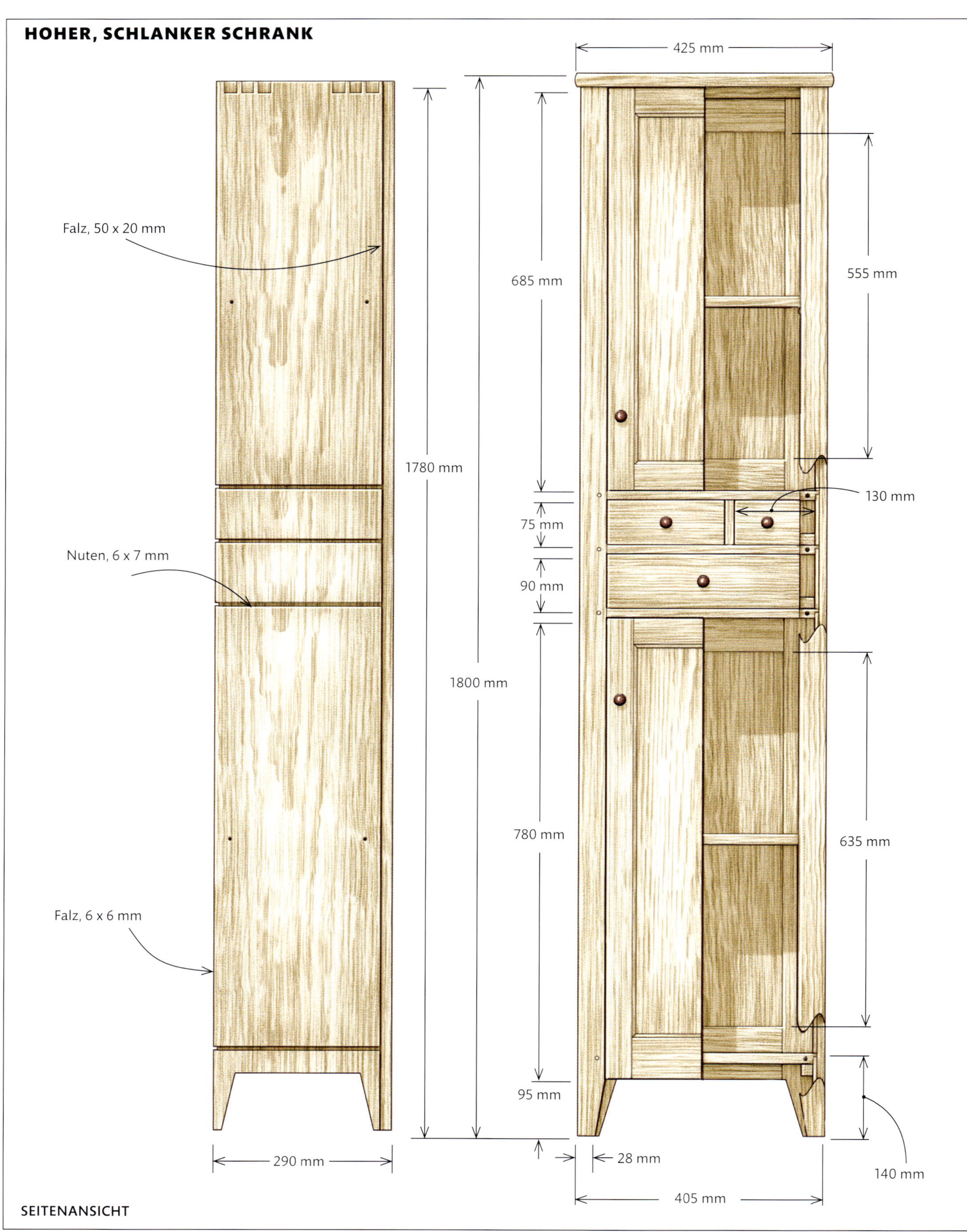
HOHER, SCHLANKER SCHRANK
Falz, 50 x 20 mm
Nuten, 6 x 7 mm
Falz, 6 x 6 mm
1780 mm
1800 mm
290 mm
SEITENANSICHT
425 mm
685 mm
75 mm
90 mm
780 mm
95 mm
555 mm
130 mm
635 mm
140 mm
28 mm
405 mm

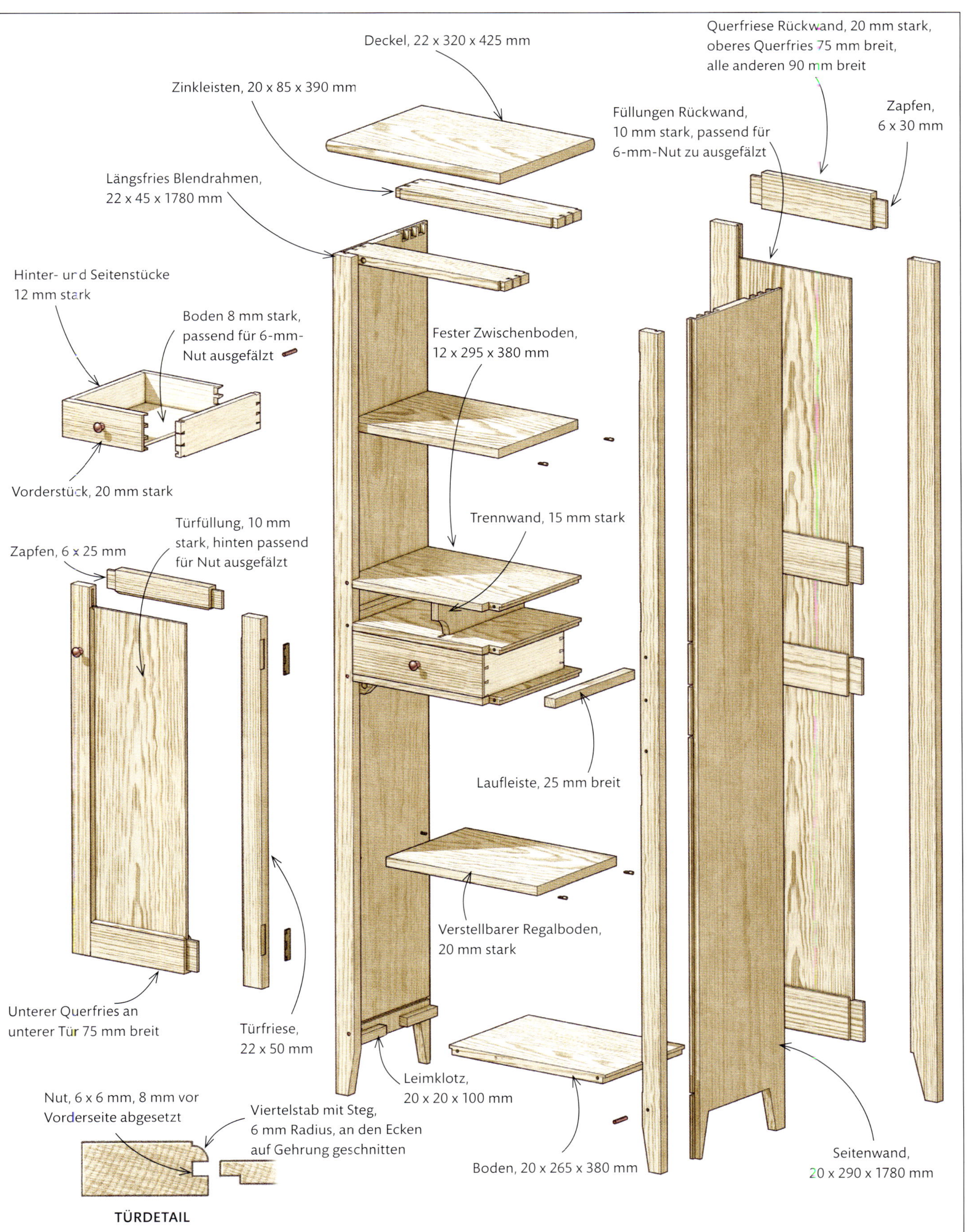

Deckel, 22 x 320 x 425 mm
Querfriese Rückwand, 20 mm stark, oberes Querfries 75 mm breit, alle anderen 90 mm breit
Zinkleisten, 20 x 85 x 390 mm
Füllungen Rückwand, 10 mm stark, passend für 6-mm-Nut zu ausgefälzt
Zapfen, 6 x 30 mm
Längsfries Blendrahmen, 22 x 45 x 1780 mm
Hinter- und Seitenstücke 12 mm stark
Boden 8 mm stark, passend für 6-mm-Nut ausgefälzt
Fester Zwischenboden, 12 x 295 x 380 mm
Vorderstück, 20 mm stark
Türfüllung, 10 mm stark, hinten passend für Nut ausgefälzt
Zapfen, 6 x 25 mm
Trennwand, 15 mm stark
Laufleiste, 25 mm breit
Verstellbarer Regalboden, 20 mm stark
Unterer Querfries an unterer Tür 75 mm breit
Türfriese, 22 x 50 mm
Leimklotz, 20 x 20 x 100 mm
Nut, 6 x 6 mm, 8 mm vor Vorderseite abgesetzt
Viertelstab mit Steg, 6 mm Radius, an den Ecken auf Gehrung geschnitten
Boden, 20 x 265 x 380 mm
Seitenwand, 20 x 290 x 1780 mm
TÜRDETAIL

KORPUSVERBINDUNGEN: FÄLZE UND NUTEN

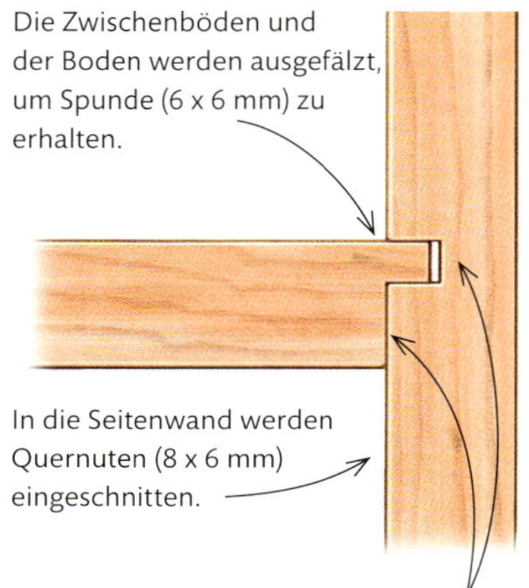

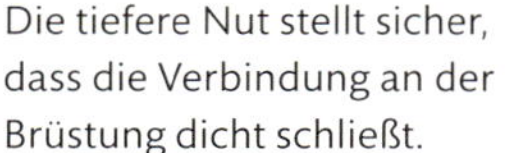

Die Kombination eines Falzes mit einer Quernut bei den Korpusverbindungen bietet große Vorteile. Zum einen ist es sehr viel einfacher, ein Bauteil so auszufälzen, dass es in eine Nut passt, als es so auf eine bestimmte Endstärke auszuhobeln, dass es in eine Nut in Materialstärke passt. Zum anderen schneidet man mit dem Falz auch eine Brüstung am Zwischenboden an, die an der Innenfläche der Korpusseitenwand anliegt. Das erlaubt sehr viel genauere Verleimungen, weil man sich nicht darauf verlassen muss, dass der Nutgrund absolut eben ist (was bei breiten Korpusseiten nicht leicht zu erreichen ist). Und da die Verbindung an der Brüstung schließt, kann man die Nut etwas tiefer schneiden, was Raum für überschüssigen Leim schafft und so sein Austreten verhindert. Der Blendrahmen und die Rückwand verdecken eventuell auftretende Lücken an der Unterseite der Verbindung.

Die Quernuten für die Böden schneide ich mit einem Ablängschlitten und einem 6 mm breiten Nutsägeblatt an der Tischkreissäge in die Seitenwände. Es ist nicht ganz leicht, Quernuten in so lange Seitenteile zu schneiden. Die drei Nuten in der Mitte der Seitenwände für die Zwischenböden schneide ich mit einem langen Hakenanschlag, den ich am Ablängschlitten anspanne **(1 und 2)**. Die Quernut für den Korpusboden ist schwieriger, weil sich das lange Seitenteil während des Schnitts verdrehen kann. Deshalb habe ich für diesen

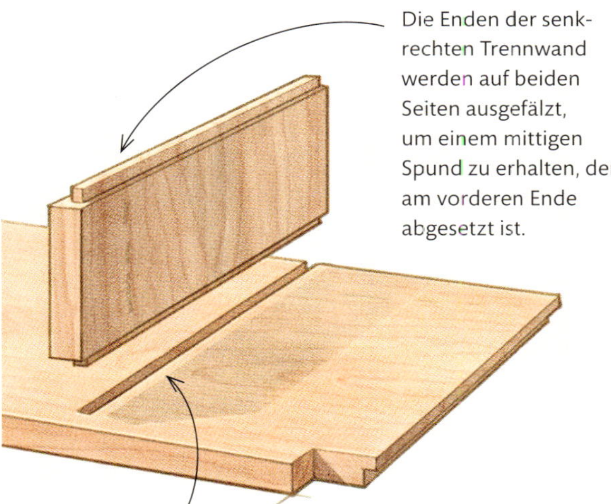

Schnitt einen Anschlag mit Niederhaltern gebaut und am Ablängschlitten angebracht **(3)**. Damit wird das Seitenteil festgespannt, sodass es gleichermaßen dicht am Anschlag und auf der Grundplatte des Schlittens aufliegt **(4)**. Für die senkrechte Trennwand wird eine abgesetzte Quernut in den mittleren und oberen Zwischenboden geschnitten. Wenn man sie zusammenspannt und beide Nuten zugleich schneidet, ist sichergestellt, dass die Nuten im fertigen Schrank genau übereinanderstehen, sodass die Trennwand genau senkrecht ist **(5)**. Die Enden der Böden wurden ausgefälzt, um einen Spund zu erhalten, der in die Quernut in der Seitenwand passt **(6)**. Dafür wird am Parallelanschlag der Tischkreissäge ein Druckkamm angespannt, der das Bauteil nach unten drückt und verhindert, dass es sich während des Schnitts nach oben hebt und der Spund ungleichmäßig stark wird. Achten Sie auf eine gute Passung, und putzen Sie den Spund gegebenenfalls mit dem Hobel nach.

DER KORPUS IST SCHNELL ZUSAMMENGEBAUT

EIN BLENDRAHMEN VERSTÄRKT DIE VERBINDUNGEN

Korpuseitenwand

Zwischenböden werden in den Korpus eingenutet.

Das Längsfries des Blendrahmens wird genutet, die Seitenwand gespundet, um die beiden Teile zu verbinden. Das hat den zusätzlichen Vorteil, dass die Seitenwände sich nicht nach außen biegen können.

Zwischenboden

Blendrahmenfries

Nach dem Zusammenbau wird ein Holznagel durch den Blendrahmenfries in den Zwischenboden getrieben. Er verstärkt die Verbindung zwischen Seitenwand, Zwischenboden und Blendrahmenfries, sodass sie sich auch nach längerer Zeit nicht lockert.

Normalerweise bringe ich den Blendrahmen als letztes an, wenn ich einen Korpus zusammenbaue, bei diesem Schrank wandte ich mich ihm jedoch als erstes zu. Verwenden Sie eine schmale Zulage, um den Druck der Zwinge genau auf die Verbindung auszuüben, und kontrollieren Sie mit einem Winkel auf Rechtwinkligkeit **(1)**. Das Anleimen des Blendrahmens als erstem Schritt vereinfachte den Zusammenbau in mehreren Hinsichten. Zum einen konnte ich die Schmalseiten der Friese mit den Seitenwänden bündig hobeln, solange die Seitenwände noch leicht zu handhaben waren. Außerdem wurde das Anreißen und Ausklinken der Zwischenböden, um sie an die Längsfriese anzupassen, sehr erleichtert.

Der Korpusboden und die vordere Traverse liegen an der Rückseite des Blendrahmens an und dienen als Anschläge für die Tür. Die festen Zwischenböden schließen dagegen bündig mit der Vorderseite des Blendrahmens ab, sie müssen also ausgeklinkt werden, sodass sie um diesen herumpassen. Wenn die Längsfriese schon an den Seitenwänden angeleimt sind, ist es leicht, die Ausklinkungen anzureißen **(2)**. Schneiden Sie die Ausklinkungen etwas tiefer, sodass die Böden etwas über die Korpusvorderseite hinausstehen. So können Sie sie später mit dem Hobel genau bündig verputzen. Schneiden Sie mit einer Handsäge oder der Bandsäge knapp außerhalb des Risses, und stechen Sie den restlichen Verschnitt mit dem Beitel ab.

Fahren Sie mit der Montage fort, indem Sie die Seitenwände, Zwischenböden, Korpusboden und die oberen Traversen miteinander verleimen **(3)**. Bringen Sie unter dem Korpus-

3

4

5

6

7

boden Leimklötze an, nachdem Sie die Zwingen angesetzt haben. Geben Sie dazu eine dünne Leimschicht an zwei benachbarte Flächen des Leimklotzes, und reiben Sie ihn an Seitenwand und Boden hin und her, bis der Leim ‚fasst'. Der dabei entstehende Unterdruck hält den Klotz an Ort und Stelle, ohne dass man Zwingen ansetzen muss. Um das Holz arbeiten zu lassen, sollte man mehrere kurze Leimklötze verwenden, nicht einen langen. Die Schubladenführungen werden auf die gleiche Weise angeleimt. Da sie aber lang sind, gibt man nur an die vordere Hälfte Leim an. Danach bohrt man an den Stellen, wo sich die Böden befinden, durch den Blendrahmen in die Seitenwände und setzt Holznägel ein. Dadurch werden die Korpusverbindungen zusätzlich gesichert und das Möbelstück optisch interessanter gestaltet.

Wenn der Leim trocken ist, werden die Zwischenböden mit dem Blendrahmen bündig verputzt **(4)**. Dann wird die senkrechte Trennwand eingeschoben **(5)** und ebenfalls bündig gehobelt **(6)**. Das ist sehr viel leichter, als zu versuchen, sie alle gleichzeitig zu verputzen. Jetzt bleibt nur noch, den Deckel und die Rückwand am Korpus anzubringen **(7)**. Die Rückwand hat in der Mitte zwei Querfriese, sodass man sie an den entsprechenden Zwischenböden und an den Seitenwänden anschrauben kann, was die Korpuskonstruktion nochmals verstärkt. Die Rückwand spielt eine wichtige Rolle, wenn es darum geht, den Korpus rechtwinklig zu halten und die waagerechten Bauteile mit den Seitenwänden zu verbinden.

3 Schlitze und Zapfen

Die Schwalbenschwanzzinkung mag zwar als der Inbegriff einer handwerklichen Holzverbindung gelten, aber das Arbeitspferd unter den Verbindungen ist zweifelsohne die aus Schlitz und Zapfen. Nicht ohne Grund findet sie sich in den meisten Werkstücken, die wir bauen. Sie bietet eine hohe mechanische Belastbarkeit und sorgt bei der Montage eines Stücks recht gut dafür, dass die Bauteile fluchten. Eine Schlitz-und-Zapfenverbindung kann vollkommen unsichtbar sein, sie kann aber auch durchgehend gestaltet werden, sodass sie nicht nur ein strukturelles, sondern auch ein dekoratives Element darstellt. Man kann die Verbindung durch Holznägel oder Keile verstärken und mit einem Falz oder einer Gehrung abwandeln. Man findet sie an Korpussen, Türen, Betten, Tischplatten, Stühlen und Wandschränken... Ich bin mir sicher, dass ich noch etwas vergessen habe. Manche Möbelstücke, wie der kleine Schrank im Arts-and-Crafts-Stil in diesem Kapitel, sind fast ausschließlich mit Schlitz-und-Zapfenverbindungen konstruiert. Kurz gesagt, sie ist eine vielseitige und wertvolle Ergänzung Ihres Verbindungsrepertoires. In der einfachsten Form besteht sie aus einem Zapfen, der auf allen vier Seiten mit einer Brüstung abgesetzt ist und in einen Schlitz im Gegenstück der Verbindung passt. Das ist aber nur der Anfang. Wenn man die Varianten kennt, ihre Herstellung beherrscht und weiß, wo sie einzusetzen sind, dann hat man schon einen weiten Weg zur Meisterschaft im Möbelbau zurückgelegt.

Varianten der Schlitz-und-Zapfen-Verbindung

Man kann die Schlitz-und-Zapfen-Verbindung auf vielfältige Weise für bestimmte Aufgaben abwandeln. Oft ist dabei die Vergrößerung der Leimfläche bei beengten Raumverhältnissen das Ziel, um die Verbindung belastbarer zu machen.

ABMESSUNGEN

Als Faustregel gilt, dass die Stärke des Zapfens ein Drittel der Materialstärke beträgt. Das stellt ein gutes Verhältnis zwischen der Stärke des Zapfens und der Wandungen beiderseits des Schlitzes dar.

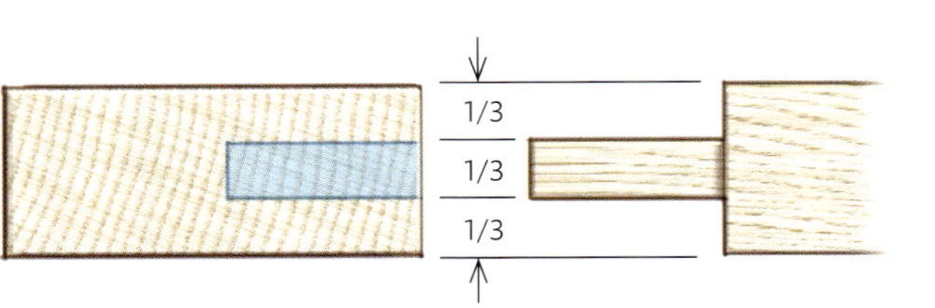

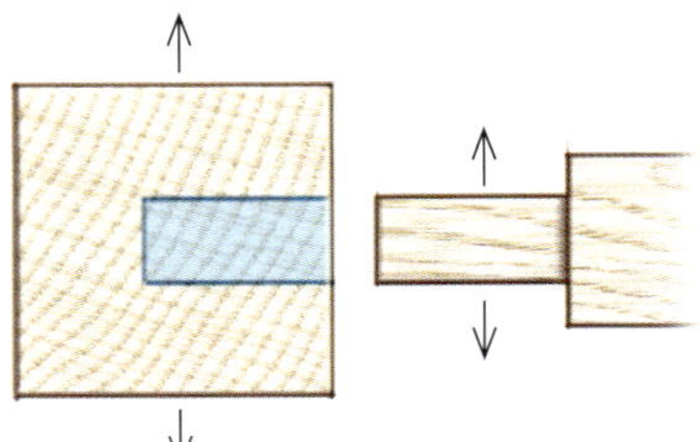

Bei stärkerem Material
Wenn das geschlitzte Bauteil stärker ist als das mit dem Zapfen, wie etwa bei der Verbindung einer Tischzarge mit dem Tischbein, kann der Zapfen stärker ausfallen, um höheren Belastungen standzuhalten, ohne dass der geschlitzte Bauteil (das Bein) dadurch geschwächt wird.

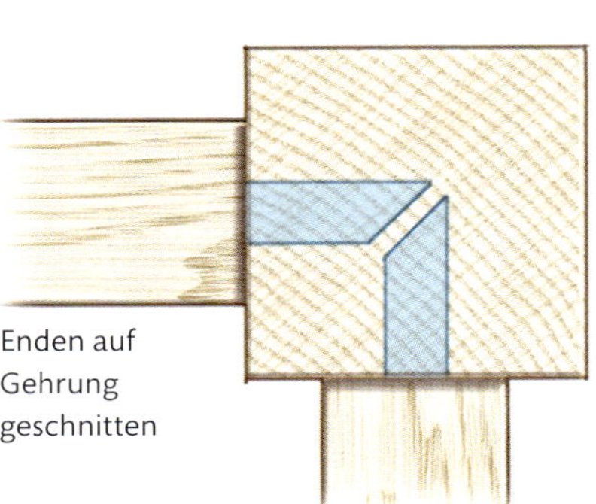

Enden auf Gehrung geschnitten

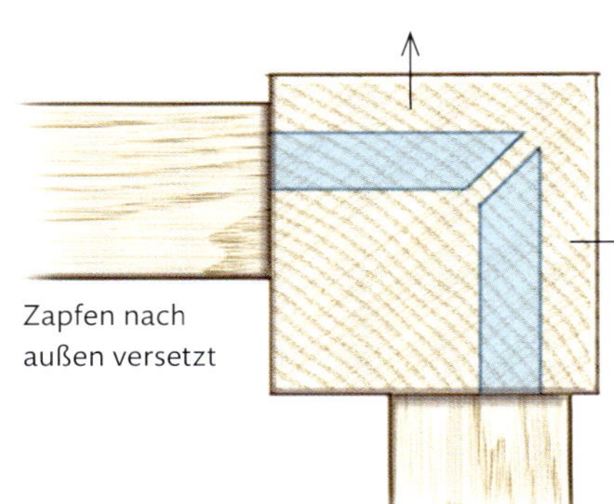

Zapfen nach außen versetzt

Wenn Zapfen aufeinander treffen
Indem man die Enden von Zapfen, die aufeinander treffen, auf Gehrung schneidet, kann man die Leimfläche vergrößern und die Verbindung so belastbarer machen. Wenn man die Zapfen nach außen versetzt, kann man sie länger machen, was die Belastbarkeit nochmals erhöht.

VERBINDUNGEN AM TISCHGESTELL

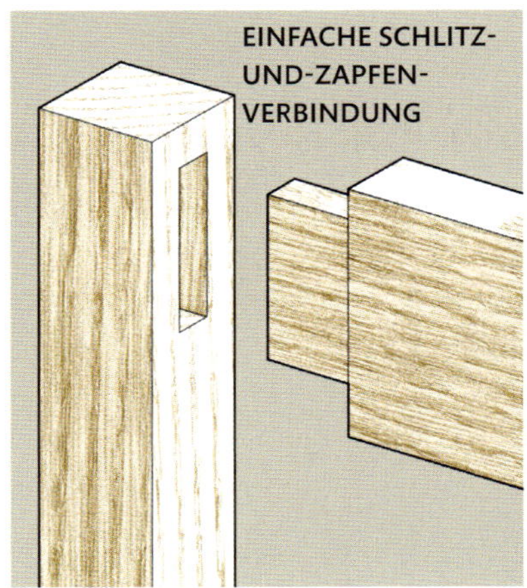

Schon in ihrer einfachsten Form bietet die Schlitz-und-Zapfen-Verbindung eine sehr hohe Belastbarkeit.

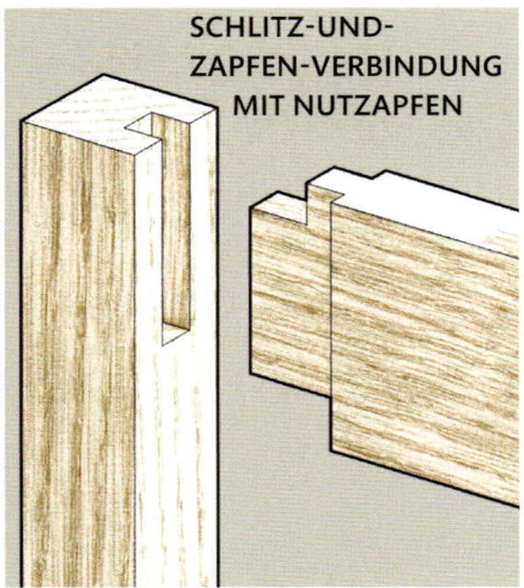

Indem man oben einen Nutzapfen anschneidet, beseitigt man das schwache Hirnholz oberhalb der Schlitze im Tischbein und sichert die Verbindung zugleich gegen Scherkräfte.

Bei hohen Zargen könnte ein einzelner, langer Schlitz das Tischbein schwächen. Eine bessere Lösung besteht darin, zwei Zapfen zu schneiden, die in kürzere Schlitze passen, zwischen denen Material stehen bleibt.

VERBINDUNGEN AN RAHMEN-UND-FÜLLUNG-KONSTRUKTIONEN

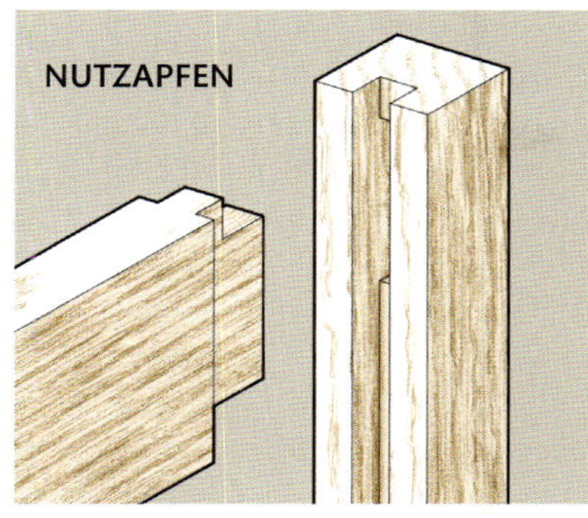

Der Nutzapfen deckt die Nut für die Füllung ab, sodass man vor dem Verleimen durchgehende Nuten in alle Rahmenfriese schneiden kann.

Wenn man die Innenecke der Verbindung auf Gehrung arbeitet, kann man an der Innenkante der Friese ein Profil anfräsen.

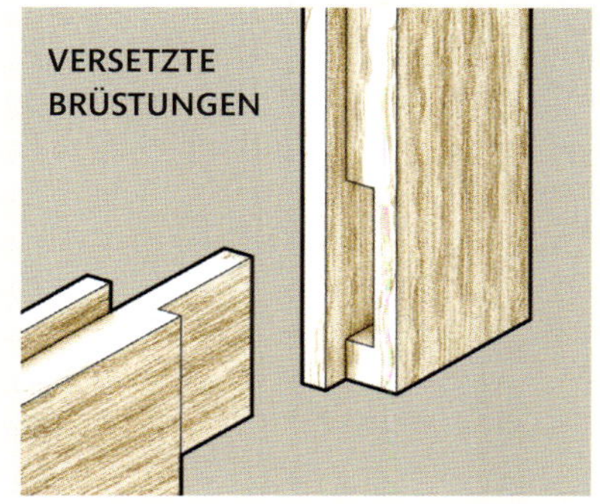

Indem man die Brüstungen versetzt, kann man einen Rahmen mit Falz an der inneren Schmalseite herstellen, was bei Türen mit Glasfüllung nützlich ist.

VERSTÄRKUNGEN DER SCHLITZ-UND-ZAPFEN-VERBINDUNG

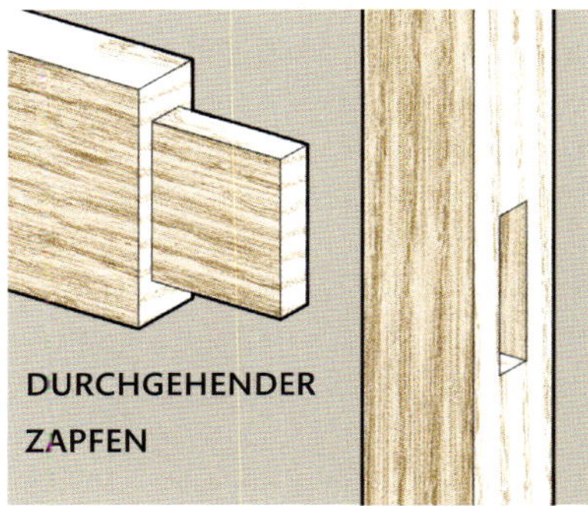

Ein durchgehender Zapfen bietet eine größere Leimfläche. Man kann die Verbindung von außen verkeilen, um sie noch belastbarer zu machen.

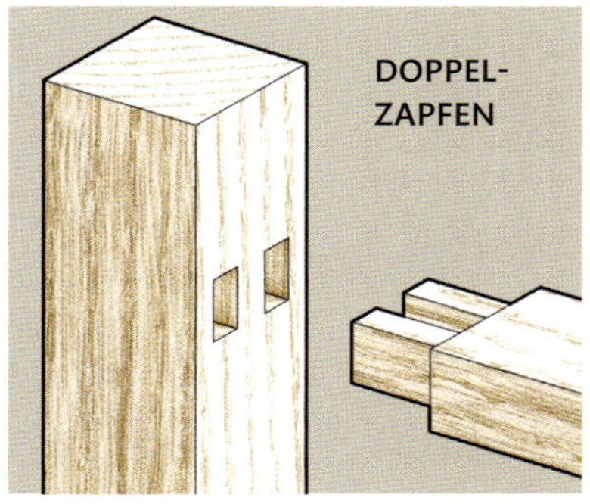

Doppelzapfen sind auch bei waagerecht liegenden Bauteilen wie Schubladenführungen nützlich. Durch die beiden Zapfen wird die senkrechte Leimfläche verdoppelt.

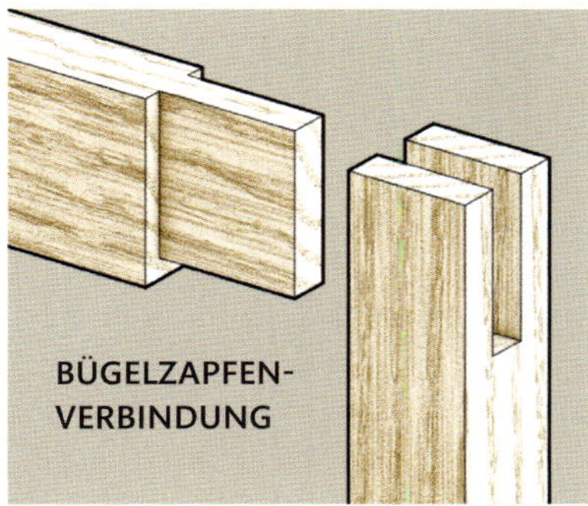

Diese Variante des durchgehenden Zapfens hat den zusätzlichen Vorteil, dass man sie beim Verleimen einspannen kann.

VERBINDUNGEN FÜR KORPUS UND TISCHPLATTE

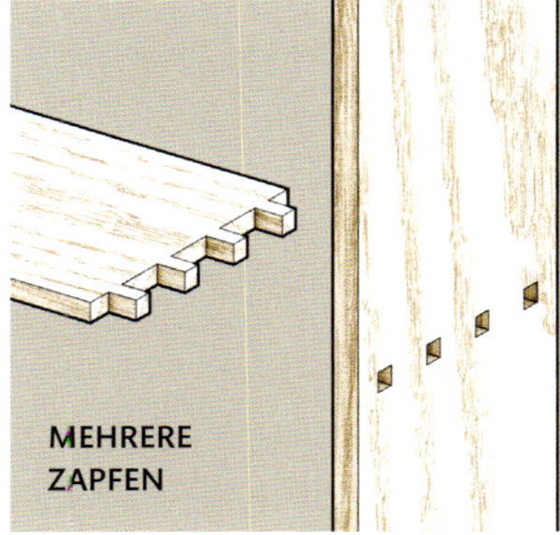

Mehrere durchgehende Zapfen bieten eine sehr große Leimfläche. Sie können auch durch Keile verstärkt werden.

Lose Formfedern wie jene, die mit verschiedenen Spezialfräsen verwendet werden (Lamello, Domino), sind Varianten des Zapfens und ermöglichen einfache Korpusverbindungen.

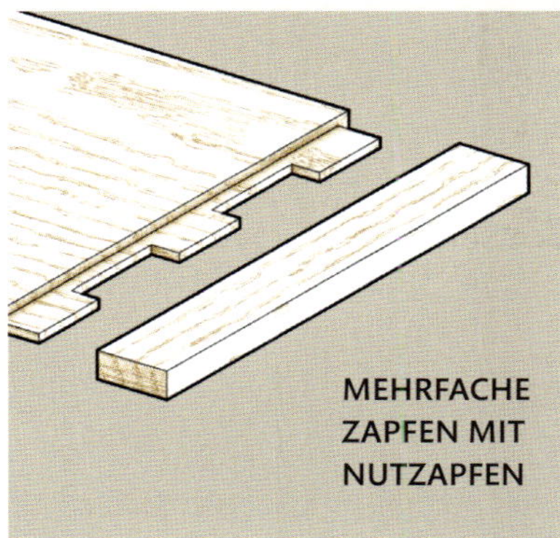

Die perfekte Verbindung für Hirnholzleisten. Die langen Zapfen sorgen für Belastbarkeit, während der Nutzapfen die Tischplatte eben hält.

Ein Schlitz mit Bohrer und Stechbeitel

Da es meist einfacher ist, einen Zapfen in einen Schlitz einzupassen, ist der Schlitz eine gute Stelle, um mit der Arbeit zu beginnen. Ich habe zwar einen Schlitzstemmmaschine, mit der sich die Schlitze schnell schneiden lassen, aber ich habe jahrelang Schlitze und Zapfen mit der Hand geschnitten (und tue das immer noch, wenn sich die Notwendigkeit ergibt), also werde ich Ihnen zuerst die Methode mit Handwerkzeug zeigen. Eine Oberfräse mit Eintauchfunktion lässt sich auch gut einsetzen, um Schlitze zu schneiden, und auch wenn ich diese Methode nicht so oft verwende, hat sie doch ihre Berechtigung.

Als Faustregel gilt, dass Handarbeit sorgfältig angerissen werden muss, um gute Ergebnisse zu erzielen, während Maschinen sorgfältig eingestellt werde müssen. Das heißt, dass wir ein Anreißmesser, einen Kombiwinkel und ein Streichmaß zur Hand haben müssen, wenn wir Schlitze bohren und stemmen, und dass wir auf all dies verzichten können, wenn wir zur Tischkreissäge gehen, um die Zapfen zu schneiden.

Um einen Schlitz zu schneiden, reißt man zuerst seinen Umriss an, bohrt dann den Großteil des Verschnitts aus, und sticht schließlich die Wandungen rechtwinklig nach. Das mag sich nach einer Menge Arbeit anhören, aber es ist nicht schwierig, einen genauen Schlitz anzuschneiden.

1

2

3

4

ZUERST ANREISSEN

Markieren Sie zuerst die Enden des Schlitzes. Dafür ist ein spitzer Bleistift gut geeignet **(1)**. Reißen Sie dann die Enden mit dem Anreißmesser und dem Winkel an **(2)**. Da diese Fläche meist vom Zapfenstück verdeckt wird, gebe ich mir keine sonderliche Mühe, den Riss genau an den Ecken des Schlitzes enden zu lassen. Halten Sie den Winkel dicht an das Werkstück, und versuchen Sie, einen Riss in voller Schlitzbreite anzureißen. Reißen Sie danach die Breite des Schlitzes mit dem Streichmaß an **(3)**. Wenn der Schlitz mittig liegen soll, reißen Sie von beiden Seiten des Werkstücks ausgehend an. Die Breite des Schlitzes ist nicht so entscheidend, aber ich versuche, sie auf meine Stechbeitel (und auf den Bohrer) abzustimmen – der Schlitz sollte am besten nur wenig breiter als der verwendetet Beitel sein. Als Faustregel sollte die Breite von Schlitzen in der Schmalseite eines Bauteils (zum Beispiel im Rahmen für eine Füllung) etwa ein Drittel der Materialstärke betragen. Das Bohren wird erleichtert, wenn Sie auch die Mittellinie des Schlitzes anreißen **(4)**. Wenn die Anreißarbeiten abgeschlossen sind **(5)**, geht es zur Ständerbohrmaschine.

5

1

DEN VERSCHNITT AUSBOHREN

Legen Sie das Werkstück so auf den Arbeitstisch der Ständerbohrmaschine, dass die Bohrerspitze an der Mittellinie des Schlitzes ausgerichtet ist, und spannen Sie dann einen Anschlag hinter dem Werkstück am Arbeitstisch fest **(1)**. Wenn man mit langen Werkstücken arbeitet, empfiehlt es sich, den Arbeitstisch zu vergrößern, indem man eine Sperrholz- oder MDF-Platte auf ihm befestigt, um das Material abzustützen. Bohrer gehören zu den preiswerteren Werkzeugen des Tischlers, und dennoch finden wir uns länger mit stumpfen Bohrern ab, als wir sollten. Ein neuer, scharfer Holzbohrer ist ein wunderbares Werkzeug. Kaufen Sie Bohrer eines guten Herstellers, die lange, scharfe Vorschneider aufweisen, mit denen Sie saubere Eintritts- und Austrittslöcher schneiden können.

2

Wenn der Anschlag richtig platziert ist, stellen Sie die Bohrtiefe ein. Falls der Platz reicht, schneide ich Schlitze gerne etwas tiefer als die Zapfenlänge, damit der Zapfen nicht auf dem Schlitzgrund aufsetzt **(2)**. Bohren Sie zuerst an jedem Ende des Schlitzes ein Loch **(3)**, und arbeiten Sie sich dann im Schlitz entlang, sodass die Bohrlöcher sich gerade berühren **(4)**. Wenn die Löcher sich zu sehr überschneiden, neigt der Bohrer zum Verlaufen. Wenn man sich dem gegenüberliegenden Ende des Schlitzes nähert, ist das Restholz zwischen den letzten beiden Löchern oft etwas schmaler als der Bohrer. Richten Sie die Spitze des Bohrers mittig am Restholz aus, und bohren Sie sehr langsam ein, damit der Bohrer nicht verläuft. Wenn der Verschnitt zum größten Teil ausgebohrt ist, kann man mit dem Beitel die Arbeit recht schnell zu Ende führen.

3

4

1

2

DEN SCHLITZ RECHTWINKLIG NACHSTECHEN

Als erstes werden die Enden des Schlitzes nachgestochen **(1)**. Setzen Sie dafür den Beitel nicht genau auf dem Riss an, sondern am breitesten Teil des Bohrloches, wo die Hirnholzfasern schon fast ganz durchtrennt sind. Arbeiten Sie sich von dort mit dünnen Schnitten bis zum Riss zurück. Wenn Sie den Riss erreichen, sollte nur noch ein sehr dünner Span Verschnitt zu entfernen sein. Es ist wichtig, dass die Enden des Schlitzes senkrecht stehen, die Bohrlöcher können dabei als Führung dienen. Wenn beim Nachstechen der Schlitz zum Grund hin schmaler zu sein scheint, dann steht die Wandung nicht senkrecht, was beim Einpassen der Verbindung zu Problemen führen kann. Fangen Sie oben an, und versuchen Sie senkrecht nach unten einzustechen, bis das Bohrloch von oben bis unten parallel ist und dann schließlich am Riss vollkommen verschwindet.

Schneiden Sie dann die langen Wandungen des Schlitzes **(2)**. Verwenden Sie einen breiten Stechbeitel, und beginnen Sie in der Mitte des Schlitzes, indem Sie die Schneide auf die oberste Stelle des Verschnitts setzen **(3)**. Auch hier machen sich die Bohrlöcher als Führung nützlich. Arbeiten Sie sich bis zum Riss zurück, und achten Sie dabei auf die Breite der noch verbleibenden Bohrlöcher **(4)**. Ziel ist es, den Riss zu erreichen und dort senkrechte Wandungen zu erhalten. Jede Ungenauigkeit beim Anschneiden des Schlitzes machte das Einpassen des Zapfens später etwas schwieriger. Wenn man den Schlitz präzise angerissen, eine Reihe von genau mittigen Löchern gebohrt und dann sorgfältig mit scharfen Beiteln nachgestochen hat, ist es kinderleicht, einen guten Schlitz anzuschneiden. Wenn man die Kleinigkeiten gewissenhaft ausführt, ist alles Folgende leicht.

3

4

Schlitze maschinell stemmen

Ursprünglich hatte ich nicht vorgehabt, die Schlitzstemmmaschine vorzustellen. Sie ist eine Spezialmaschine für ein einziges Anwendungsgebiet, und größere Stationärmaschinen können recht teuer sein. Allerdings war sie für mich sowohl in Hinsicht auf Präzision als auch auf Geschwindigkeit ein derartiger Umbruch, dass ich glaube, ich sollte sie doch wenigstens erwähnen.

Die Schlitzstemmmaschine hat einen Bohrer, der sich innerhalb eines hohlen quadratischen Stemmeisens dreht. Wenn man den Griff nach unten zieht, wird der Schlitz in einem Arbeitsgang gebohrt und rechtwinklig abgestochen, Das beschleunigt das Schneiden eines Schlitzes, aber es gibt über die Geschwindigkeit hinaus weitere Vorteile. Das Stemmeisen schneidet einen Schlitz mit gleichbleibender Breite, wodurch das Einpassen des Zapfens später erleichtert wird. Außerdem muss man bei der Arbeit mit der Schlitzstemmmaschine kaum noch anreißen. Das Stemmeisen bestimmt die Breite des Schlitzes, und der Anschlag sorgt für die richtige Entfernung von der Werkstückkante. Man muss also nur noch die Bohrtiefe einstellen und die Enden des Schlitzes markieren, damit man weiß, wo man anfangen und aufhören muss.

Die Maschine ähnelt einer Ständerbohrmaschine, hat allerdings einen längeren Griff, damit man die größere Kraft aufbringen kann, die nötig ist, um das Stemmeisen durch das Material zu führen. Schlitzstemmmaschinen sind auch mit einem Niederhalter ausgestattet, damit sich das Werkstück nicht vom Arbeitstisch abhebt, wenn man das Stemmeisen aus dem Schnitt zieht. Bei den meisten Tischmodellen wird das Werkstück von der Seite unter einen gabelförmigen Niederhalter geschoben, der am Maschinenfuß angebracht ist. Standmodelle (und neuerdings auch einige Tischmodelle) weisen einen verschiebbaren Arbeitstisch auf, an dem das Werkstück sicher festgespannt werden kann und dann mit dem Tisch positioniert wird. Unabhängig vom Modell, für das man sich entscheidet, muss man den Bohrer und das Stemmeisen vor der Verwendung schärfen. Das Schärfen ist wichtig, weil es einen großen Einfluss auf die Leistung der Maschine hat. Außerdem muss das Stemmeisen parallel zum Anschlag angebracht werden, und zwischen Bohrer und Stemmeisen muss hinreichend Freiraum sein, um eine Überhitzung während der Verwendung auszuschließen.

SCHÄRFEN DES STEMMEISENS UND BOHRERS

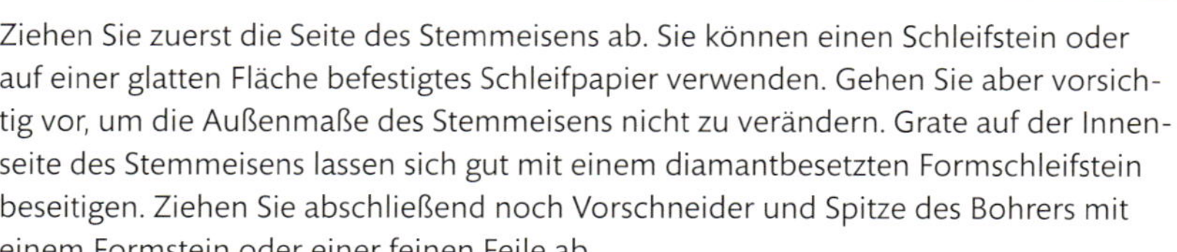

Ziehen Sie zuerst die Seite des Stemmeisens ab. Sie können einen Schleifstein oder auf einer glatten Fläche befestigtes Schleifpapier verwenden. Gehen Sie aber vorsichtig vor, um die Außenmaße des Stemmeisens nicht zu verändern. Grate auf der Innenseite des Stemmeisens lassen sich gut mit einem diamantbesetzten Formschleifstein beseitigen. Ziehen Sie abschließend noch Vorschneider und Spitze des Bohrers mit einem Formstein oder einer feinen Feile ab.

EINSTELLEN UND LOS GEHT'S

Spannen Sie das Stemmeisen provisorisch ein. Verwenden Sie dabei eine Zulage, sodass eine 1-mm-Lücke zwischen dem Absatz am Stemmeisen und der Maschine verbleibt **(1)**. Richten Sie den Bohrer am unteren Ende des Stemmeisens aus, und spannen Sie ihn ein **(2)**. Gehen Sie vorsichtig vor, der Bohrer ist scharf. Ich verwende einen Holzklotz, um ihn zu halten. Lockern Sie dann das Stemmeisen wieder, und schieben Sie es nach oben, bis es richtig in der Aufnahme sitzt. Dadurch entsteht am unteren Ende die erforderliche Lücke zwischen dem Bohrer und dem Stemmeisen. Verwenden Sie einen Winkel, um das Stemmeisen am Anschlag auszurichten **(3)**. Stellen Sie den Anschlag so ein, dass der Bohrer mittig über den angerissenen Markierungen steht **(4)**. Stellen Sie die Bohrtiefe dann auf etwas mehr als die Zapfenlänge ein **(5)**. Dadurch ersparen Sie sich die Mühe, den Schlitzgrund versäubern zu müssen. Schneiden Sie an einem Ende des angerissenen Schlitzes ein **(6)**. Das Stemmeisen kann im ersten Schnitt festklemmen, schneiden Sie deshalb in mehreren kleinen Schritten, zwischen denen Sie den Bohrer immer wieder anheben, bis sie die Endtiefe erreicht haben. Arbeiten Sie sich dann über die Länge des Schlitzes entlang, indem Sie etwas überlappende Schnitte ausführen. Lassen Sie vor dem letzten Schnitt eine dünne Verschnittbrücke stehen, damit der Bohrer nicht verläuft und Sie eine senkrechte Schlitzwandung erhalten **(7)**. Setzen Sie dann zurück, und schneiden Sie den verbliebenen Verschnitt weg.

Einen Schlitz fräsen: die Maschine zum Werkstück bringen

Holzwerker, die beim Schneiden von Schlitzen von Handwerkzeugen zum maschinellen Arbeiten übergehen, entscheiden sich meist für eine von zwei Methoden. Ich verwende bei meinen Arbeiten meist die Schlitzstemmmaschine, es gibt aber viele Holzwerker, die Schlitze mit der Oberfräse schneiden. Ich verwende diese Methode zwar nicht oft, aber es gibt Situationen – vor allem bei großen Werkstücken –, in denen die Handoberfräse die beste Wahl für die anstehende Arbeit ist.

Ich schneide durchgehende Schlitze bei Korpuskonstruktionen zwar immer noch mit dem Bohrer und Stechbeitel (Seite 123), aber die Oberfräse eignet sich gut, um gestemmte (nicht durchgehende) Schlitze an Bauteilen anzuschneiden, die zu groß für die Schlitzstemmmaschine sind. Ich schneide Sie auf die gleiche Weise an, wie ich eine Nut fräsen würde (siehe Seite 52).

Bei Schlitzen, die parallel zu einer Werkstückkante verlaufen, arbeitet man wie bei einer abgesetzten Nut und verwendet einen Anschlag, um die Oberfräse zu führen. Bei Schlitzen, die quer zur Faser verlaufen, vor allem, wenn sie einen gewissen Abstand vom Werkstückende haben, geht man so vor, wie bei einer kurzen, abgesetzten Quernut, und verwendet den Parallelanschlag der Fräse. Die Arbeit wird einfacher, wenn man nicht ein Brett am Werkstück festspannt und als Anschlag verwendet, sondern sich die Zeit nimmt, um einen Winkelanschlag herzustellen.

EINEN SCHLITZ PARALLEL ZU EINER KANTE FRÄSEN

Ich behandele Schlitze, die parallel zur Werkstückkante verlaufen, wie eine abgesetzte Nut, die Arbeitsmethode ist also fast die gleiche wie im vorherigen Kapitel beschrieben. Rüsten Sie die Oberfräse mit dem Parallelanschlag auf, und arbeiten Sie von links nach rechts am Werkstück entlang, damit die Drehung des Fräsers den Anschlag dicht an die Werkstückkante heranzieht **(1)**. Fräsen Sie zuerst ein Loch in Endtiefe an beiden Enden des Schlitzes **(2)**, und arbeiten Sie sich dann am Schlitz entlang, indem Sie die Frästiefe jeweils um 3 mm erhöhen, bis Sie die Endtiefe erreicht haben **(3)**. Stechen Sie die Enden des Schlitzes mit dem Stechbeitel rechtwinklig nach **(4)**.

EIN WINKELANSCHLAG ERLEICHTERT DAS AUSRICHTEN

Ein Winkelanschlag besteht aus einer Zunge, an der die Oberfräse entlang geführt wird, und einem im rechten Winkel angebrachten Anschlag, der am Werkstück angelegt wird und einen rechtwinkligen Schnitt sicherstellt. Der Vorteil gegenüber eine einfachen Führung ist nicht nur das einfachere rechtwinklige Anlegen, sondern auch das einfachere Ausrichten. Der Schlüssel liegt darin, dass man mit dem gleichen Fräser, mit dem man auch den Schlitz fräst, eine Ausklinkung in den Anschlag fräst **(1)**. Um den Winkelanschlag zu verwenden, markiert man zuerst die Lage des Schlitzes am Rand des Werkstücks. Dann richtet man die Ausklinkung am Anschlag an den Rissen aus und spannt den Anschlag fest **(2)**. Um Schlitz zu fräsen, legt man zuerst seine beiden Enden durch Fräsungen bis zur Endtiefe fest. Dann schneidet man dazwischen den Schlitz. Zuerst mit einem flachen Durchgang, dann mit immer tiefer werdenden Schnitten, bis man die Endtiefe erreicht hat **(3)**. Das Ergebnis sollte ein Schlitz sein, der genau an der vorgesehenen Stelle liegt. Und das ist ja auch gut so **(4)**.

Eine Vorrichtung, um schnell und präzise Taschen für Scharniere zu schneiden

Es gibt viele Methoden, um eine Tasche für ein Scharnier zu schneiden. Eine Möglichkeit, für die ich mich lange nicht sonderlich interessierte, ist die Verwendung einer Frässchablone. Ich ging dabei von dem Gedanken aus, dass ich ja nicht wüsste, welches Scharnier ich für ein Werkstück verwenden würde, und dass es sich kaum lohnte, für jedes Werkstück eine neue Schablone herzustellen. Zweitens nahm ich an, dass die Herstellung der Schablone schwierig wäre. Und schließlich zweifelte ich an der Genauigkeit der Schablone. Auch in diesem Fall hat das Unterrichten meine Ansichten verändert. Ich machte mir Gedanken darüber, wie ich einem Kurs nach einer langen Arbeitswoche noch das Einhängen einer Tür vermitteln könnte, und beschloss der Oberfräse einen zweiten Blick zu widmen. Dabei stellte sich heraus, dass es schnell geht, eine Vorrichtung zu bauen, und dass sich die gute Passung fast automatisch ergibt. Der Schlüssel liegt darin, die Vorrichtung um das Scharnier herum zu bauen. Danach ist die Tasche mit einem kurzen Fräser mit Anlaufring schnell geschnitten, und man muss nur die runden Innenecken mit dem Beitel rechtwinklig nachstechen. Es ist wichtig, hochwertige Scharniere zu verwenden (was sich sowieso empfiehlt), da dann die Maße von einem Exemplar zum anderen geringere Abweichungen aufweisen, was zu einer besseren Passung führt.

HERSTELLUNG DER SCHABLONE

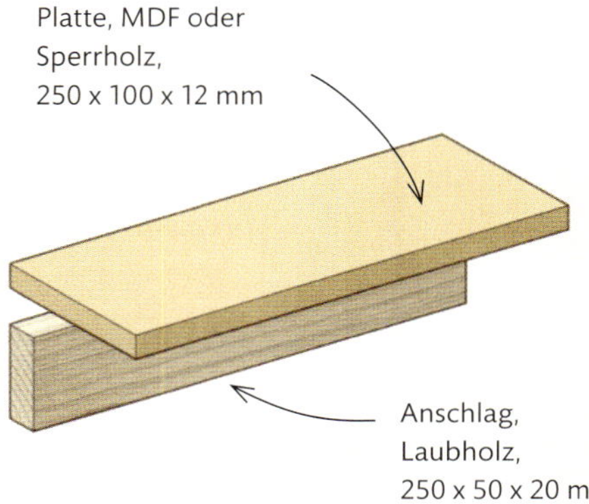

1

Reißen Sie zuerst die Breite des Scharniers auf der Platte an **(1)**. Die Ausklinkung muss auch die Stärke des Anschlags berücksichtigen, legen Sie also die Platte und den Anschlag während des Anreißens an einer senkrechten Fläche an. Reißen Sie dann die Länge der Ausklinkung an. Übertragen Sie bei einem normalen Scharnier die Mitte des Gewerbes auf die Platte. Bei einem Scharnier mit Zierknauf wie in den Abbildungen wird die Innenkante des Gewerbes übertragen. Schneiden Sie dann die Seiten der Ausklinkung an der Tischkreissäge, indem Sie sich dem richtigen Maß mit wiederholten Schnitten nähern **(2)**. Entfernen Sie den Großteil des Verschnitts an der Bandsäge, und verputzen Sie mit der Tischkreissäge bis zum Riss **(3)**. Danach sollte das Scharnier ohne Spiel in die Ausklinkung passen **(4)**. Abschließend wird dann die Platte mit Leim und Drahtstiften am Anschlag befestigt **(5)**. Achten Sie darauf, dass die beiden Vorrichtungsteile bündig abschließen.

2

3

4

5

EINE SCHARNIERTASCHE FRÄSEN

1

2

3

Die Tasche für das Scharnier ist mit einer Kantenfräse und einem Fräser mit Anlaufring schnell angeschnitten. Die Frästiefe wird eingestellt, indem man die Schablone auf die Grundplatte der Fräse legt und das Scharnier darauf positioniert. Heben Sie den Fräser an, bis er knapp oberhalb des Scharniers steht **(1)**. Spannen Sie dann die Schablone an der Tür oder am Korpus an **(2)**, und richten Sie sie an der Markierung für die Scharniere aus (siehe Seite 33). Eine übergroße Grundplatte an der Oberfräse erleichtert es, diese während des Fräsens vollflächig auf der Platte der Vorrichtung zu führen **(3)**. Der Anlaufring läuft an den Kanten der Ausklinkung entlang, sodass eine Tasche mit den genauen Maßen des Scharniers geschnitten wird **(4)**. Belassen Sie die Schablone an Ort und Stelle, und verwenden Sie sie als Führung, um die Ecken der Tasche rechtwinklig nachzustechen. Stechen Sie die Wandungen an den Ecken senkrecht nach **(5)**, und verputzen Sie dann den Grund der Tasche mit dem Stechbeitel **(6)**. Das Scharnier sollte an den beiden Seiten und der Rückwand der Tasche dicht anliegen **(7)**. Falls an der Rückwand eine Lücke zu sehen ist (was häufig vorkommt), kontrollieren Sie, ob in den Ecken beim Nachstechen Verschnitt stehen geblieben ist.

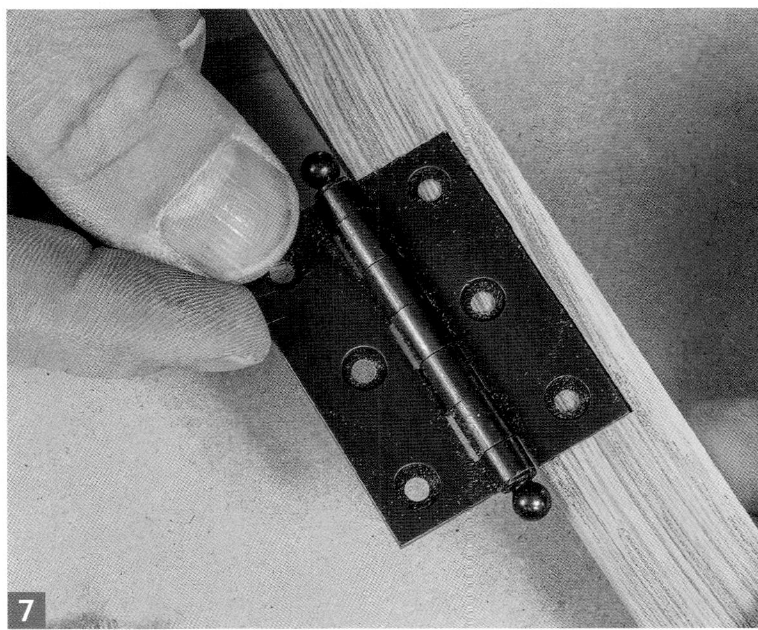

Zapfen an der Tischkreissäge schnell anschneiden

Es gibt viele Methoden, um einen Zapfen anzuschneiden. Man kann sie mit Handwerkzeug schneiden, mit der Oberfräse oder an der Bandsäge. Ich verwende meist die Tischkreissäge, aber auch dabei kann man zwischen verschiedenen Möglichkeiten wählen. Ein Nutsägeblatt ist sehr gut geeignet, und ich habe viele Jahre so gearbeitet, es ist also ein guter Ausgangspunkt. Wenn man das Nutsägeblatt bei einem flach auf dem Arbeitstisch der Tischkreissäge aufliegendem Werkstück verwendet, ergeben sich mehrere Vorteile. Zum einen erhält man einen Zapfen, dessen Wangen garantiert parallel sind und der parallel zur Fläche des Werkstücks steht. Das ist ein großer Schritt, um später rechtwinklige Verleimungen sicherzustellen. Außerdem sind bei Material gleichmäßiger Stärke auch die Zapfen gleichmäßig stark. Schließlich schneidet das Nutsägeblatt die Wangen und die Brüstungen des Zapfens in einem Zug, was Umrüst- und Schneidezeit verringert.

Die Methode ist nicht auf einfache Zapfen mit gleichmäßigen Brüstungen beschränkt. Mit nur wenig zusätzlichem Aufwand können Sie auch Nutzapfen schneiden, die sich sehr gut für Rahmen-und-Füllungskonstruktionen eignen. Man kann die Brüstungen auch gegeneinander versetzen und erhält so eine gefälzte Verbindung, die ideal für Bilderrahmen oder verglaste Türen ist.

EIN DURCHGANG ODER ZWEI? DIE SCHNITTBREITE DES NUTSÄGEBLATTS FESTLEGEN

BEI LANGEN ZAPFEN MEHRMALS SÄGEN

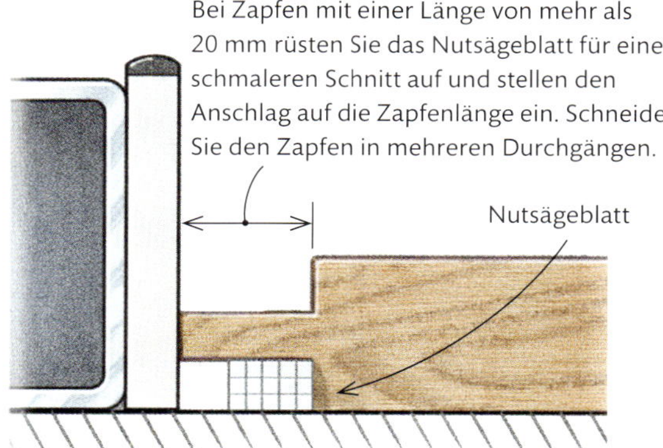

Bei Zapfen mit einer Länge von mehr als 20 mm rüsten Sie das Nutsägeblatt für einen schmaleren Schnitt auf und stellen den Anschlag auf die Zapfenlänge ein. Schneiden Sie den Zapfen in mehreren Durchgängen.

BEI KURZEN ZAPFEN MIT WINKELBRETT SÄGEN

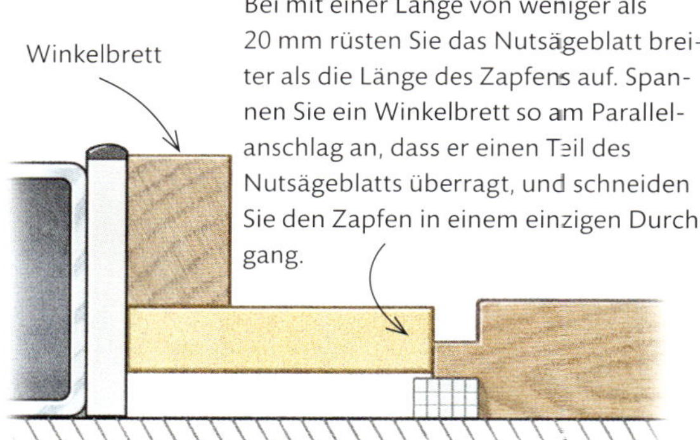

Bei mit einer Länge von weniger als 20 mm rüsten Sie das Nutsägeblatt breiter als die Länge des Zapfens auf. Spannen Sie ein Winkelbrett so am Parallelanschlag an, dass er einen Teil des Nutsägeblatts überragt, und schneiden Sie den Zapfen in einem einzigen Durchgang.

Wenn man einen Zapfen mit dem Nutsägeblatt schneidet, wird dieses entweder auf eine Breite aufgerüstet, die geringer oder größer als die Länge des fertigen Zapfens. Das mag sich merkwürdig anhören, aber es ist die einfachste Methode, die gewünschte Zapfenlänge zu erzielen. Die meisten Nutsägeblätter lassen sich so aufrüsten, dass man einen 20 mm langen Zapfen anschneiden kann. Bei längeren Zapfen stelle ich die Schnittbreite so ein, dass sie etwas mehr als die halbe Zapfenlänge beträgt. So kann ich den Anschlag benutzen, um die Zapfenlänge festzulegen und laufe nicht Gefahr, dass das Blatt in den Anschlag einschneidet, benötige aber dennoch nur zwei Schnitte für den Zapfen (siehe oben).

Bei Zapfen mit weniger als 20 mm Länge rüste ich gerne für einen 20-mm-Schnitt auf, und decke einen Teil des Nutsägeblatts mit dem Anschlag ab. Dazu können Sie ein Opferbrett an den Parallelanschlag anspannen und das Blatt anheben, bis es einschneidet, oder Sie können ein Winkelbrett so anbringen, dass er knapp über dem Nutsägeblatt sitzt. Den Zapfen kann man dann in einem Durchgang schneiden (rechts).

RECHTWINKLIG EINRICHTEN, UM GLEICHMÄSSIGE BRÜSTUNGEN ZU SCHNEIDEN

Kleine Dinge können einen großen Unterschied in der Qualität des ausgeführten Schnitts bewirken. Wir wollen uns also einen Augenblick mit Fragen der Maschineneinrichtung beschäftigen. Ein normaler Winkelanschlag für die Tischkreissäge bietet in der Nähe des Sägeblatts keine Anlagefläche für das Werkstück. Das kann zu Faserausrissen an der Austrittstelle des Blatts führen. Als erstes bringt man also einen Anschlag aus Laubholz am Winkelanschlag an **(1)**. Er sollte lang genug sei, um das Werkstück zu stützen, und das Sägeblatt geringfügig überragen. Nach dem ersten Schnitt dient die Fuge im Anschlag als enger Durchlass für das Sägeblatt, sodass es nicht mehr zu Faserausrissen kommt. Als nächstes stellen Sie sicher, dass der Winkelanschlag an den Nuten im Arbeitstisch der Tischkreissäge ausgerichtet ist. Richten Sie dann den Winkelanschlag rechtwinklig am Parallelanschlag aus **(2)**. Stellen Sie abschließend mit dem Kombiwinkel die Entfernung zwischen Parallelanschlag und Sägeblatt ein, um die gewünschte Zapfenlänge zu erhalten **(3)**.

SICH DER PASSUNG ANNÄHERN

Stellen Sie zuerst die Schnitthöhe für einen Zapfen ein, der etwas zu stark für den Schlitz ist **(1 und 2)**. Verwenden Sie dann ein Probestück, heben Sie das Blatt geringfügig an, und führen Sie einen weiteren Schnitt aus. Haben Sie Geduld. Da Sie auf beiden Seiten des Zapfens einen Schnitt ausführen, wird jede Änderung effektiv verdoppelt und man schießt schnell von der zu engen zur zu lockeren Passung über das Ziel hinaus. Ich strebe eine Passung an, bei der ich den Zapfen gerade so in den Schlitz einschieben kann, die aber dennoch eher eng ist **(3)**. So kann ich dann an der Hobelbank mit dem Simshobel eine perfekte Passung herstellen. Wenn Sie so die Schnitthöhe eingestellt haben, schneiden Sie an allen Zapfen die Wandungen an **(4)**, bevor sie mit den Brüstungen fortfahren.

DEN ZAPFEN NACHSCHNEIDEN UND EINPASSEN

Die letzte Arbeit an der Tischkreissäge besteht darin, den Zapfen auf Endbreite zu schneiden. Es kommt vor, dass der Zapfen an einer Seite eine breitere Brüstung als am anderen Ende hat. Deshalb ist es wichtig, die Ausrichtung der Bauteile zu beachten, wenn man die Brüstungen anschneidet. Eine einfache Methode, um festzustellen, wo die Zapfenseiten nachgeschnitten werden müssen, besteht darin, die Maße vom zugehörigen Schlitz zu übernehmen. Halten Sie den Zapfen an den Schlitz, und bringen Sie an beiden Enden des Schlitzes eine Markierung am Zapfen an **(1)**. Belassen Sie den Parallelanschlag in seiner Position, und heben Sie das Sägeblatt bis zur Höhe einer der Markierungen an. Schneiden Sie eine Seite aller Zapfen **(2)**. Wiederholen Sie den Vorgang für die andere Seite, und kontrollieren Sie die Passung. Die Passung muss in senkrechter Richtung nicht besonders eng sein **(3)**. Eine kleine Lücke beeinträchtigt die Belastbarkeit der Verbindung nicht, und wenn die Passung etwas lose ist, kann man die Bauteile während des Verleimens leichter aneinander ausrichten. Wenn die Passung nach dem Sägen schon recht gut war, sollten Sie nur ein paar Stöße mit dem Simshobel benötigen, um den Zapfen in den Schlitz einzupassen **(4)**. Eine gute Passung bei einer Schlitz-und-Zapfen-Verbindung bedeutet, dass man sie mit der Hand zusammenstecken kann, sie aber nicht auseinanderfällt, wenn man sie an einem Teil hochhebt **(5)**. Die Sägespuren, die das Nutsägeblatt hinterlassen hat, lassen sich nutzen, um das Material von beiden Seiten gleichmäßig abzuhobeln.

1

2

3

EINEN NUTZAPFEN ANSCHNEIDEN, UM DIE NUT FÜR DIE FÜLLUNG ABZUDECKEN

Eine typische Konstruktion aus Rahmen und Füllung ist an den Ecken mit Schlitz und Zapfen gearbeitet und hat an der Innenkante des Rahmens eine Nut, um die Füllung aufzunehmen. Man kann zwar einfache Schlitz-und-Zapfen-Verbindungen an den Ecken anschneiden und die Nut für die Füllung dann an den Schlitzen absetzen, aber ich finde es leichter, mit der Tischkreissäge durchgehende Nuten in die Friese zu schneiden. Dann ist aber die Nut im Hirnholz der Friese zu sehen. Um diese Lücke zu schließen, schneide ich einen Nutzapfen an den Zapfen an. Beim Anschneiden der Zapfen sollten Sie die Nutzapfen als letztes schneiden, weil Sie dazu den Parallelanschlag verstellen müssen. Um die Größe des Nutzapfens zu ermitteln, messen Sie die Tiefe der Nut und verstellen den Parallelanschlag um dieses Maß. Schneiden Sie den Nutzapfen mit Überlänge, und verputzen Sie ihn dann, bis die Verbindung an der Sichtseite der Konstruktion dicht schließt.

SCHLITZ-UND-ZAPFEN-KONSTRUKTION MIT INNENFALZ

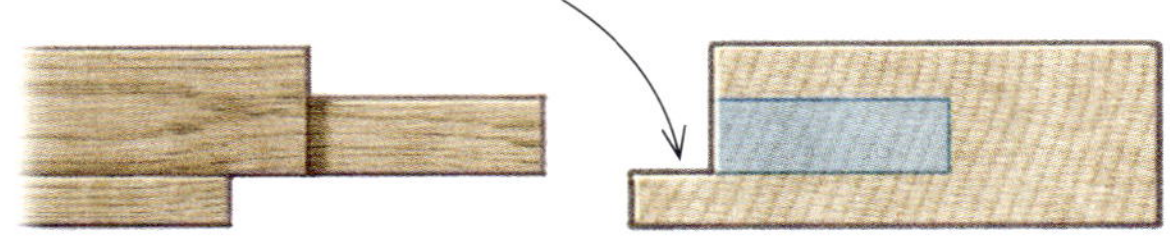

Diese Verbindung eignet sich besonders gut für Türen mit Glasfüllung. Die Brüstungen sind versetzt, um einen Falz zu berücksichtigen, den man an die Friese anschneidet, bevor man sich den Verbindungen zuwendet **(1)**. Dann verwendet man den Falz, um die Lage der Schlitze in den Längsfriesen festzulegen, die bündig mit der Innenbrüstung des Falzes abschließen müssen **(2)**. Danach arbeitet man auf ähnliche Weise weiter wie bei normalen Zapfen, nur dass in diesem Fall die Brüstungen versetzt sind. Um die vordere Wange der Zapfen zu schneiden, wird das Sägeblatt bis zur Höhe der Innenwandung des Falzes angehoben **(3)**. Stellen Sie den Parallelanschlag auf die Schlitztiefe zuzüglich der Falzbreite ein **(4)**. Um die hintere Wange der Zapfen zu schneiden, stellen Sie das Sägeblatt auf die Höhe der hinteren Wange des Schlitzes ein **(5)**. Verstellen Sie den Parallelanschlag um die Breite des Falzes, und schneiden Sie dann die hinteren Wandungen **(6)**. Belassen Sie den Parallelanschlag in seiner Position, um dann die Außenkante des Zapfens zu schneiden. Die Innenkante ist bereits durch den Falz bestimmt **(7)**. Kontrollieren Sie die Passung – die vordere und hintere Brüstung des Zapfens sollten dicht am Schlitzstück abschließen **(8)**.

1

2

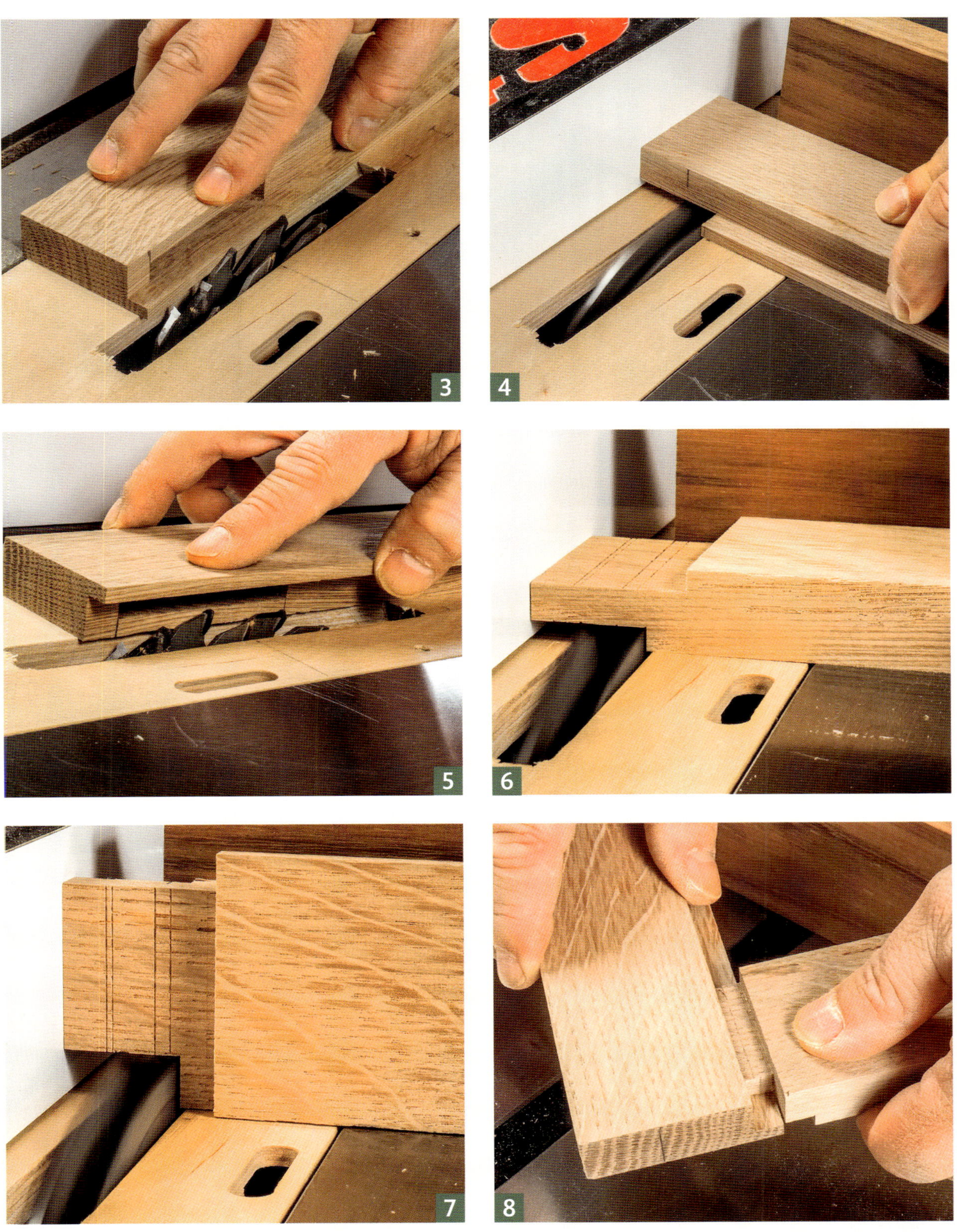
3
4
5
6
7
8

MIT EINEM DISTANZSTÜCK GLEICHMÄSSIG STARKE ZAPFEN SCHNEIDEN

Zapfen senkrecht anzuschneiden erfordert mehr Arbeitsschritte als mit dem Nutsägeblatt. Wenn man aber einen auf Maß geschnittenen Distanzhalter verwendet, kann die Genauigkeit des Ergebnisses die zusätzliche Arbeit rechtfertigen.

DEN DISTANZHALTER HERSTELLEN

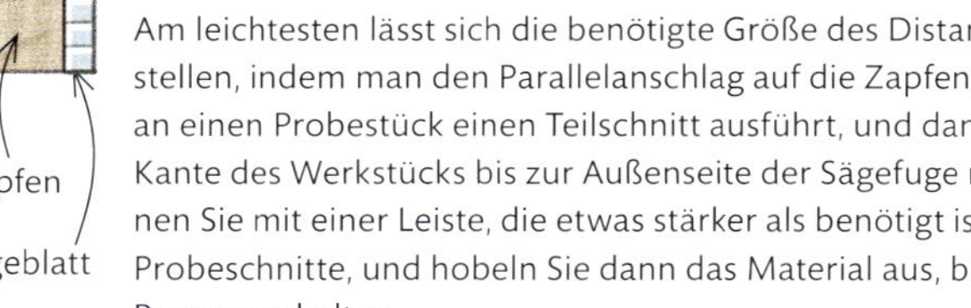

Am leichtesten lässt sich die benötigte Größe des Distanzhalters feststellen, indem man den Parallelanschlag auf die Zapfengröße einstellt, an einen Probestück einen Teilschnitt ausführt, und dann von der Kante des Werkstücks bis zur Außenseite der Sägefuge misst. Beginnen Sie mit einer Leiste, die etwas stärker als benötigt ist, machen Sie Probeschnitte, und hobeln Sie dann das Material aus, bis Sie eine gute Passung erhalten.

Wann man Zapfen am senkrecht stehenden Material anschneiden sollte

Meist lassen sich Zapfen gut anschneiden, indem man das Werkstück flach auf die Tischkreissäge legt. Es gibt jedoch Situationen, in denen es sinnvoll ist, das Werkstück senkrecht über das Blatt zu führen. Man muss mehr Schnitte ausführen als mit dem Nutsägeblatt, weil das Anschneiden der Wangen und der Brüstungen unterschiedliche Einstellungen erfordert, aber es ergeben sich auch Vorteile. Das Anschneiden von doppelten und von abgewinkelten Zapfen ist wesentlich leichter, wenn das Werkstück senkrecht steht (siehe Seite 134 und 266) Aber auch bei einfachen Zapfen kann die senkrechte Ausrichtung zu gleichmäßigeren Ergebnissen führen. Eine Vorrichtung zum Schneiden von Zapfen an der Tischkreissäge ist einfach zu bauen, und auf dem englischsprachigen Markt sind auch kommerzielle Vorrichtungen (unter der Bezeichnung *tenoning jig*) leicht zu finden. Ich verwende auch oft einen selbst gebauten Ablängschlitten mit einem hohen Anschlag, um senkrechte Zapfen zu schneiden (auf Seite 54 findet sich eine Bauanleitung). Meist entscheidet die Lage des Zapfens darüber, wie ich ihn anschneide. Falls der Zapfen parallel zur Breitseite des Werkstücks steht, verwende ich die Vorrichtung zum Zapfenschneiden. Falls er senkrecht zur Fläche steht (etwa bei einem doppelten Zapfen in einer Schubladenführung), dann schneide ich ihn mit dem Ablängschlitten.

Ein großer Vorteil des senkrechten Schneidens ist die Möglichkeit, einen Distanzhalter beim Schneiden der Wangen zu verwenden. Man kann zwar die eine Wange schneiden und dann das Werkstück in der Vorrichtung drehen, um die zweite Wange zu schneiden (ähnlich wie beim Schneiden eines Zapfens mit einem Nutsägeblatt), aber wenn man den zweiten Schnitt mit einem Distanzhalter ausführt, erhält man sehr viel bessere Passungen. Das liegt daran, das unterschiedliche Materialstärken der Bauteile zu unterschiedlich starken Zapfen führen, wenn man die Bauteile in der Vorrichtung dreht, während die Verwendung eines Distanzhalters unabhängig von der Materialstärke zu gleich starken Zapfen führt. Es dauert nur einige Minuten, um eine Zulage in der passenden Stärke herzustellen, aber man kann sie dann auch für jedes beliebige Werkstück verwenden.

Die Herstellung des Distanzhalters ist nicht ganz leicht, weil man nicht nur die Breite des Zapfens, sondern auch die des Sägeblatts berücksichtigen muss (unten). Danach ist es aber leicht, Zapfen genau in der gewünschten Stärke anzuschneiden. Stellen Sie die Vorrichtung zum Sägen von Zapfen so ein, dass sie die entferntere Wange schneidet, und schneiden Sie die erste Wandung **(1)**. Schieben Sie dann den Distanzhalter zwischen die Vorrichtung und das Werkstück, ohne dabei die Orientierung des Werkstücks zu verändern **(2)**, und schneiden Sie die zweite Wange **(3)**. Legen Sie das Werkstück flach auf den Arbeitstisch und schneiden Sie die Brüstung an **(4)**. Ich schneide vorher mit der Bandsäge den größeren Teil des Verschnitts ab, damit er sich nicht zwischen dem Anschlag und dem Sägeblatt der Tischkreissäge verfängt. Ich schneide auch an den Schmalseiten ein, um die Brüstungen beiderseits des Zapfens zu erhalten. Nach dem Anschneiden der Wangen wird der Zapfen an der Bandsäge auf Breite geschnitten **(5)**.

EINE SCHNELL HERGESTELLTE EINHÄLSUNG

Es gibt eine schnelle Methode, um Einhälsungen für Schlitz-und-Zapfen-Konstruktionen anzuschneiden. Dafür muss das Kreissägeblatt jedoch Flachzähne haben. Die Einhälsung ist eine offene Verbindung, deshalb muss der Grund der Schlitze eben sein. Schneiden Sie zuerst die Nut für die Füllung. Sie dient als Bezug für die folgenden Schnitte, deshalb ist es wichtig, dass sie mittig in den Friesen eingeschnitten werden. Das stellt man am einfachsten sicher, indem man sie in zwei Durchgängen schneidet und vor dem zweiten Durchgang das Werkstück wendet. Danach werden die Schlitze geschnitten. Zuerst richtet man das Sägeblatt an einer Wandung der Nut aus und sägt **(1)**, dann wendet man das Werkstück und schneidet die zweite Wandung des Schlitzes **(2)**.

Die Zapfenwangen werden auf die gleiche Weise angeschnitten, dabei wird das Sägeblatt an der Außenwandung der Nut ausgerichtet **(3)**. Entfernen Sie den Großteil des Verschnitts mit der Bandsäge, damit er sich beim Anschneiden der Brüstungen nicht zwischen Anschlag und Sägeblatt verfängt **(4)**. Fälzen Sie abschließend mit einem Nutsägeblatt die Füllung so aus, dass sie in die Nut passt.

1

2

SCHLITZ AUF MASS SÄGEN

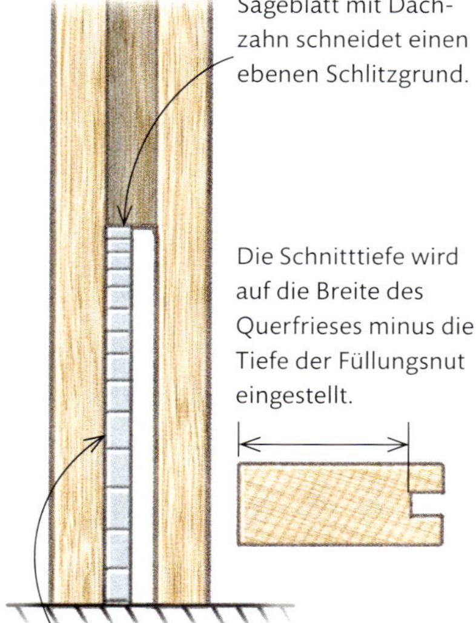

Das Sägeblatt wird an der Innenwandung der Nut ausgerichtet. Schneiden Sie einmal ein, und wenden Sie dann das Werkstück, um den Schlitz fertig zu stellen.

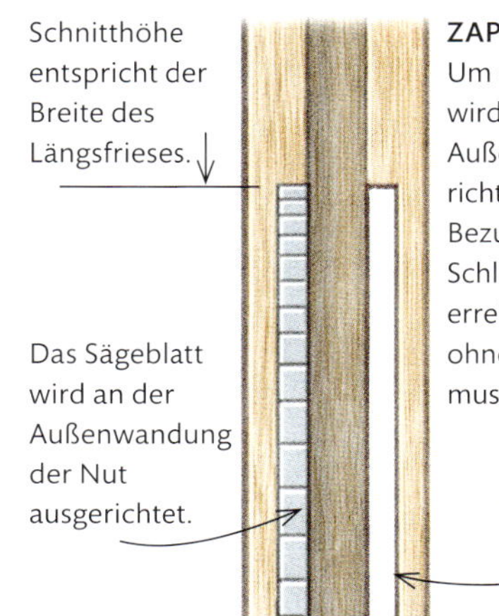

ZAPFEN AUF MASS SCHNEIDEN Um den Zapfen anzuschneiden, wird das Sägeblatt zuerst an der Außenwandung der Nut ausgerichtet. Indem man die Nut als Bezugsgröße für die Schnitte am Schlitz wie am Zapfen verwendet, erreicht man eine gute Passung, ohne dass man zum Lineal greifen muss.

IN DREI RICHTUNGEN EINSPANNEN

Eine Einhälsung erfordert einiges an Hilfsmitteln, um sie zusammenzuziehen. Setzen Sie zuerst Zwingen über den Querfriesen an, dann über den Längsfriesen (links). Achten Sie darauf, dass die Verbindungen in beiden Richtungen zusammengezogen werden, während Sie die Zwingen anziehen. Setzen Sie abschließend senkrecht auf jede Eckverbindung eine Zwinge, um eine gute Verleimung sicherzustellen (oben).

Schlitz-und-Zapfen-Verbindungen zusätzlich absichern

Bei der Belastbarkeit einer Verbindung kommen zwei Faktoren ins Spiel. Der erste ist die Verleimung, die durch die Fläche an Längsholz bestimmt wird, die an beiden Verbindungsteilen durch den Leim verbunden wird. So ist zum Beispiel die Längsverbindung von zwei Brettern wegen der großen Leimfläche sehr belastbar. Der zweite Faktor ist die mechanische Belastbarkeit, bei der die Geometrie der Verbindung diese zusätzlich stärkt. Schlitz-und-Zapfen-Verbindungen und Schwalbenschwanzzinkungen sind dafür gute Beispiele. Sie lassen sich zwar in einer Richtung leicht auseinander ziehen, sind aber senkrecht zu dieser Richtung nicht zu lösen. Während die Schwalbenschwanzzinkung an den Wandungen der Zinken auch eine gute Verleimung von Langholz an Langholz bietet, ist die Schlitz-und-Zapfen-Verbindung je nach Ausrichtung nicht so belastbar. Ein Zapfen, der in Faserrichtung angeschnitten ist, wie bei einer Tischzarge, bietet eine belastbare Leimfläche. Bei einem waagerecht liegenden oder quadratischen Zapfen ist die Langholzfläche der Verleimung jedoch geringer und deswegen weniger belastbar. Glücklicherweise kann man das ausgleichen, indem man Keile oder Holznägel in die Verbindung treibt und so ihre mechanische Belastbarkeit erhöht.

KEILE MACHEN DIE VERBINDUNG MECHANISCH BELASTBARER

Bei durchgehenden Zapfen kann man die Verbindung mit einem Keil absichern. Bei einem quadratischen Zapfen setzt man einen einzelnen Keil ein, bei breiteren Zapfen zwei Keile. Die Keile sollten senkrecht zu den Holzfasern stehen, damit das Holz nicht reißt. Häufig werden zwar die äußeren Wandungen des Schlitzes ausgeweitet, aber ich ziehe es vor, den Schlitz quadratisch zu belassen. Schneiden Sie den Schlitz für den Keil ein, bevor Sie die Verbindung zusammenstecken **(1)**. Setzen Sie Zwingen an, während Sie die Keile eintreiben **(2)**; die Keile sichern zwar die Verbindung, aber sie ziehen sie nicht zusammen, die Zwingen sind also unverzichtbar. Sägen Sie den Überstand am Keil ab, und verputzen Sie ihn mit einem Hirnholzhobel oder Stechbeitel **(3 und 4)**.

1

2

3

4

KEILE AN DER BANDSÄGE ZUSCHNEIDEN

Mit einem einfachen Schlitten kann man schnell größere Mengen an Keilen zuschneiden. Schneiden Sie zuerst Material auf die Stärke des Zapfens zu und längen Sie es zu Streifen ab. Der Schlitten hat eine abgewinkelte Ausklinkung an seiner Längsseite, in die Sie die Streifen einlegen, um die Keile zuzuschneiden. Drehen Sie den Streifen nach jedem Schnitt, damit die Holzfasern im Keil immer richtig ausgerichtet sind.

AUF ZUG GEBOHRTE HOLZNÄGEL ZIEHEN DIE VERBINDUNG ZUSAMMEN

Wenn man das Loch für den Holznagel im Zapfen etwas in Richtung Brüstung versetzt, wird die Schlitz-und-Zapfen-Verbindung beim Eintreiben des Holznagels zusammengezogen.

Loch im Zapfen ist versetzt.

1 mm

Eine traditionelle Methode, um Schlitz-und-Zapfen-Verbindungen abzusichern, ist ein auf Zug gebohrter Holznagel. Das Konzept ist einfach: Man treibt einen Holznagel durch Löcher in der Verbindung, die gegeneinander versetzt sind, und zieht die Verbindung auf diese Weise dicht zusammen. Die Methode hat mehrere Vorteile. Zum einen kann man so auch geschwungene oder unregelmäßig geformte Bauteile zusammenziehen, an denen man nur schlecht Zwingen ansetzen kann **(1)**, zum anderen muss man sich keine Sorgen machen, falls die Verbindung nicht so angeschnitten wurde, dass sie dicht schließt. Und schließlich kann man eine auf Zug gebohrte Schlitz-und-Zapfen-Verbindung trocken zusammensetzen und wieder auseinandernehmen, falls das bei der Montage nötig sein sollte. Als erstes bohrt man ein Loch durch das geschlitzte Bauteil **(2)**. Ein Reststück Holz, das man dabei in den Schlitz steckt, sorgt dafür, dass es an der Innenseite nicht zu Faserausrissen kommt. Dann steckt man die Teile zusammen und markiert mit einem Bohrer die Mitte des Bohrlochs auf dem Zapfen **(3)**. In 1 mm Entfernung von dieser Markierung **(4)** reißt man in Richtung Brüstung die Bohrung am Zapfen an **(5)**. Auch in hier wird ein Stück Restholz unter den Zapfen gelegt, um Faserausrisse zu verhindern. Ich stelle zwei Sätze Holznägel her und verwende den einen während der Probemontagen und den anderen bei der Endmontage, da die Holznägel dazu neigen, sich bei wiederholter Verwendung zu verformen.

2

3

4

5

Lose Zapfen sind keine Mogelei

Es hat in der Tischlerei nicht viele Innovationen gegeben. Die grundlegenden Techniken verändern sich überhaupt nicht, und die Handwerkzeuge haben sich in den letzten 100 Jahren kaum wesentlich verändert. Auch die Holzbearbeitungsmaschinen sind schon seit geraumer Zeit auf dem Markt.

Die drei wesentlichen Fortschritte auf dem Gebiet der Maschinen sind die CNC-Bearbeitung, die Saw-Stop-Technologie (mit der Tischkreissägen abgebremst werden, um Verletzungen zu verhindern) und Hobelwellen für Wendemesser für Abricht- und Dicktenhobeln. Bei den Elektrogeräten würde ich vielleicht noch die Akkutechnologie nennen, die aber schon eine ganze Weile verfügbar ist. Damit kommen wir zur Dübelfräse *Domino* von Festool. Das Gerät erinnert an eine Fräse für Formfedern, schneidet aber nicht wie diese mit einem runden Werkzeug einen Schlitz in Kreisbogenform in das Werkstück. Stattdessen arbeitet es mit einem stirnschneidenden Fräser, der sich hin und her bewegt, um einen tiefen Schlitz zu schneiden. Wenn man in diese Schlitze entsprechende lose Zapfen einleimt, erhält man eine sehr belastbare Verbindung. Als Elektrowerkzeug ist die Fräse nicht billig, bietet aber die Möglichkeit, Verbindungen aller Art herzustellen. Ich habe meine Flachdübelfräse schon immer gerne für den Einbau von Trennwänden, Zwischenböden und ähnlichem verwendet, und jetzt setze ich die Dominos für solche Aufgaben ein. Ich halte sie für eine gute Lösung bei Verbindungen, die nicht sichtbar sind. Leider bevorzuge ich sichtbare Verbindungen, und deshalb ist dieses Werkzeug für mich nur bedingt nützlich. Andererseits ist es nützlich genug, um hier behandelt zu werden. Es folgen also einige Hinweise, die Ihnen helfen sollen, das Meiste aus Ihrem Gerät herauszuholen.

SCHNELLE KORPUSVERBINDUNGEN

1

2

3

Einer der Vorteile von losen Zapfen liegt darin, dass man Bauteile genau auf Maß schneiden kann, ohne sich um Zugaben für die Verbindungen kümmern zu müssen **(1)**. Bei Korpusverbindungen schneidet man normalerweise Schlitze in die Fläche des einen Bauteils und in das Hirnholz des Gegenstücks. Um die Fläche eines Bauteils zu schlitzen, spannt man einen Anschlag daran an, an dem die Lage der Schlitze markiert ist. Ich bringe oft eine Leiste am Ende des Anschlags an, um gleichmäßige Abstände vom Rand des Bauteils sicherzustellen **(2)**. Richten Sie die Mittenkennzeichnung an Ihrer Fräse an der Markierung auf dem Anschlag aus, und schneiden Sie langsam den Schlitz ein **(3 und 4)**. Wenn man den Fräser zu schnell in das Bauteil drückt, fängt er an zu rattern. Übertragen Sie dann die Zapfenmarkierungen des Anschlags auf das Gegenstück **(5)**. Spannen Sie es ein, und schneiden Sie die Schlitze **(6)**.

4

5

6

VERWENDUNG ALS STATIONÄRMASCHINE

Wie bei der Oberfräse, die man in einem Frästisch installiert, wird auch die Domino-Fräse zu einer anderen Maschine, wenn man sie an einer Grundplatte anbringt. Mit dieser Vorrichtung lassen sich dann die Rahmen für Füllungen sicher und genau herstellen. Die Vorrichtung muss nicht sehr aufwendig sein. Ich schraube einfach Klötze entlang der seitlichen und der hinteren Kante der Fräse auf die Grundplatte und lege die Fräse dazwischen ein **(1)**. Außerdem bringe ich Anschläge an, zwischen denen die Friese beim Fräsen eingelegt werden **(2)**. Ein strategisch platzierter Kniehebelspanner kann Friese unabhängig von der Richtung niederhalten, in der sie in die Vorrichtung eingelegt werden **(3 und 4)**. Ich verwende lose Zapfen bei Rahmen, die keine Nut für die Füllung haben **(5)**, andernfalls verwende ich die traditionellen Verbindungen mit Schlitzen, Zapfen und Nutzapfen (siehe Seite 234).

1

2

3

4

5

EIN TIPP, UM DEN ZUSAMMENBAU ZU ERLEICHTERN

Im Gegensatz zur Flachdübelfräse für Formfedern, bei der die gefrästen Schlitze länger sind als die Formfedern und so seitliche Korrekturen der Position erlauben, schneidet die Domino-Fräse Schlitze, die genauso breit sind wie die Zapfen. Falls Ihre Risse für eine Verbindung mit mehreren losen Zapfen nicht sehr präzise die Lage der Schlitze kennzeichnen, kann es schwierig werden, die Verbindung zusammenzufügen. Glücklicherweise kann man eine Toleranzzugabe an der Fräse einstellen **(1)**, aber man muss vorausblickend vorgehen, wenn man dieses Merkmal nutzt. Sie könnten einfach alle Schlitze länger schneiden, aber damit verlören Sie die Möglichkeit, die Bauteile bündig aneinander auszurichten. Außerdem kann es schwierig sein, die Zapfen beim Zusammenbau gerade einzusetzen, wenn man die Schlitze an beiden Bauteilen verlängert. Ich schneide stattdessen die Schlitze im Hirnholz alle auf die Breite des Zapfens zu. Bei den Schlitzen im Längsholz schneide ich den ersten Schlitz neben der Vorderkante des Werkstücks auf die Breite eines Zapfens. Die anderen Schlitze schneide ich dann mit einer Toleranzzugabe, die ich an der Fräse einstelle. So kann man die Bauteile bündig ausrichten, wo es nötig ist, aber die Verbindung auch problemlos zusammenstecken **(2)**. Bei der Montage leimt man erst die losen Zapfen in das Hirnholz ein **(3)**, und verfährt dann mit diesem Bauteil beim Verleimen wie mit einem normal gezapften **(4)**.

1

2

3

4

Schränkchen im Arts-and-Crafts-Stil: Ein Fall für Schlitz-und-Zapfen-Verbindungen

53 mm
910 mm
50 mm
28 mm
80 mm
30 mm
330 mm
360 mm
56 mm
100 mm
65 mm
615 mm
95 mm
50 mm
405 mm

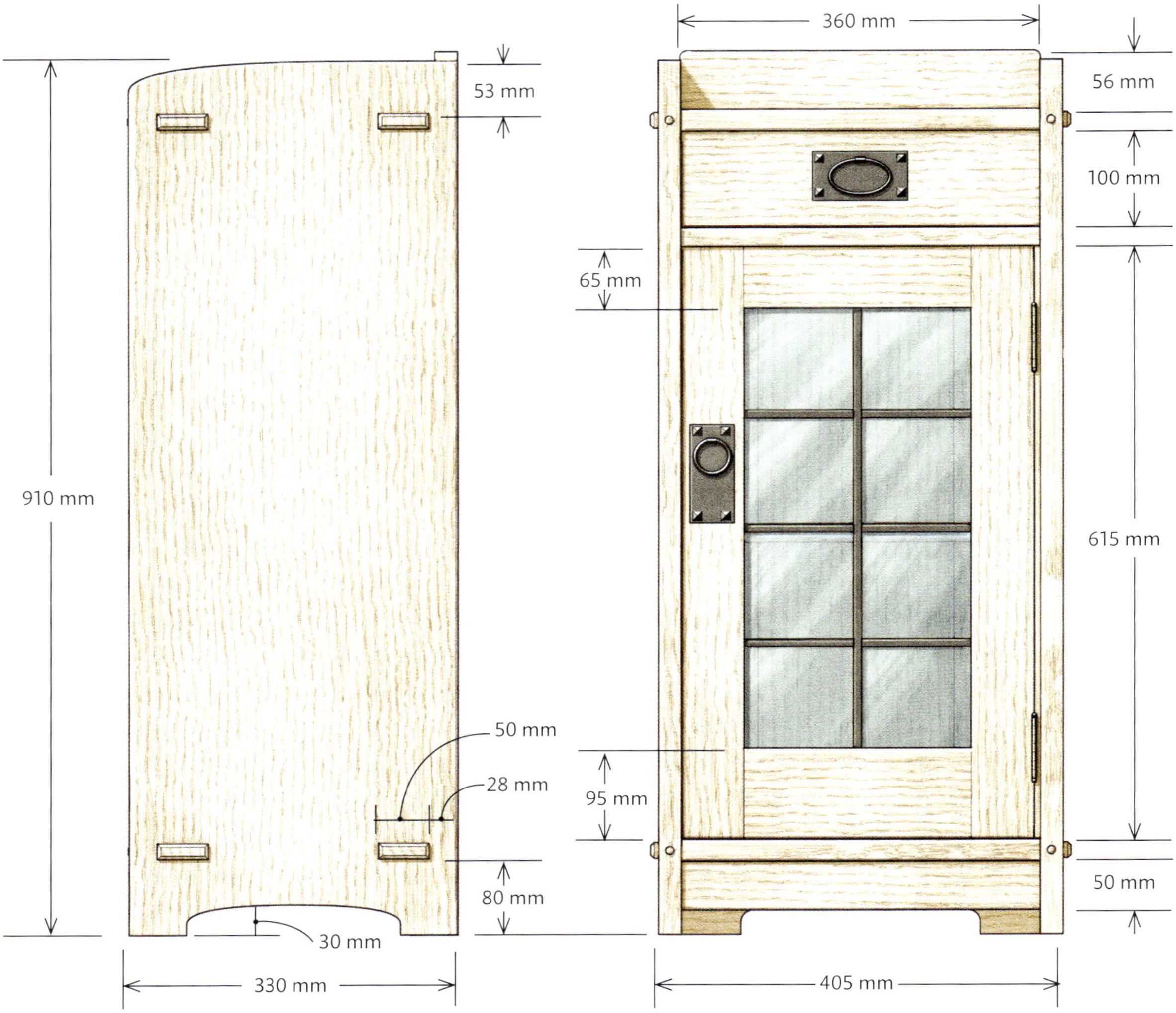

Dieses Schränkchen ist die kleinere Version einer Kommode, die ich vor einiger Zeit gebaut habe (links), aber auch noch in dieser kompakten Form ist es ein gutes Beispiel für die Belastbarkeit und Vielseitigkeit von Schlitz-und-Zapfen-Verbindungen. Die strukturellen Hauptelemente des Korpus sind die durchgehenden Zapfen, mit denen die Seitenwände am Deckel und Boden befestigt sind. Außer den durchgehenden Zapfen gibt es auch noch eingestemmte Zapfen an der Traverse, der Scheuerleiste und der oberen Rückwand. Die durchgehenden Schlitze im Korpus lassen sich am leichtesten mit der Hand schneiden, aber für die anderen Schlitze verwende ich die Oberfräse (siehe Seite 92). Der Rahmen der Tür ist auch mit Schlitzen und Zapfen gearbeitet, allerdings mit einer Besonderheit. Der Rahmen hat Zapfen mit versetzten Brüstungen, sodass ein Falz für die Glasfüllung entsteht. Die Verbindungen mögen kompliziert aussehen, lassen sich aber mit der Tischkreissäge leicht anschneiden (siehe Seite 104).

▸ Fortsetzung Seite 122

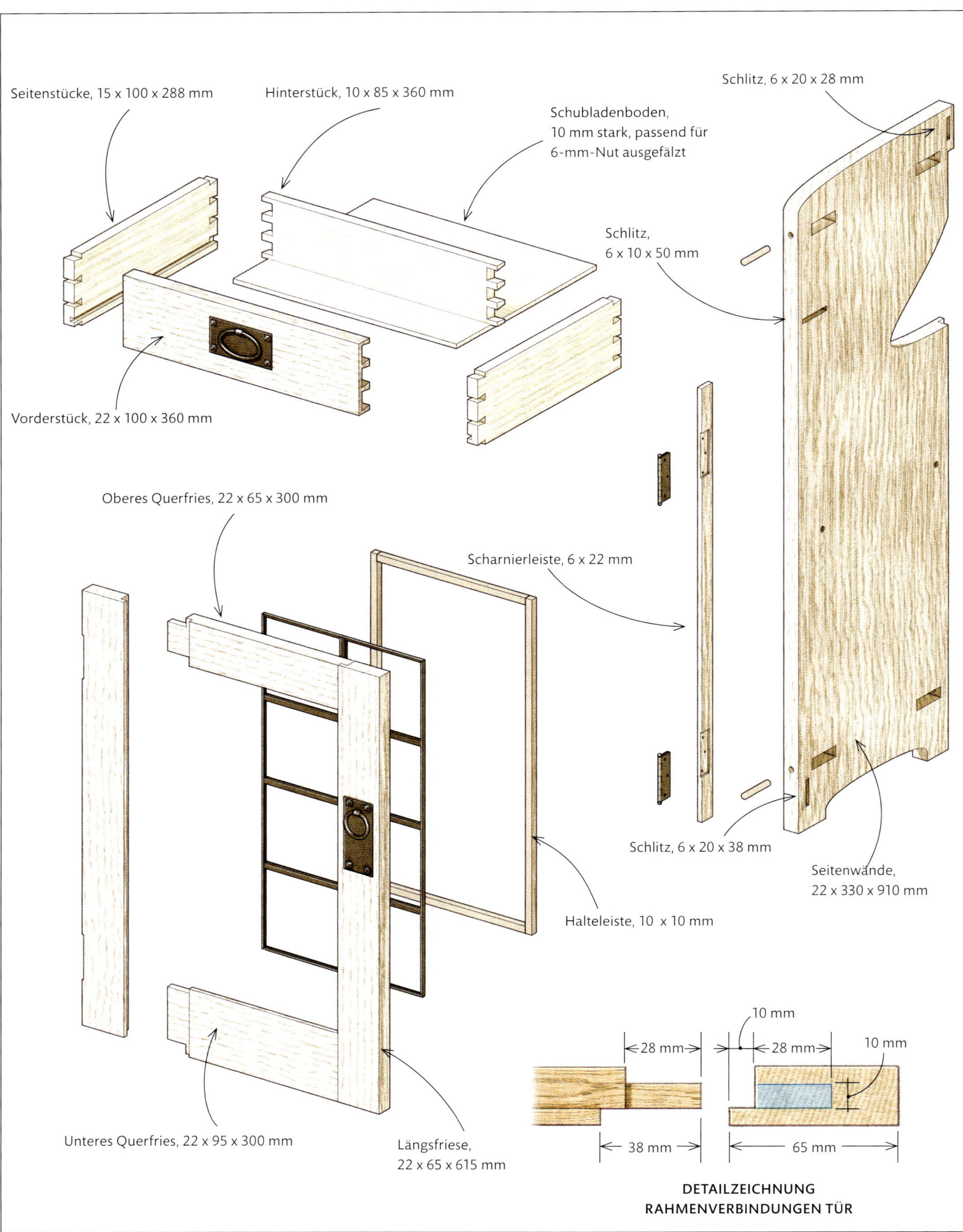
Seitenstücke, 15 x 100 x 288 mm
Hinterstück, 10 x 85 x 360 mm
Schubladenboden,
10 mm stark, passend für
6-mm-Nut ausgefälzt
Schlitz, 6 x 20 x 28 mm
Schlitz,
6 x 10 x 50 mm
Vorderstück, 22 x 100 x 360 mm
Oberes Querfries, 22 x 65 x 300 mm
Scharnierleiste, 6 x 22 mm
Schlitz, 6 x 20 x 38 mm
Seitenwände,
22 x 330 x 910 mm
Halteleiste, 10 x 10 mm
10 mm
28 mm
28 mm
10 mm
38 mm
65 mm
Unteres Querfries, 22 x 95 x 300 mm
Längsfriese,
22 x 65 x 615 mm
DETAILZEICHNUNG
RAHMENVERBINDUNGEN TÜR

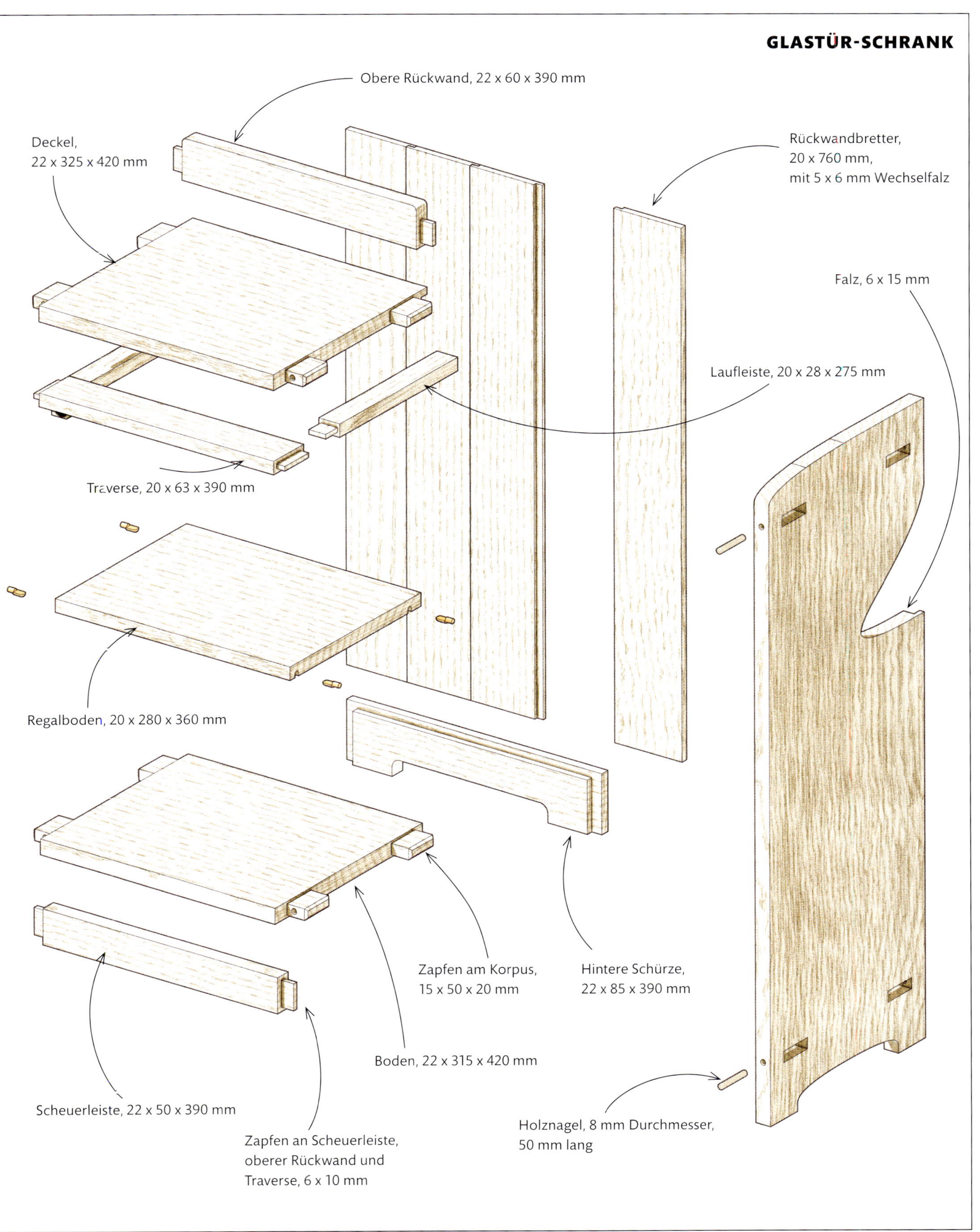
GLASTÜR-SCHRANK
Obere Rückwand, 22 x 60 x 390 mm
Deckel,
22 x 325 x 420 mm
Rückwandbretter,
20 x 760 mm,
mit 5 x 6 mm Wechselfalz
Falz, 6 x 15 mm
Laufleiste, 20 x 28 x 275 mm
Traverse, 20 x 63 x 390 mm
Regalboden, 20 x 280 x 360 mm
Zapfen am Korpus,
15 x 50 x 20 mm
Hintere Schürze,
22 x 85 x 390 mm
Boden, 22 x 315 x 420 mm
Scheuerleiste, 22 x 50 x 390 mm
Zapfen an Scheuerleiste,
oberer Rückwand und
Traverse, 6 x 10 mm
Holznagel, 8 mm Durchmesser,
50 mm lang

DURCHGEHENDE SCHLITZE MÜSSEN PRÄZISE ANGERISSEN WERDEN

Bringen Sie zuerst auf beiden Seiten des Bauteils einen breiten Streifen Klebeband an der Stelle an, wo der Schlitz geschnitten werde soll, und markieren Sie dann mit Bleistift die ungefähre Breite des Schlitzes **(1)**. Dadurch erhalten Sie einen Anfangs- und Endpunkt, wenn Sie die obere und untere Schlitzwandung mit dem Streichmaß anreißen. Stellen Sie ein Streichmaß für die innere Wandung des Schlitzes ein, und reißen Sie zwischen den Bleistiftmarkierungen an **(2)**. Um die äußere Wandung des Schlitzes anzureißen, schneiden Sie ein Stück des Materials auf die Breite des Schlitzes zu und verwenden es als Distanzhalter zwischen der Werkstückkante und dem Streichmaß **(3)**. Auf diese Weise erhalten Sie Schlitze mit gleicher Breite, was später das Anschneiden der Zapfen erleichtert.

1

2

3

Zuerst wollen wir einen Blick auf die Bauteile werfen, aus denen der Korpus besteht. Sie mögen zwar recht unterschiedlich aussehen, haben aber mit Ausnahme der Seitenwände alle ein Merkmal gemeinsam. Sie sind alle von Brüstung zu Brüstung gleich lang, unabhängig von der Länge, Breite oder Stärke der Zapfen. Sie könnten zwar alle Bauteile auf Endlänge zuschneiden und dann die Zapfen anreißen und dabei hoffen, dass die Entfernung von Brüstung zu Brüstung immer gleich ausfällt, aber es gibt eine einfachere Methode: Schneiden Sie alle Bauteile auf die gleiche Länge zu, schneiden Sie die Verbindungen an, und bringen Sie sie erst dann auf Endlänge. Ich habe diese Methode auf Seite 35 vorgestellt. Im Wesentlichen geht es darum, durch das Vorgehen beim Zuschnitt zu präzisen Ergebnissen zu kommen, anstatt sich darauf zu verlassen, durch genaues Anreißen und Schneiden vieler verschiedener Maße zu dem gewünschten Ergebnis zu kommen.

Ich schneide zwar nicht-durchgehende Schlitze meist mit der Schlitzstemmmaschine oder der Oberfräse, aber durchgehende Schlitze sind meines Erachtens leichter mit der Hand zu schneiden, indem man den Verschnitt ausbohrt und dann rechtwinklig nachsticht. Das mag zwar arbeitsaufwendiger als die maschinelle Methode erscheinen, aber die Genauigkeit der Ergebnisse wiegt das auf. Die große Herausforderung beim Anreißen eines durchgehenden Schlitzes besteht darin, ihn auf der Vorder- und Rückseite genau gleich zu platzieren. Als ich anstatt des Kombiwinkels und Anreißmessers ein Streichmaß für das Anreißen verwendete, erhielt ich sofort bessere Resultate. Es ist sehr leicht, einen Schlitz auf beiden Seiten eines Bauteils anzureißen, wenn man dazu das Streichmaß an einer Kante anlegt, anreißt, dann das Bauteil umdreht und wieder anreißt. Zudem hat diese Methode den Vorteil, dass ich dieselbe Einstellung des Streichmaßes verwenden kann, um die Zapfen anzureißen und so eine perfekt passend Verbindung erhalte.

4

5

6

7

Reißen Sie dann die Enden des Schlitzes an. Bei langen Schlitzen verwende ich dafür zwei Streichmaße, die jeweils auf das Maß für ein Ende eingestellt sind **(4 und 5)**. Bei quadratischen Schlitzen verwende ich den gleichen Abstandhalter, den ich auch für die obere und untere Wandung des Schlitzes benutzt habe. Lassen Sie die Streichmaße unverändert bei diesen Einstellungen, um später mit ihnen die Zapfen anzureißen.

Bohren Sie den Verschnitt aus, und stechen Sie den Schlitz rechtwinklig nach, wie Sie es auch bei nicht-durchgehenden Schlitzen tun würden, nur dass Sie diesmal ganz durch das Werkstück bohren. Bei breiteren Schlitzen bohre ich meist zwei Lochreihen, um mehr Material zu entfernen **(6)**.

Beginnen Sie mit dem Nachstechen an der oberen und unteren Längsseite. Stechen Sie dünne Späne ab, beginnen Sie in der Mitte, und arbeiten Sie sich bis zum Riss zurück **(7)**. Stechen Sie dann die Enden des Schlitzes rechtwinklig ab **(8)**. Stechen Sie nur bis zur halben Stärke des Materials ein, drehen Sie dann das Bauteil um, und stechen Sie von der anderen Seite ein. Auf diese Weise stellen Sie sicher, dass Sie auf beiden Seiten eine saubere Öffnung einstechen und so die Wahrscheinlichkeit erhöhen, eine fugenfreie Verbindung erhalten.

8

Ein weiterer Vorteil des Einstechens bis zur halben Materialstärke liegt darin, dass Sie den Schlitz leicht hinterschneiden können, um sicherzustellen, dass in der Mitte kein Verschnitt stehen bleibt, der den Zapfen daran hindern könnte, ganz in den Schlitz zu passen.

DIE ZAPFEN PASSEND ZU DEN SCHLITZEN ZUSCHNEIDEN

Die einzelnen Zapfen werden aus einer einzigen langen Feder zugeschnitten. Schneiden Sie zuerst die Wangen mit einem Nutsägeblatt an dem flach auf der Tischkreissäge liegenden Material an **(1)**. Schneiden Sie die Feder zuerst mit Überstärke, und heben Sie das Sägeblatt Stück um Stück an, bis die Feder gut in den Schlitz passt **(2)**. Falls Sie die Voraussicht hatten, die Streichmaßeinstellungen vom Anreißen der Schlitze nicht zu verändern, können Sie sie verwenden, um jetzt auch die Zapfenenden anzureißen. Bedecken Sie eine Seite der Feder mit Klebeband, und reißen Sie durch das Klebeband hindurch an **(3 und 4)**. Heben Sie dann das Klebeband vom Verschnitt ab, sodass es nur an den Zapfen stehen bleibt. Kontrollieren Sie, ob die Zapfen mit den Schlitzen fluchten **(5)**. Wenn beide Verbindungsteile auf die gleiche Breite geschnitten sind, und das Streichmaß sich nicht verstellt hat, sollte sich eine perfekte Passung ergeben.

DIE ZAPFEN SÄGEN

1

2

Ich schneide Zapfen zwar oft mit der Hand, kann aber auch an der Tischkreissäge genaue Ergebnisse erzielen. Das ist der Grund, warum ich das Klebeband auf dem Längsholz der Zapfen und nicht auf dem Hirnholzende angebracht habe. Falls Ihr Ablängschlitten schon etwas abgenutzt ist, heften Sie eine Lage 6-mm-MDF darauf an, und machen Sie einen Schnitt. Die frische Sägefuge ist eine gute Orientierung, um das Bauteil zu positionieren **(1)**. Stellen Sie die Schnitthöhe etwas tiefer als die Zapfenbrüstung ein, richten Sie ein Ende eines Zapfens an der Sägefuge im Ablängschlitten aus, und machen Sie einen Schnitt **(2)**. Nachdem Sie so alle Zapfenenden angeschnitten haben, führen Sie einige weitere Schnitte im Verschnitt neben der Innenseite eines Zapfens aus, um eine Ausklinkung zu schaffen, von der aus Sie Zugang mit der Bandsäge haben, um den Verschnitt zwischen den Zapfen zu entfernen **(3)**. Reißen Sie aber vorher mit Winkel und Anreißmesser noch eine Linie auf einer Höhe mit der Brüstung auf Schmalseite des Bauteils an **(4)**. Die Linie dient später als Hilfe beim Verputzen mit dem Stechbeitel. Stellen Sie den Anschlag an der Bandsäge so ein, dass der Verschnitt knapp neben der Zapfenbrüstung abgeschnitten wird **(5)**.

3

4

5

DIE ZAPFEN IN HANDARBEIT FERTIGSTELLEN

Wir haben die Arbeit begonnen, indem wir die Schlitze in Handarbeit geschnitten haben. Danach kamen die Maschinen zum Zug, und die Zapfen waren schnell angeschnitten. Jetzt gehen wir wieder zurück zur Hobelbank und schließen das Ganze mit Handwerkzeugen ab.

Falls Sie mutig gewesen sind und an der Bandsäge den Verschnitt bis dicht an den Brüstungsriss ausgesägt haben, sollten Sie sich jetzt nur noch einem dünnen Span gegenübersehen, den der Stechbeitel mit einem Schnitt abtrennen kann. Schneiden Sie zuerst Brüstungen an den Enden des Bauteils an **(1)**. Jetzt zahlt sich die Zeit aus, die Sie sich genommen haben, um vor der Arbeit an der Bandsäge an den Kanten anzureißen. Setzen Sie den Beitel auf die angerissene Linie, und schneiden Sie eine etwa 3 mm breite Brüstung an. Dann können Sie sich ernsthaft daran machen, den Verschnitt abzustechen. Die flache Brüstung, die entstanden ist, als Sie an der Tischkreissäge die Zapfenwangen angeschnitten haben, ist eine gute Anlage für den Stechbeitel. Stechen Sie bis zur halben Materialstärke ein. Führen Sie dabei den Stechbeitel in einem leichten Winkel, um die Verbindung etwas zu hinterschneiden **(2)**. Dadurch stellen Sie sicher, dass in der Mitte kein Verschnitt stehen bleibt, der die Passung der Verbindung beeinträchtigen könnte. Drehen Sie dann das Bauteil um, und arbeiten Sie von der anderen Seite weiter **(3)**. Spannen Sie das Bauteil senkrecht in der Bankzange ein, um das Abstechen beim Verputzen und die Kontrolle der Passung zu erleichtern.

1

2

3

FASEN AN DEN ZAPFENENDEN

Es sieht ansprechend aus, wenn das Ende eines durchgehenden Zapfens angefast ist. Die Breite der Fase kann sehr unterschiedlich ausfallen und ist direkt vom Überstand des Zapfens abhängig. Bei manchen meiner Stücke ragen die Zapfen kaum 1 mm über die Umgebung hinaus. Dann wird die das Zapfenende normalerweise nur mit einem Schnitt des Hirnholzhobels gebrochen. Bei anderen Stücken können die Zapfen 3 mm oder mehr herausragen. Dann werden sie meist stark angefast. Bei diesem Schränkchen betrug der Überstand 1,5 mm. Um die Breite der Fase festzulegen, stecken Sie den Korpus trocken zusammen, und reißen Sie an der Basis des Zapfens an **(1)**. Nehmen Sie die Teile wieder auseinander, und bringen Sie einen zweiten Riss etwa 0,5 mm oberhalb des ersten an **(2)**. So tief wird die Fase reichen. Reißen Sie dann die Fase am Hirnholz an. Beim Anhobeln der Fase ist das Ziel, beide Risse zu erreichen **(3)**. Achten Sie beim Hobeln auf Ihren Fortschritt, und korrigieren Sie eventuelle Abweichungen gegebenenfalls, bevor Sie zu dicht an die Risse kommen. Das Ergebnis sollte eine Fase mit einer in ganzer Breite durchgehenden Fläche sein.

1

2

3

DIE ZAPFEN NACH DEM ZUSAMMENBAU MIT HOLZNÄGELN SICHERN

Eine durchgehende Schlitz-und-Zapfen-Verbindung ist mechanisch sehr belastbar, da aber die wirksame Leimfläche lediglich aus den Seiten der Zapfen besteht, gibt es nicht viel, was die Verbindung dicht hält. Ein Keil, der von der Außenseite in den Zapfen getrieben wird, schafft sehr wirksame Abhilfe, findet sich aber als Lösung bei Möbeln im Arts-and-Crafts-Stil nur selten. Stattdessen wird die Verbindung häufiger von der Vorder- und Hinterseite des Korpus mit Holznägeln gesichert. Ich verwende eine Dübellehre, um in Höhe des Schlitzes ein Sackloch in die Kante der Seitenwand zu bohren. Ich bohre nicht bis in den Schlitz hinein, um Faserausrisse auf der Innenseite des Schlitzes zu vermeiden. Reißen Sie zuerst eine Mittellinie auf der Seitenwand an **(1)**. Richten Sie die Dübellehre an dieser Mittellinie aus, und verwenden Sie einen Tiefenanschlag aus Holz, damit Sie nicht zu tief bohren **(2 und 3)**. Nach dem Verleimen des Korpus **(4)** vertiefen Sie das Bohrloch bis etwa zur Hälfte in den Zapfen. Dabei dient das Sackloch als Führung, damit der Bohrer senkrecht zur Fläche steht **(5)**. Schneiden Sie den Holznagel auf Länge, und fasen Sie das Ende mit Schleifpapier an, bevor Sie ihn eintreiben **(6)**. Lassen Sie das Ende geringfügig über die Umgebung hinausragen.

1

2

3

5

6

Korpus mit stabilem Untergestell: Belastbarkeit auf kleinem Raum

Wenn ich bei meinen Möbeln auf eine einzige Form eingeschränkt wäre, könnte das durchaus der Schrank auf einem Untergestell sein. Zum einen sind die Gestaltungsmöglichkeiten fast unendlich, die sich ergeben, wenn man einen Korpus mit einem Gestell kombiniert, sodass sich eine vielseitige Palette für die Erkundung von Ideen ergibt. Zum anderen – und das ist ein recht wichtiges Argument – ist der grundsätzliche Maßstab eine gute Größe, um damit zu arbeiten. Alles, was kleiner ist und sich in das Reich der Kästen und Schatullen wagt, wird schnell zu Fummelei, wenn es um die Details geht. Andererseits sind größere Möbel wie die Kommode auf Seite 118 wegen der Menge des benötigten Materials problematisch und wegen der Größe der Bauteile, die oft eine andere Herangehensweise erforderlich machen als bei kleineren Werkstücken. Und dann habe ich noch nicht erwähnt, wie stark ein großes Werkstück meine Werkstatt noch kleiner wirken lässt, als sie das sowieso schon ist. Ein kleiner Schrank auf einem Gestell bietet einen guten Mittelweg zwischen diesen beiden Extremen und zudem Gelegenheit, verschiedene Kombinationen von Türen und Schubladen in einem leicht zu handhabenden Werkstück zu erkunden.

Eines der größten Probleme dabei ist – vor allem bei einem Möbel wie diesem, bei dem der Korpus aus schwerer Weißeiche besteht –, das Gewicht zu aufzufangen, ohne dass das Untergestell zu klobig wirkt. Eine Lösung besteht darin, die waagerechten Elemente in mehrere Zargen und Sprossen aufzubrechen. Zusammen bieten sie die gleiche Scherstabilität wie eine einzige breite Sprosse, sehen aber leichter und zierlicher aus. Damit die dünneren Beine nicht seitlich ausgetrieben werden, werden sie im unteren Viertel durch weitere Sprossen abgesichert. Verbunden werden alle Bauteile mit durchgehenden Schlitz-und-Zapfen-Verbindungen, sodass die Leimfläche an den dünnen Bauteilen maximiert wird. Die meisten sind einfache Zapfen, aber die Korpusträger sind mit der vorderen und hinteren Zarge durch Doppelzapfen verbunden. Diese waagerechten Zapfen bieten eine größere Langholzleimfläche als ein einzelner hoher Zapfen das täte, und der zusätzliche Aufwand, sie anzuschneiden, lohnt sich. Auf den folgenden Seiten wird eine Methode gezeigt, mit der ich mir viel Messarbeit bei einer Verbindung erspare, die sonst recht umständlich anzureißen sein kann. Der Schlüssel liegt darin, Distanzstücke zu verwenden, mit denen man sicherstellt, dass die Schlitze und Zapfen direkt nach der Maschinenarbeit bündig sitzen, ohne sie nacharbeiten zu müssen.

UNTERGESTELL MIT SCHLITZ-UND-ZAPFEN-VERBINDUNGEN DIENT ALS SOLIDE GRUNDLAGE

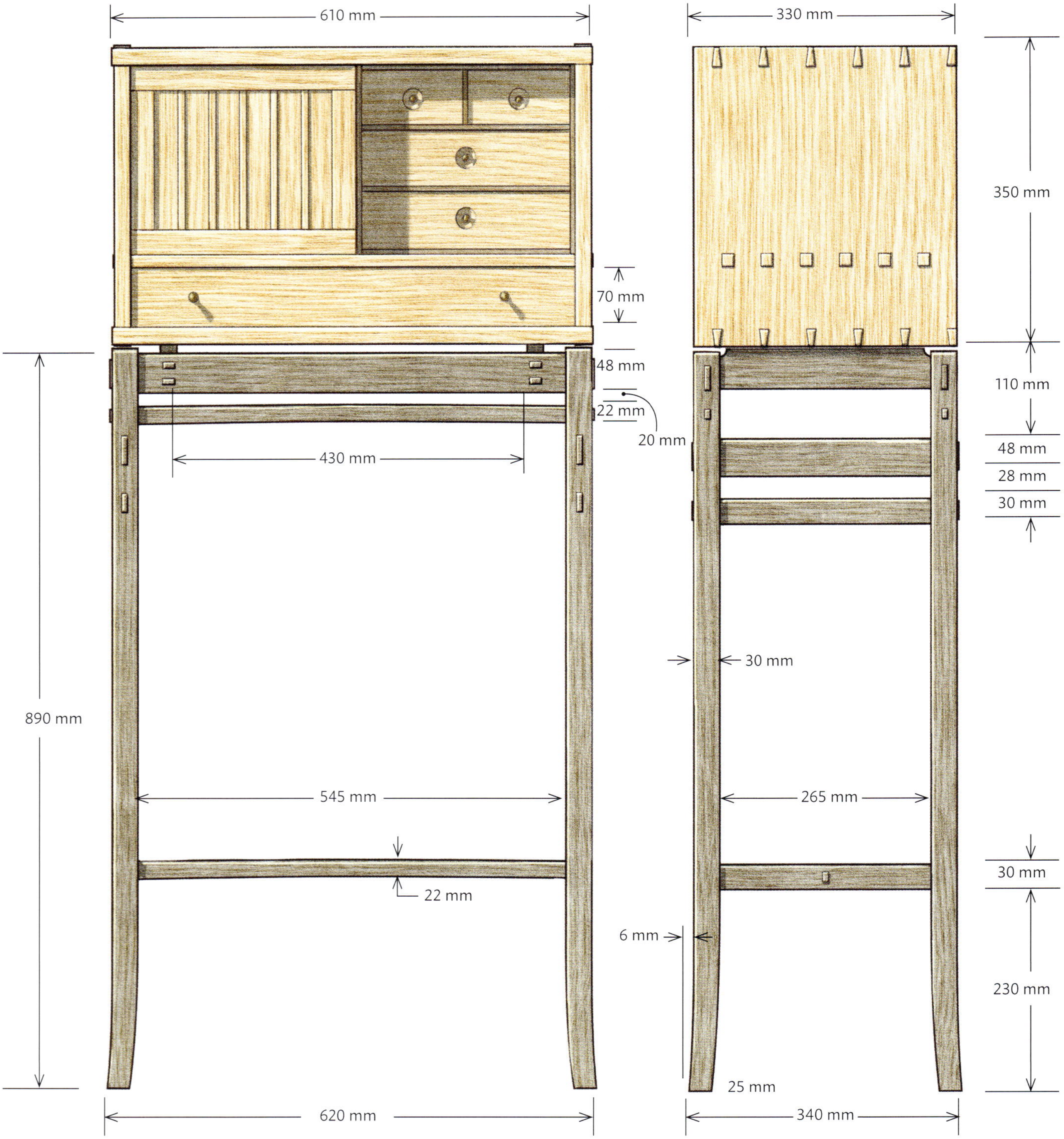

610 mm
330 mm
350 mm
70 mm
48 mm
22 mm
20 mm
110 mm
430 mm
48 mm
28 mm
30 mm
30 mm
890 mm
545 mm
265 mm
22 mm
30 mm
6 mm
230 mm
25 mm
620 mm
340 mm

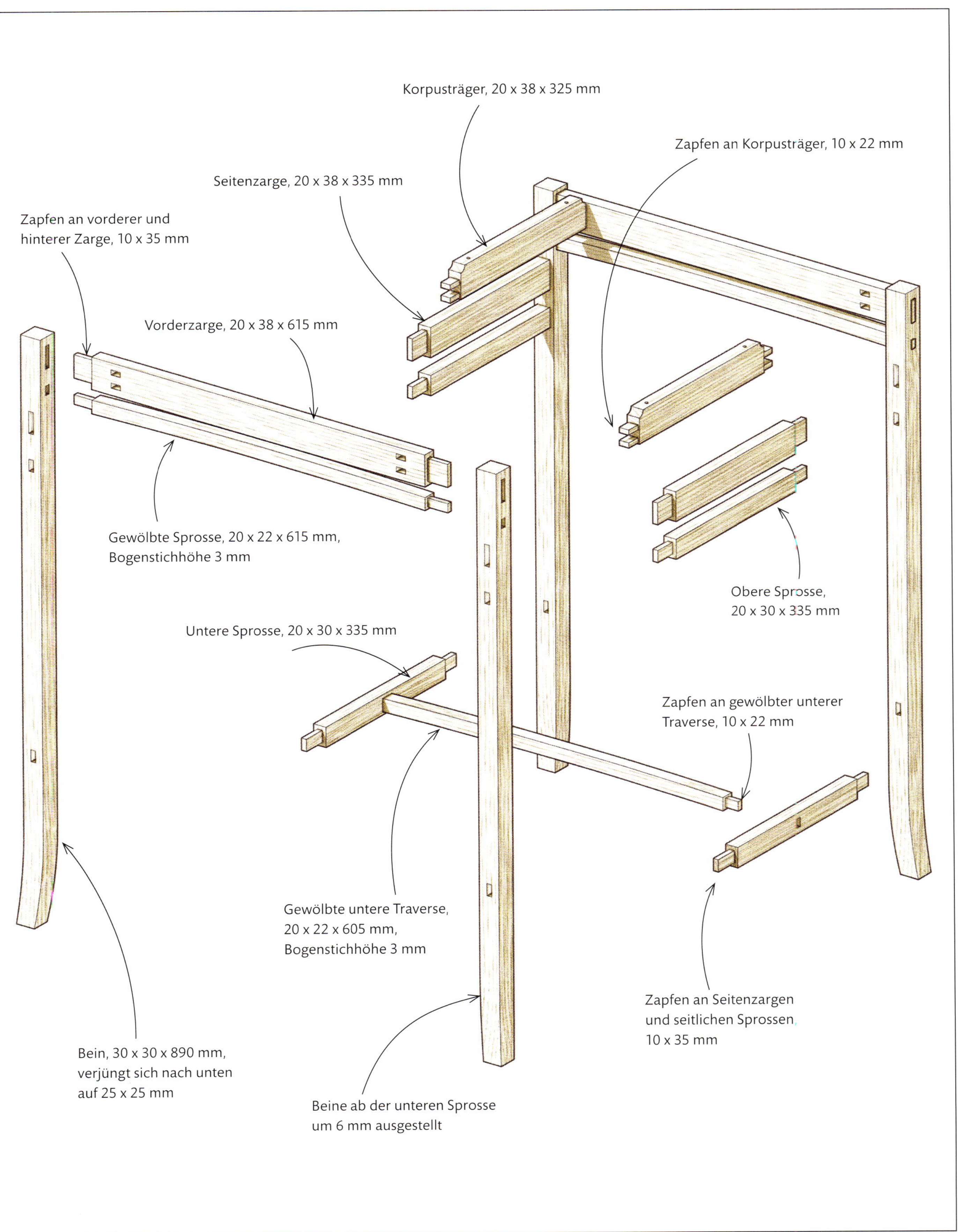
Korpusträger, 20 x 38 x 325 mm
Zapfen an Korpusträger, 10 x 22 mm
Seitenzarge, 20 x 38 x 335 mm
Zapfen an vorderer und hinterer Zarge, 10 x 35 mm
Vorderzarge, 20 x 38 x 615 mm
Gewölbte Sprosse, 20 x 22 x 615 mm, Bogenstichhöhe 3 mm
Obere Sprosse, 20 x 30 x 335 mm
Untere Sprosse, 20 x 30 x 335 mm
Zapfen an gewölbter unterer Traverse, 10 x 22 mm
Gewölbte untere Traverse, 20 x 22 x 605 mm, Bogenstichhöhe 3 mm
Zapfen an Seitenzargen und seitlichen Sprossen, 10 x 35 mm
Bein, 30 x 30 x 890 mm, verjüngt sich nach unten auf 25 x 25 mm
Beine ab der unteren Sprosse um 6 mm ausgestellt

DOPPELZAPFEN: ALLE SCHNITTE WERDEN MIT DISTANZSTÜCKEN AUSGEFÜHRT

Einen Doppelzapfen richtig zu dimensionieren, kann schwierig sein. Die Zapfen müssen nicht nur in die Schlitze passen, sie müssen auch den gleichen Abstand haben wie die Schlitze. Bei mehreren Zapfen an einem Korpus reiße ich zuerst sorgfältig an, und entferne dann den Verschnitt durch Bohren und Abstechen (siehe Seite 86). Aber bei Doppelzapfen an den Enden von Friesen schenke ich mir das Anreißen und verwende stattdessen zwei Distanzstücke. Das eine legt die Breite des Zapfens fest (siehe Seite 106 für die Herstellung) und das zweite bestimmt den Abstand zwischen den Zapfen (links).

Schneiden Sie zuerst die Schlitze. Am besten arbeitet man dabei mit einer Schlitzstemmmaschine oder Oberfräse, weil das Stemmeisen oder der Fräser Schlitze mit gleichbleibender Breite schneiden. Stellen Sie den Anschlag ein, um den äußeren Schlitz zu schneiden **(1)**, legen Sie dann den Lücken-Distanzhalter zwischen das Bauteil und den Anschlag, und schneiden Sie den zweiten Schlitz **(2)**.

Bringen Sie einen Stoppklotz am Ablängschlitten an, um die Zapfen zu schneiden, und schneiden Sie zuerst die äußere Wange des äußeren Zapfens **(3)**. Legen Sie dann den Zapfen-Abstandshalter ein, um die zweite Wange zu schneiden **(4)**. Ersetzen Sie dann den Zapfen-Abstandshalter durch den Lücken-Abstandshalter, um die nächste Wange zu schneiden **(5)**. Verwenden Sie schließlich beide Abstandshalter zusammen, um den letzten Schnitt auszuführen **(6)**.

Entfernen Sie den Verschnitt zwischen den Zapfen mit der Säge und dem Stechbeitel, und Sie sollten eine Verbindung bekommen haben, die kaum noch nachgearbeitet werden muss.

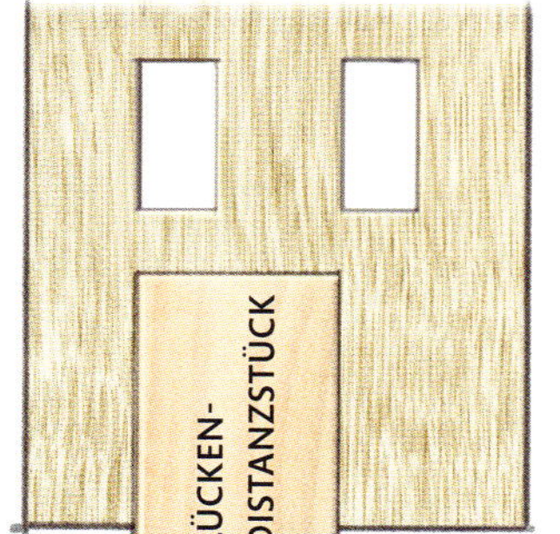

GRÖSSE DES LÜCKEN-DISTANZSTÜCKS
Die Breite des Lücken-Distanzstücks entspricht der Schlitz-/Zapfenbreite zuzüglich des gewünschten Abstands zwischen den Zapfen/Schlitzen.

SCHNITTFOLGE

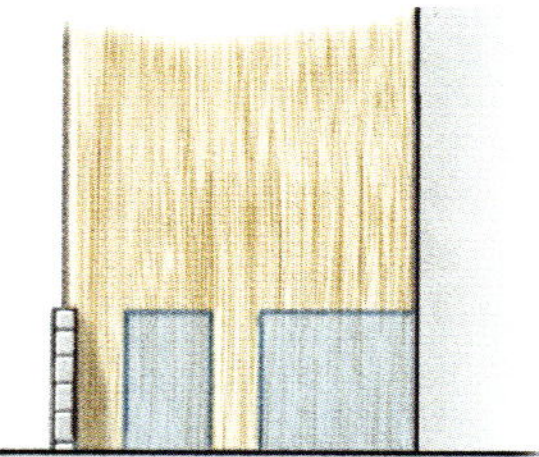

ERSTE WANGE
Stellen Sie den Anschlag für die entfernteste Wange ein, und machen Sie einen Schnitt ohne Distanzhalter.

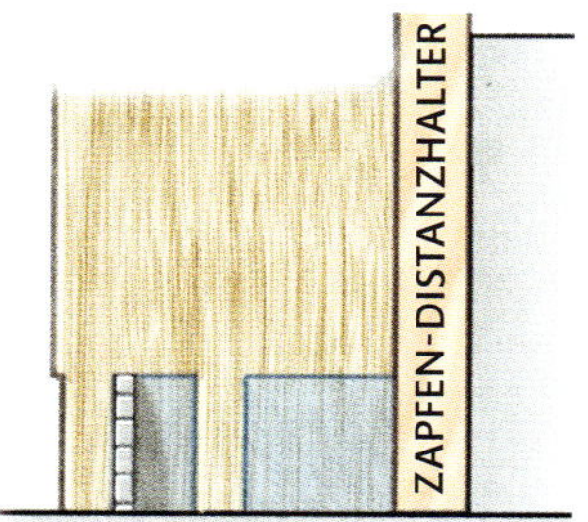

ZWEITE WANGE
Verwenden Sie den Zapfen-Distanzhalter (siehe Seite 106), um die zweite Wange am ersten Zapfen zu schneiden.

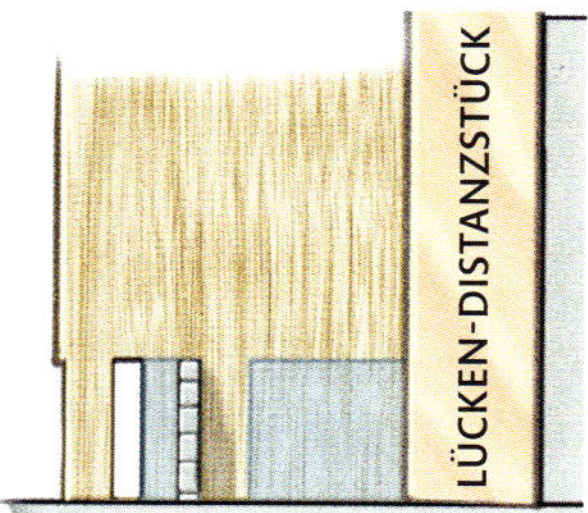

DRITTE WANGE
Ersetzen Sie den Zapfen-Distanzhalter durch den Lücken-Distanzhalter, und schneiden Sie die erste Wange des zweiten Zapfens.

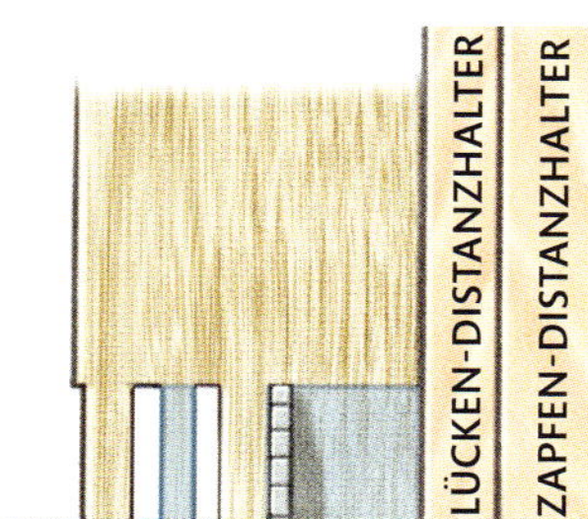

VIERTE WANGE
Verwenden Sie beide Distanzhalter, um die zweite Wange am zweiten Zapfen zu schneiden.

3

4

5

6

4 Schwalbenschwanz-zinkungen

Die Schwalbenschwanzzinkung nimmt im Herzen der Holzwerker einen eigenartigen Platz ein. Wir sehen die Verbindung als Symbol der handwerklichen Arbeit, aber wir neigen auch etwas dazu, uns davor zu fürchten, sie anzuschneiden – vielleicht, weil wir sie als Prüfung unserer handwerklichen Fähigkeiten betrachten. Vor allem ist die Schwalbenschwanzzinkung eine wirklich nützliche Verbindung und eine der effektivsten Methoden, zwei Bauteile zu einer Ecke zusammenzufügen. Sie bietet eine große Leimfläche und darüber hinaus auch eine gute mechanische Belastbarkeit. Das ist der Hauptgrund dafür, dass wir die Schwalbenschwanzzinkung verwenden, seitdem die Ägypter sie zuerst vor 4000 Jahren zu schneiden begannen. Der größte Unterschied zwischen der Verwendung in der Vergangenheit und der Art und Weise, in der wir sie heute einsetzen, liegt darin, dass Schwalbenschwanzzinkungen in der Vergangenheit meist nicht sichtbar waren. Heute neigen wir dazu, sie zur Schau stellen zu wollen, und aus diesem Grund legen wir unser Augenmerk nicht nur darauf, wie gut sie funktionieren, sondern auch darauf, wie gut sie aussehen. Ich glaube, dass ist der Augenblick, in dem der Stress einsetzt und der Druck entsteht, sie ‚perfekt' zu machen. Das könnte dazu führen, dass Sie beschließen, ganz und gar auf Schwalbenschwanzzinkungen zu verzichten. Wenn Sie das jedoch tun, schränken Sie sich auch in Bezug auf die Dinge ein, die Sie bauen können. Eines der größten Probleme liegt darin, dass das Anschneiden einer Schwalbenschwanzzinkung keine für sich stehende, singuläre Fähigkeit ist. Vielmehr erfordert es eine Reihe von unterschiedlichen Fähigkeiten, von denen keine besonders schwierig zu beherrschen ist. Die wirkliche Herausforderung besteht darin, diese Aufgaben zu einer Routine zu verbinden, die einen mit dem geringsten Stress und den besten Ergebnissen vom Anfang bis zum Ende führt.

Eine weitere Herausforderung besteht darin, dass die beste Methode, Schwalbenschwanzzinkungen zu schneiden, immer noch die Handarbeit ist – falls man nicht gleich zu einer Zinkenfräsvorrichtung greifen will. Die meisten von uns lernen es auf diese Weise – wir reißen an, sägen, stechen ab, übertragen Risse, sägen, stechen wieder ab und verputzen dann noch sorgfältig, um jene ‚perfekte' Passung zu erhalten. Ich habe diesen Vorgang in meinem ersten Buch erörtert, aber dieses Mal möchte ich auch über Methoden sprechen, mit denen ich die Arbeit beschleunige – sowohl wenn ich in meiner eigenen Werkstatt stehe, als auch wenn ich Kurse unterrichte. Außerdem werde ich einige häufige Varianten der Schwalbenschwanzzinkung behandeln, vor allem jene, die ich beim Möbelbau nützlich finde. Schließlich möchte ich mich auch noch zum Bau einer gezinkten Schublade äußern. Sie ist ein häufiger Bestandteil von Möbelstücken, aber im Kern ein merkwürdiges Wesen, und es ist wichtig, beim Bau und Einpassen planvoll vorzugehen.

Varianten der Schwalbenschwanzzinkung

Die Schwalbenschwanzzinkung kommt in vielen Ausprägungen vor und trägt auf unterschiedliche Weise zur Belastbarkeit eines Werkstücks bei. Wenn man versteht, wie diese Varianten funktionieren und wo man sie einsetzt, hat man ein mächtiges Instrumentarium, um konstruktive Probleme zu lösen.

ABMESSUNGEN

Schwalbenschwanzzinkungen gibt es in vielen Formen und Größen. Es folgen nur einige der Überlegungen, die ich anstelle, wenn ich zinke.

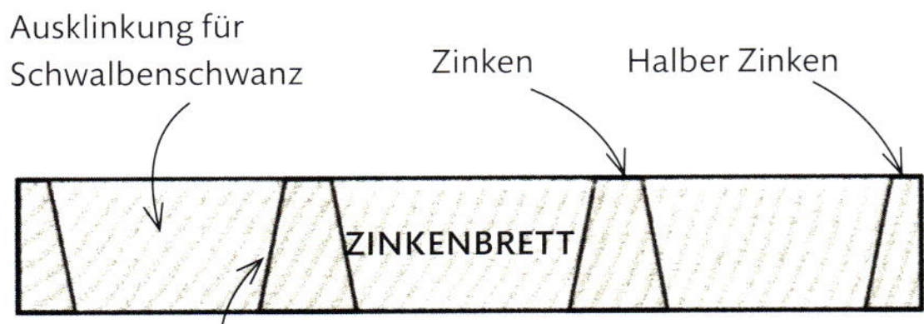

Die wichtigen Leimflächen sind die seitlichen Wangen der Zinken und Schwalben, je größer die Zahl der Zinken ist, desto belastbarer ist deshalb die Verbindung.

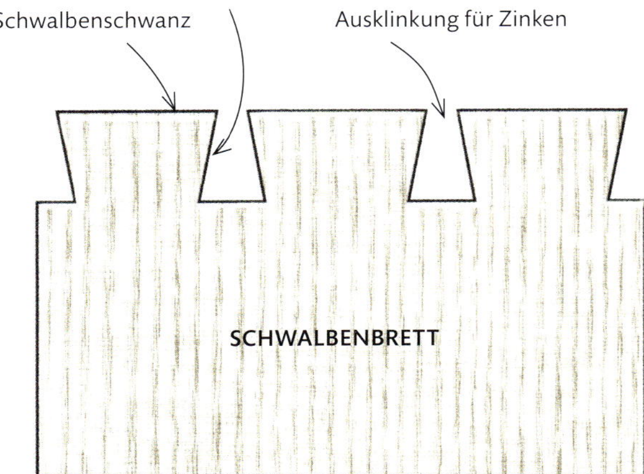

Amerikanische Holzwerker kombinieren fast immer breite Schwalbenschwänze mit schmaleren Zinken, eine Anordnung, die mit Handarbeit assoziiert wird. Gleichmäßige Zinken und Schwalbenschwänze sollen demnach nach maschineller Herstellung aussehen.

Der Winkel der Schwalbenschwänze wird oft in Form eines Verhältnisses angegeben. Meist wird für Nadelholz ein Verhältnis von 1:6 empfohlen und für Laubholz eines von 1:8. Ich verwende allerdings fast immer ein Verhältnis von 1:8.

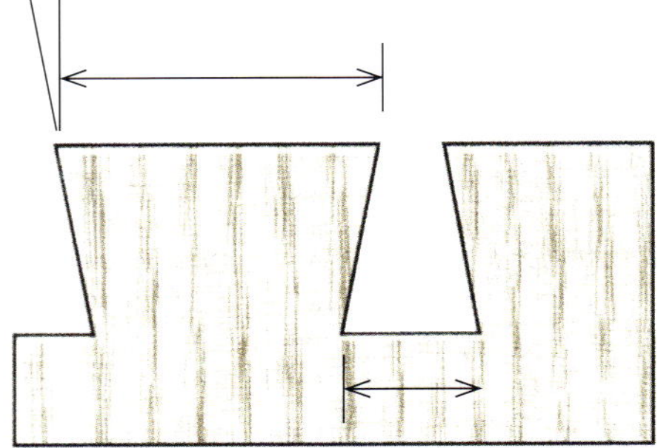

Es ist eine gute Idee, die Ausklinkungen für die Zinken etwas breiter als den verwendeten Stechbeitel zu bemessen. Bei kleineren Arbeiten ziele ich auf 6 mm, bei größeren auf 10 mm.

Die Decke bei halbverdeckten Schwalbenschwanzzinkungen kann von 3 mm Stärke bei kleinen Bauteilen bis hin zu 6 mm bei größeren reichen. Starke Decken können zwar klobig aussehen, aber eine zu dünne Decke kann empfindlich sein und beim Ausstechen der Ausklinkungen für die Schwalben zerbrechen.

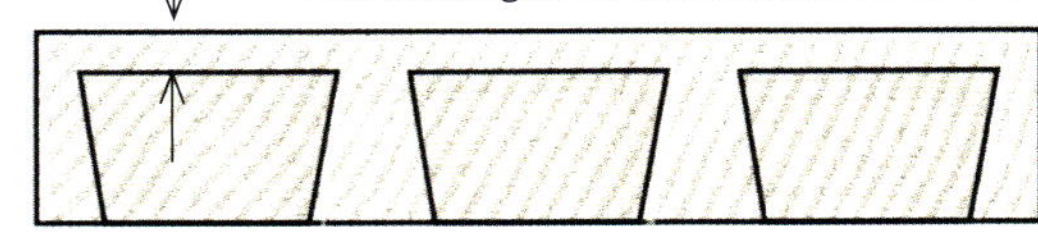

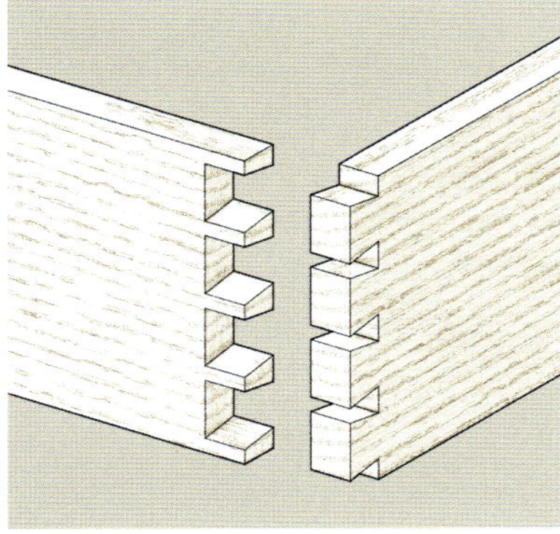

OFFENE SCHWALBENSCHWANZZINKUNG
An beiden verbundenen Seiten sichtbar. Wurde traditionell nur versteckt am Hinterstück einer Schublade oder unter einer Profilleiste an einer Korpusseitenwand eingesetzt. Heute werden sie oft absichtlich zur Schau gestellt.

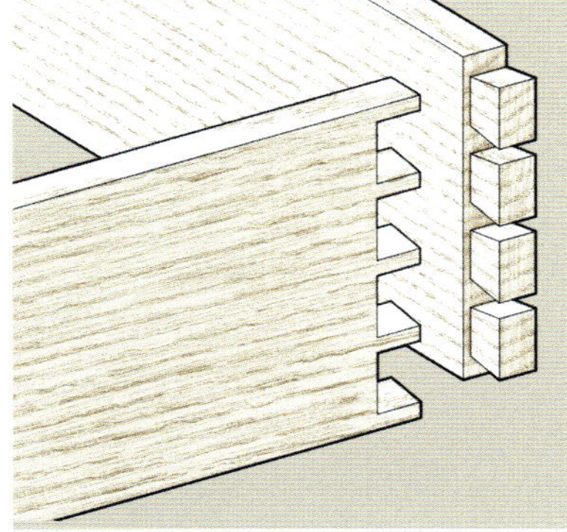

AUSGEFÄLZTE BRÜSTUNG
Indem man am Schwalbenbrett einen Falz anschneidet, schafft man an der Innenseite eine Brüstung, die es leichter macht, die Bauteile aneinander auszurichten, wenn man anreißt (siehe Seite 142).

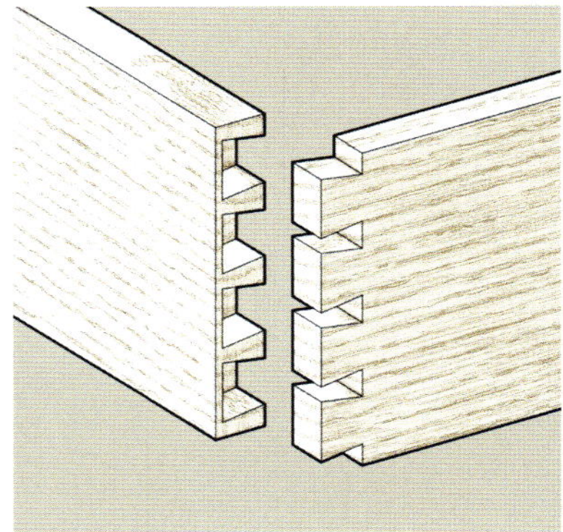

HALBVERDECKTE SCHWALBENSCHWANZZINKUNG
Nur die Schwalben am einen Bauteil sind sichtbar. Diese Verbindung wird häufig bei Schubladen und an Korpusseitenwänden verwendet, wenn die Verbindung nicht zu sehen sein soll.

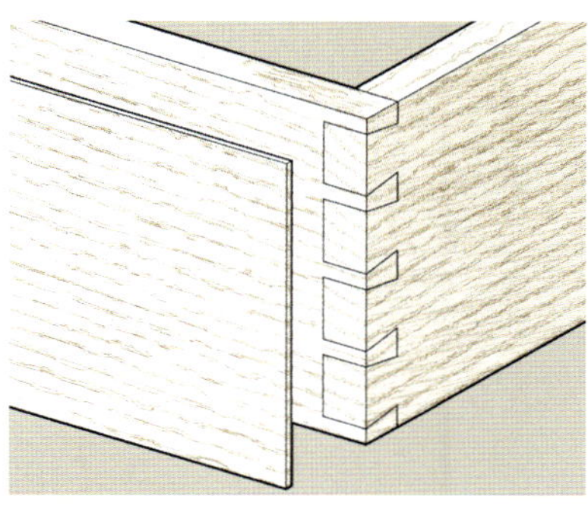

AUFGEDOPPELTE OFFENE SCHWALBENSCHWANZZINKUNG
Wirkt wie eine traditionelle halbverdeckte Schwalbenschwanzzinkung. Die Zinkung ist schnell angeschnitten, aber dünne Aufdopplungen (etwa aus Furnier) können beim Aufleimen und Verputzen Probleme bereiten.

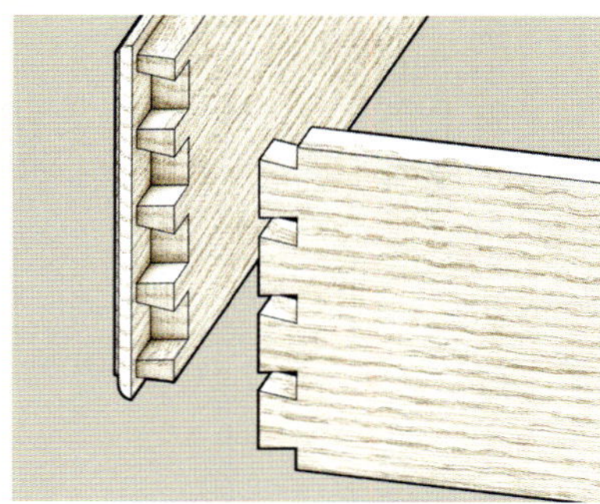

AUSGEFÄLZTE HALBVERDECKTE SCHWALBENSCHWANZZINKUNG
An hochwertigen traditionellen Möbelstücken zu finden. Der ausgefälzte und profilierte Überstand verdeckt die Fugen um die Schublade und dient als Anschlag.

HALBVERDECKTE SCHWALBENSCHWANZZINKUNG ALS VERBINDUNG AN TISCHBEINEN
Obwohl die Verbindung durch die Tischplatte verdeckt wird, lohnt sich ihr Einsatz doch bei einem Tisch mit Schubladen. Die Zinkung hilft, die Verbindung zusammenzuhalten, wenn man an die Tischbeine stößt.

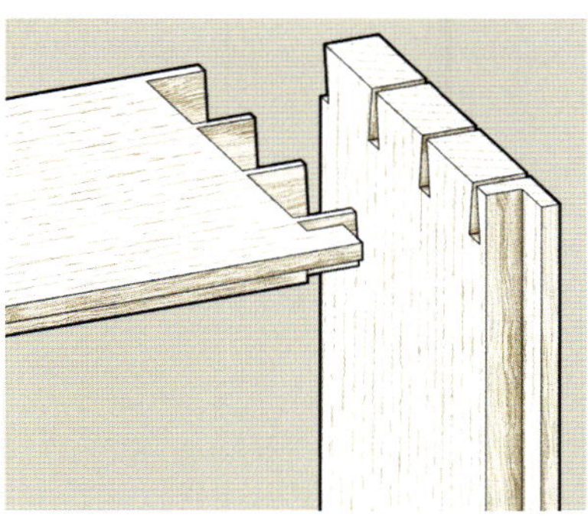

ANGESCHNITTENER FALZ
Eine nützliche Variante bei einem Korpus mit eingelegter Rückwand. Die Herstellung ist nicht viel aufwendiger als die einer einfachen Schwalbenschwanzzinkung, aber man kann auf diese Weise die Korpusbauteile schon vor der Montage ausfälzen.

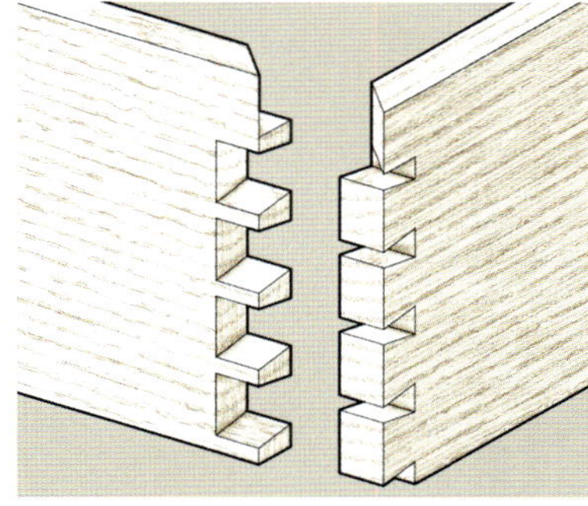

AUF GEHRUNG GEARBEITETE SCHWALBENSCHWANZZINKUNG
Bei dieser Variante ist die Oberkante auf Gehrung geschnitten, was bei einem Korpus für ein sauberes Aussehen sorgt. Außerdem kann man die Kanten (etwa bei Konsolenstützen) profilieren.

GRATNUTVERBINDUNG
Eine formschlüssige Variante der normalen Nut-und-Feder-Verbindung. Eine gute Verbindung für Zwischenböden und -wände in einem Korpus.

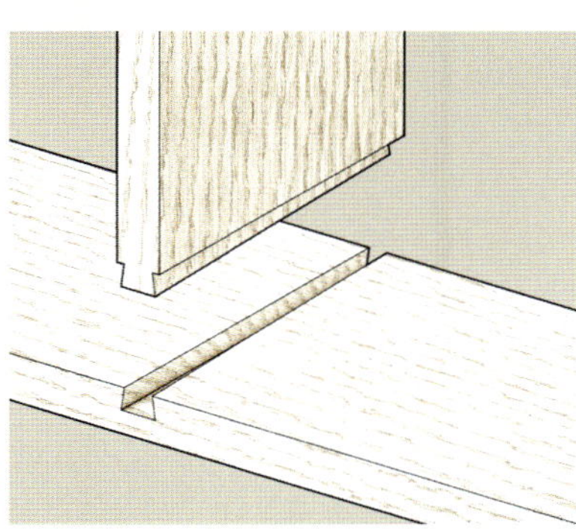

VERJÜNGTE GRATNUTVERBINDUNG
Schwieriger anzuschneiden, aber eine sehr gute Verbindung für einen Korpus mit breiten Bauteilen. Die verjüngte Gratnut ist zuerst locker und zieht sich erst dann fest, wenn sie zusammengesteckt wird.

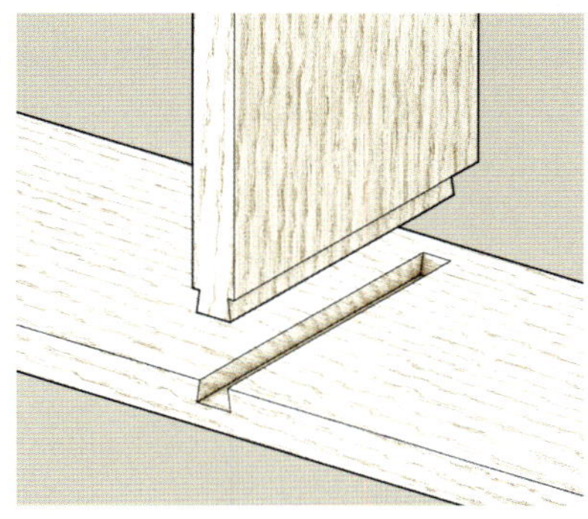

ABGESETZTE GRATNUTVERBINDUNG
Eine abgesetzte Gratnut sorgt für eine sauber aussehende Vorderseite des Korpus, wenn man zwar die Belastbarkeit der Gratnut haben möchte, diese aber nicht sichtbar sein soll.

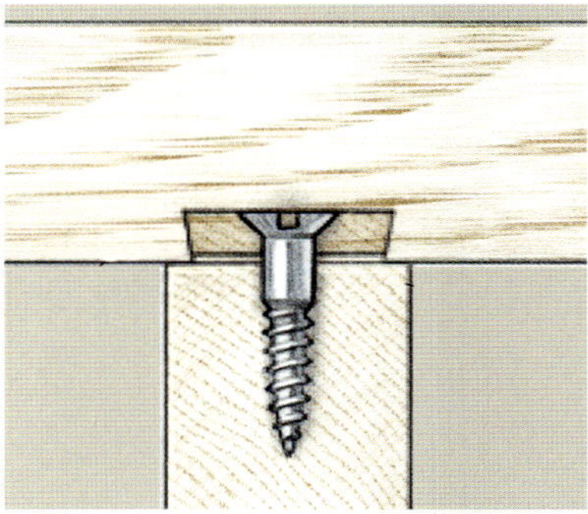

VERSTELLBARE GRATNUTVERBINDUNG
Eine gute Verbindung, um Profilleisten an einem Korpus oder eine Tischplatte an einem Gestell zu befestigen (siehe Seite 160). Die lose Gratleiste kann verstellt werden, indem man die Schrauben auf ihrer Länge anzieht oder lockert.

Eine gute Methode, um Schwalbenschwanzzinkungen zu schneiden

Ich schneide schon seit langem Schwalbenschwanzzinkungen, und im Laufe der Jahre haben sich meine Methoden immer verändert und weiterentwickelt. Als ich vor über 20 Jahren zur Zeitschrift Fine Woodworking kam, wusste ich, wie man Schwalbenschwanzzinkungen schneidet. Oder ich glaubte es zumindest. Eigentlich wusste ich nur um eine Methode, sie zu schneiden. Nachdem ich an dem ersten Beitrag gearbeitet hatte, dessen Autor eine andere Methode verwendete, ging mir ein Licht auf. Mir wurde klar, dass ich nicht nur lediglich eine einzige Methode kannte, um Schwalbenschwanzzinkungen zu schneiden, sondern dass es vermutlich sehr viele andere Methoden gab, diese Verbindung anzugehen. Im Laufe meiner Tätigkeit bei der Zeitschrift habe ich viele Verfahren ausprobiert, und dabei mein eigenes Vorgehen weiterentwickelt. Aber der nächste große Sprung in dieser Entwicklung kam erst, als ich begann, andere zu lehren, wie man eine Schwalbenschwanzzinkung schneidet. Während des Unterrichts konnte ich sehen, wo meine Kursteilnehmer am ehesten Probleme hatten. Ich machte mir erneut Gedanken über meine Methode und versuchte, zu Lösungen für die Probleme der Schüler zu kommen. Wie so häufig, wenn ich eine Methode entwickelte, um meinen Kursteilnehmern das Leben leichter zu machen, so stellte ich auch diesmal fest, dass es für mich selbst ebenfalls ein besseres Arbeitsverfahren war.

Ich nehme zwar an, dass sich meine Herangehensweise auch weiterhin verändern und entwickeln wird, aber ich möchte Ihnen eine Methode zeigen, mit der ich zur Zeit gute Erfahrungen mache und die auch meine Schüler erfolgreich angewendet haben. Wie auch sonst in der Holzbearbeitung gibt es viele Methoden, an diese Arbeit heranzugehen, und ich will nicht behaupten, dass die hier vorgeschlagene die einzige sei, mit der Sie Erfolg haben werden, aber ich bin zuversichtlich, dass sie einen guten Ausgangspunkt darstellt.

MIT DEN SCHWALBENSCHWÄNZEN ANFANGEN

1

2

3

4

Man kann Schwalbenschwänze zwar auch an der Bandsäge und sogar an der Tischkreissäge anschneiden, aber traditionell ist dies eine Arbeit für Handwerkzeuge. Auch wenn Sie später mit Maschinen arbeiten sollten, denke ich, dass Sie davon profitieren, wenn Sie zuerst das Verfahren mit Handwerkzeug versuchen.

Als erstes wird die Aufteilung des Schwalbenbretts vorgenommen **(1)**. Ich verwende dafür gerne einen Streckenteiler, wie man sie online bestellen kann. Reißen Sie dann die Wangen der Ausklinkungen an **(2)**. Zwei häufige Steigungsverhältnisse sind 1:6 und 1:8, wobei das erste für Nadelhölzer und das zweite für die härteren Laubhölzer empfohlen wird. Ich neige dazu, immer das Verhältnis 1:8 zu verwenden. Beim Sägen wird immer sehr darauf geachtet, auf dem Riss zu sägen. Viel wichtiger ist es jedoch, den Schnitt im rechten Winkel zur Holzoberfläche anzusetzen, da sich dies später viel stärker auf die Leichtigkeit auswirkt, mit der sich die Verbindung zusammenstecken lässt **(3)**. Danach geht es nur noch darum, den Verschnitt zu entfernen, ohne über die Grundlinie hinauszuschneiden. Ich säge dabei gerne zuerst den Großteil des Verschnitts mit der Laubsäge aus **(4)** und steche dann bis zur Grundlinie ab **(5)**.

5

ANREISSEN UND IN HANDARBEIT AUSSÄGEN

1

2

EINEN FALZ ANSCHNEIDEN ODER EINEN ANSCHLAG VERWENDEN

3

Steve Latta hat mir eine gute Methode gezeigt, um die Bauteile aneinander auszurichten: Man schneidet einen flachen Falz am Schwalbenbrett an (links). Der Nachteil ist, dass der Falz die Abmessungen der Bauteile verändert, was man berücksichtigen muss, wenn man die Grundlinie am Zinkenbrett anreißt. Ich habe festgestellt, dass ich den gleichen Vorteil erlange, wenn ich ein Brett an der angerissenen Linie anspanne **(3)**. Ein Queranschlag an einem Ende sorgt außerdem dafür, dass die Bauteile auch in seitlicher Richtung fluchten.

4

5

6

7

8

Auch wenn man eine Tischkreissäge und später vielleicht eine Oberfräse verwendet, betrachte ich diese Methode doch als Handarbeit, da der wichtigste Teil der Arbeit, nämlich das Anreißen und Aussägen der Zinken, mit Handwerkzeug ausgeführt wird. Das geschieht nicht, um eine zusätzliche Herausforderung zu stellen, sondern weil es schlicht die effizienteste und präziseste Methode ist, die ich dafür kenne. Da es sich um Handarbeit handelt, ist das genaue Anreißen der Schlüssel zu einer guten Verbindung. Ein Riss, den man nicht gut sehen kann, ist nicht sehr nützlich. Bringen Sie deshalb zuerst Klebeband am Hirnholz an **(1)**. Ich verwende einen einfachen Klotz mit einem angeleimten Anschlag, um das Brett in der richtigen Höhe in der Bankzange einzuspannen **(2)**. Dann verwende ich einen Brüstungsanschlag - ein genutetes Stück Nadelholz, das an einer MDF-Platte angeleimt ist -, um die Teile aneinander auszurichten, während ich die Grundlinie anreiße. Richten Sie den Brüstungsanschlag am Riss aus, und fixieren Sie ihn mit einer Federklemme **(3)**. Stützen Sie das entfernte Ende des Schwalbenbretts auf dem Klotz ab, während Sie anreißen **(4)**. Nehmen Sie das Klebeband stückweise ab, um genau sägen zu können **(5)**. Reißen Sie senkrechte Bleistiftstriche vom Klebeband zur Grundlinie an **(6)**, die beim Sägen als Orientierung dienen **(7)**. Entfernen Sie schließlich den Großteil des Verschnitts mit der Laubsäge **(8)**. (Sie können diese Arbeit natürlich komplett mit dem Stechbeitel ausführen, aber spätestens beim ersten Werkstück aus Weißeiche oder einem anderen sehr harten Holz sehen Sie sich vermutlich nach einer Alternative um.) Danach können Sie bis zur Grundlinie abstechen oder mit der Oberfräse weiterarbeiten; auf der folgenden Seite sehen Sie, wie das funktioniert.

DEN VERSCHNITT MIT DER FRÄSE ENTFERNEN

Die Arbeit, die ich am meisten fürchtete, als ich zuerst lernte, wie man eine Schwalbenschwanzzinkung anschneidet, war das Abstechen des Verschnitts zwischen den Zinken. Heute schenke ich mir die Handarbeit mit dem Stechbeitel und verwende stattdessen eine Kantenfräse mit einem Fräser mit Anlaufring. Um das Bauteil senkrecht zu halten und eine ebene Fläche zu haben, auf der die Fräse aufgelegt wird, habe ich einen einfachen Tisch zum Zinken gebaut. Man spannt ein Anlagebrett auf der Oberseite des Tischs an **(1)** und legt das Bauteil daran an, während man es einspannt. Ich habe eine dünne Leiste am Anlagebrett angebracht, um das Bauteil etwas nach unten zu versetzen, damit das Klebeband auf dem Hirnholz nicht von der Grundplatte der Fräse abgezogen wird **(2)**. Außerdem habe ich die Kantenfräse mit einer größeren Grundplatte aufgerüstet, sodass ich beim Fräsen Druck auf dem Tisch ausüben kann **(3)**. Stellen Sie die Frästiefe so ein, dass Ihr Riss halbiert wird **(4)**, und fräsen Sie los. Der Anlaufring führt den Fräser an der Wange des Zinkens entlang und verhindert, dass man versehentlich in den Zinken schneidet.

NEHMEN SIE SICH FÜR DAS EINPASSEN ZEIT

Die Verbindung wird an der Hobelbank abschließend eingepasst und verputzt. Als erstes kontrollieren Sie, ob die Wandungen der Zinken senkrecht stehen **(1)**, und stechen gegebenenfalls nach **(2)**. Falls die Wandungen nach außen verlaufen, können sie die Bauteile beim Zusammenstecken der Verbindung reißen lassen. Stellen Sie dann auf der ganzen Länge der Verbindung eine gute Passung her. Das Klebeband kann beim Nachstechen als Führung dienen. Falls Sie sorgfältig angerissen haben, sollten Sie bis zum Klebeband abstechen und dadurch eine gute Passung erreichen können. Falls Sie die Bauteile nur teilweise, aber nicht bis auf den Grund zusammenstecken können, verwenden Sie einen Bleistift, um festzustellen, wo noch Holz abgenommen werden muss. Tragen Sie etwas Graphit auf der unteren Innenkante der Ausklinkungen für die Zinken auf **(3)**. Stecken Sie das Schwalbenbrett vorsichtig ein, und nehmen Sie es wieder ab. Graphit an den Zinkenwandungen zeigt an, wo die Passung noch zu eng ist **(4)**. Stechen Sie dort vorsichtig nach. Zu diesem Zeitpunkt muss man nur wenig nachstechen, um eine gute Passung zu erreichen **(5)**. Übereifer führt sehr schnell zu Fugen in der Verbindung.

MP
RIDGID

Eine einfache Vorrichtung für Schwalbenschwanzzinkungen

Eine Methode, die ich verwende, um das Schneiden von Schwalbenschwanzzinkungen zu beschleunigen und meine Stechbeitel etwas zu schonen, ist das Ausfräsen des Verschnitts zwischen den Zinken, anstatt ihn abzustechen. Um die Arbeit mit der Fräse zu erleichtern, habe ich eine einfache Vorrichtung gebaut, mit der das Bauteil senkrecht gehalten werden kann. Zugleich bietet dieser Tisch eine ebene, waagerechte Fläche, auf der die Fräse geführt werden kann. Diese Verwendung lohnt schon den Bau der Vorrichtung, aber sie kann noch bei anderen Arbeiten im Zusammenhang mit dem Zinken verwendet werden. Falls Sie keine Hobelbank mit einer Bankzange besitzen, kann Ihnen die Vorrichtung sogar während des gesamten Vorgangs nützlich sein. Wenn Sie eine stabile Werkbank und einige Zwingen haben, können Sie schon Schwalbenschwanzzinkungen schneiden.

Diese Vorrichtung zum Fräsen ist eine kleinere Version eines Modells, das ich schon seit Jahren verwende. Als ich anfing, häufiger zu reisen, um andernorts Kurse zu leiten, war das erste Modell zu schwer und groß, um es mitzunehmen. Also machte ich mich daran, eine kleinere, leichtere Version zu bauen. Sie ist für die grundlegenden Fräsarbeiten genauso geeignet wie das größere Modell, kann aber wegen der Abmessungen und des geringeren Gewichts leicht auf der Werkbank umgestellt werden, was es wiederum ermöglicht, eine Reihe von anderen Arbeiten mit ihr auszuführen. Wenn man die Vorrichtung auf den Rücken legt, kann das Bauteil parallel zur Oberfläche der Werkbank eingespannt werden, sodass man auf ihr nicht nur fräsen, sondern auch anreißen, sägen und mit dem Stechbeitel arbeiten kann.

Die Vorrichtung ist aus Material aus dem Baumarkt schnell zusammengebaut, man muss lediglich einige Nuten und Fälze anschneiden. Diese sind allerdings nur nötig, um die Bauteile der Vorrichtung während des Zusammenbaus bündig zu halten, man kann sie auch ohne weiteres fortlassen. Ich verwende MDF für die meisten Bauteile, weil es eben und formstabil ist. Manche Teile sind allerdings aus Kiefernholz, weil dieses Nägel und Schrauben besser hält. Sie benötigen auch einige Kniehebelspanner und Nutsteine, um die Leisten zu halten, an denen die Kniehebelspanner angebracht sind.

Die Vorrichtung kann zur Bearbeitung von Bauteilen mit einer Breite bis zu 150 mm dienen, die man zwischen den Leisten mit den Kniehebelspannern einlegt. Wenn man eine oder beide Leisten abnimmt und normale Zwingen verwendet, um das Bauteil zu halten, sind auch Breiten bis zu 250 mm möglich. Falls Sie regelmäßig mit größeren Bauteilen arbeiten, möchten Sie Ihr Exemplar vielleicht etwas größer dimensionieren.

KEINE WERKBANK? KEIN PROBLEM

Es gibt zwar keinen Ersatz für eine stabile Werkbank mit einer oder zwei Bankzangen, aber falls diese noch auf Ihrer Wunschliste steht, kann diese Vorrichtung sich auch bei anderen Arbeiten nützlich machen, wenn man Schwalbenschwanzzinkungen anschneidet. Wenn man sie auf einer stabilen Unterlage anspannt, kann die Vorrichtung auch dazu dienen, senkrecht eingespannte Bauteile zu sägen und zu fräsen. Wenn man sie flach auf die Tischplatte legt, kann man Bauteile darauf einspannen, um sie mit dem Stechbeitel zu bearbeiten.

VORRICHTUNG ZUM SCHNEIDEN VON SCHWALBENSCHWANZZINKUNGEN

1

2

Die Vorrichtung ist schnell zusammengebaut und verursacht keine großen Kosten. Die einzigen Verbindungen, die angeschnitten werden müssen, sind die Nuten und Fälze an den Innenflächen des Vorder- und Hinterstück **(1)**. Diese halten die Bauteile bündig zueinander und machen das Verleimen dadurch etwas einfacher und genauer **(2)**. In der Außenfläche des Vorderstücks gibt es eine weitere Nut, um eine Leiste einzulegen, mit der eine Distanzplatte für die Bearbeitung dünnerer Bauteile gehalten wird. Die Halteleisten sind aus hartem Laubholz, um die Schrauben besser zu halten, mit denen die Kniehebelspanner angebracht werden. Sie werden mit Maschinenschrauben am Vorderstück angeschraubt, die in Einschlaggewindemuttern an der Innenfläche greifen, um zu verhindern, dass sich die Leisten abheben, wenn man ein Bauteil einspannt **(3)**. Der Deckel wird nur mit Schrauben befestigt, damit er später ausgetauscht werden kann, falls er verschlissen sein sollte.

3

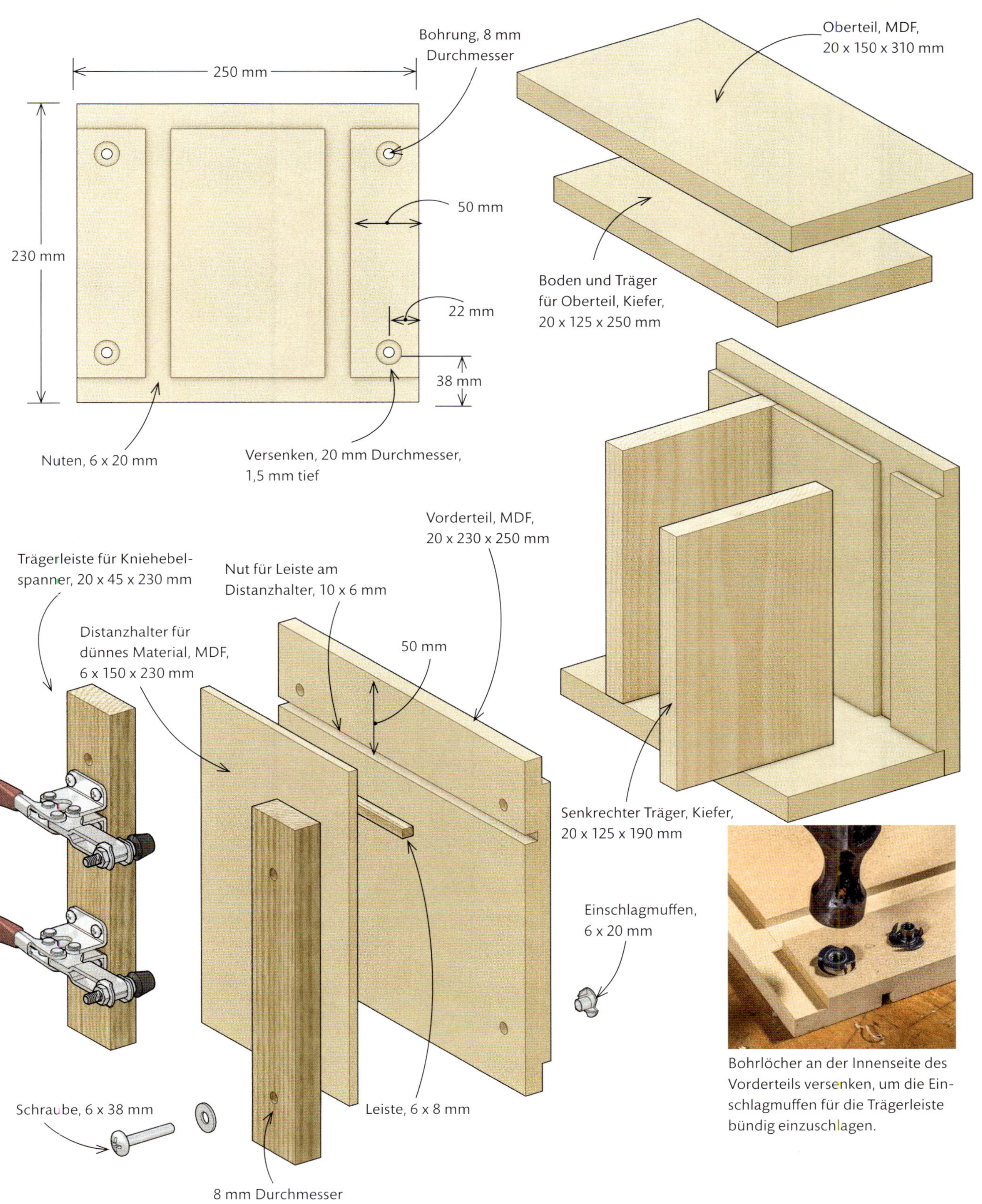

Bohrlöcher an der Innenseite des Vorderteils versenken, um die Einschlagmuffen für die Trägerleiste bündig einzuschlagen.

Halbverdeckte Schwalbenschwanzzinkungen

Eine halbverdeckte Schwalbenschwanzzinkung soll von der Natur der Sache her nicht gesehen werden. Allerdings muss ich zugeben, dass ich wie jeder andere Holzwerker bei einem Möbelstück zuerst eine Schublade aufziehe und sie auf Schwalbenschwanzzinkungen kontrolliere. Eine Schwalbenschwanzzinkung ist nicht nur ein Beweis der Sorgfalt und des Könnens, mit der ein Tischler (oder eine Maschine) sie angeschnitten hat, sie ist auch – so sie denn wohlproportioniert und gut ausgeführt ist – ein ästhetischer Anblick. Halbverdeckte Schwalbenschwanzzinkungen sind etwas zeitaufwendiger, aber nicht deutlich schwieriger herzustellen als offene Schwalbenschwanzzinkungen. Der wesentliche Unterschied besteht im Anschneiden der Zinken. Dabei sägt man nicht ganz durch das Zinkenbrett, sondern man sägt nur ein Dreieck der Wandungen an, bis man die angerissenen Grundlinien erreicht. Außerdem kann man zwar eine Fräse verwenden, um den Großteil des Verschnitts zu entfernen, aber in diesem Fall nützt einem ein Fräser mit Anlaufring nichts. Stattdessen verwendet man einen einfachen Nutfräser, wodurch das Risiko entsteht, versehentlich beim Fräsen in die Zinken zu geraten. Auch nach dem Fräsen bleibt noch einiges mit dem Stechbeitel nachzuarbeiten. Deshalb ist das Fräsen nicht sehr viel effizienter als das Bohren und Abstechen, also werde ich diese Methode ebenfalls vorstellen. Wenn ich viele Schubladen bauen muss, neige ich dazu, die Fräse zur Hand zu nehmen; wenn es nur ein oder zwei sind, gehe ich stattdessen zur Ständerbohrmaschine. Selbst nachdem ich sie jahrelang geschnitten habe, scheint es, dass die erste Verbindung langsam und zögerlich ist, und ich beginne mich zu fragen, wie lange es wohl dauern wird, bis ich sie alle durch habe. Aber dann stelle ich fest, dass es doch schneller geht, wenn ich erst einmal wieder Tritt gefasst habe und mit mehr Selbstvertrauen und zielgerichteter an die Arbeit gehe.

DIE ZINKEN ANREISSEN UND SÄGEN

Das Anreißen am Schubladenvorderstück ist recht einfach. Wenn man die Schwalbenbretter für das Anreißen anlegt, sollten die Enden der Schwalbenschwänze bis an den Riss am Vorderstück reichen **(1)**. Meist bringe ich nur an der Innenseite des Risses Klebeband an, weil ich nicht weiter als bis dort sägen werde **(2)**. Ziehen Sie senkrechte Linien von den Zinken nach unten **(3)**, und greifen Sie zur Zinkensäge. Jetzt kommt der schwierigste Teil der Arbeit, weil Sie neben dem Klebeband und entlang dem senkrechten Strich an der Vorderseite sägen müssen, aber nicht über die Risse hinaussägen dürfen **(4)**. Ich setze dabei die Säge fast waagerecht an und schneide eine Fuge neben dem Klebeband bis zum Riss. Dann senke ich den Griff der Säge ab, um den Schnitt auf der Vorderseite nach unten fortzusetzen. Weil ich den Schnitt zuerst im Hirnholz etabliere, muss ich nicht beide Flächen im Blick haben. Mit der Säge schneidet man nur die Hälfte der Zinkenwandung. Der Rest muss mit dem Beitel gestochen werden (rechts).

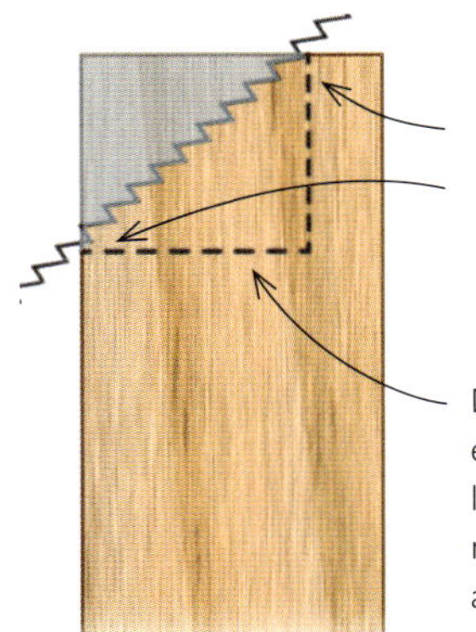

Achten Sie darauf, nicht über die Grund- und Brüstungsrisse hinaus zu sägen.

Das restliche dreieckige Stück Verschnitt lässt sich später leicht mit dem Stechbeitel abnehmen.

Zwei Methoden, den Verschnitt zu entfernen

MAN KANN BOHREN UND ABSTECHEN...

1

2

3

4

Wenn man zuerst bohrt, geht es weniger darum, den Verschnitt zu entfernen, als vielmehr darum, so viele der Hirnholzfasern wie möglich zu durchtrennen. Dann fällt die Mehrheit des Verschnitts schon mit einem Schlag des Klüpfels ab **(1)**. Danach sticht man mit dem Beitel bis zur Grundlinie ein **(2)** und verputzt bis zur Brüstung. Die Reste in den Ecken entferne ich mit einem Paar Stechbeitel mit schräger Schneide **(3)** oder einem Beitel in Fischschwanzform.

Abschließend werden dann die Wandungen verputzt, um die von der Zinkensäge begonnene Arbeit zu Ende zu führen **(4)**. Arbeiten Sie beim Versäubern der Ecken besonders gewissenhaft. Falls sich die Verbindung nicht ganz schließt **(5)**, liegt das meistens an den Ecken.

5

… ODER MIT DER FRÄSE ARBEITEN

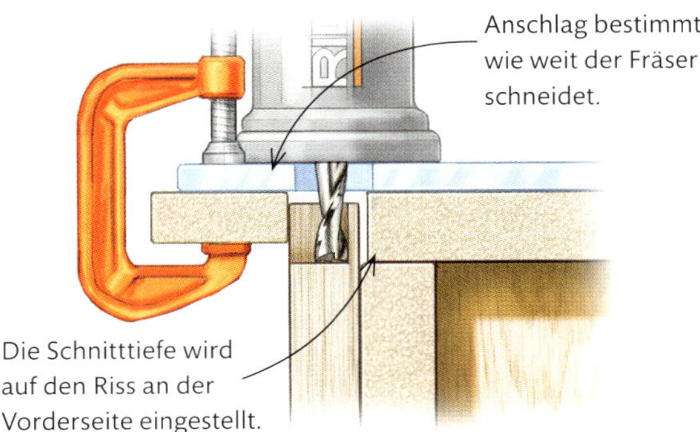

Mit der Fräse lässt sich der Verschnitt zwar nicht vollständig entfernen, aber sie erfüllt zwei wichtige Funktionen. Sie schneidet einen ebenen Grund und eine rechtwinklig dazu stehende gerade hintere Wandung der Ausklinkung an, wodurch das Einpassen der Verbindung später sehr erleichtert wird. Die Tiefe der Ausklinkung wird durch die Schnitttiefe des Fräsers bestimmt, und ein Anschlag an der Grundplatte der Fräse legt fest, wo die hintere Wandung geschnitten wird **(1)**. Arbeiten Sie beim Fräsen umsichtig, weil es nichts gibt, das Sie daran hindert, bei mangelnder Aufmerksamkeit in die Zinken hinein zu fräsen **(2)**. Nach dem Fräsen wird mit Stechbeiteln weitergearbeitet, bei dieser Methode bleibt jedoch weniger für sie zu tun als beim Ausbohren. Durchtrennen Sie zuerst die Hirnholzfasern in den Ecken, die mit dem Fräser nicht zu erreichen waren. Der Verschnitt lässt sich gut mit einem Beitel in Fischschwanzform abschälen **(3)**. Dessen Klinge ist über der Schneide allerdings so dünn, dass man den Beitel nicht mit dem Klüpfel treiben kann. Als nächstens werden die Seitenwandungen verputzt **(4)**, dann entfernt man eventuell noch in den Ecken verbliebenen Verschnitt.

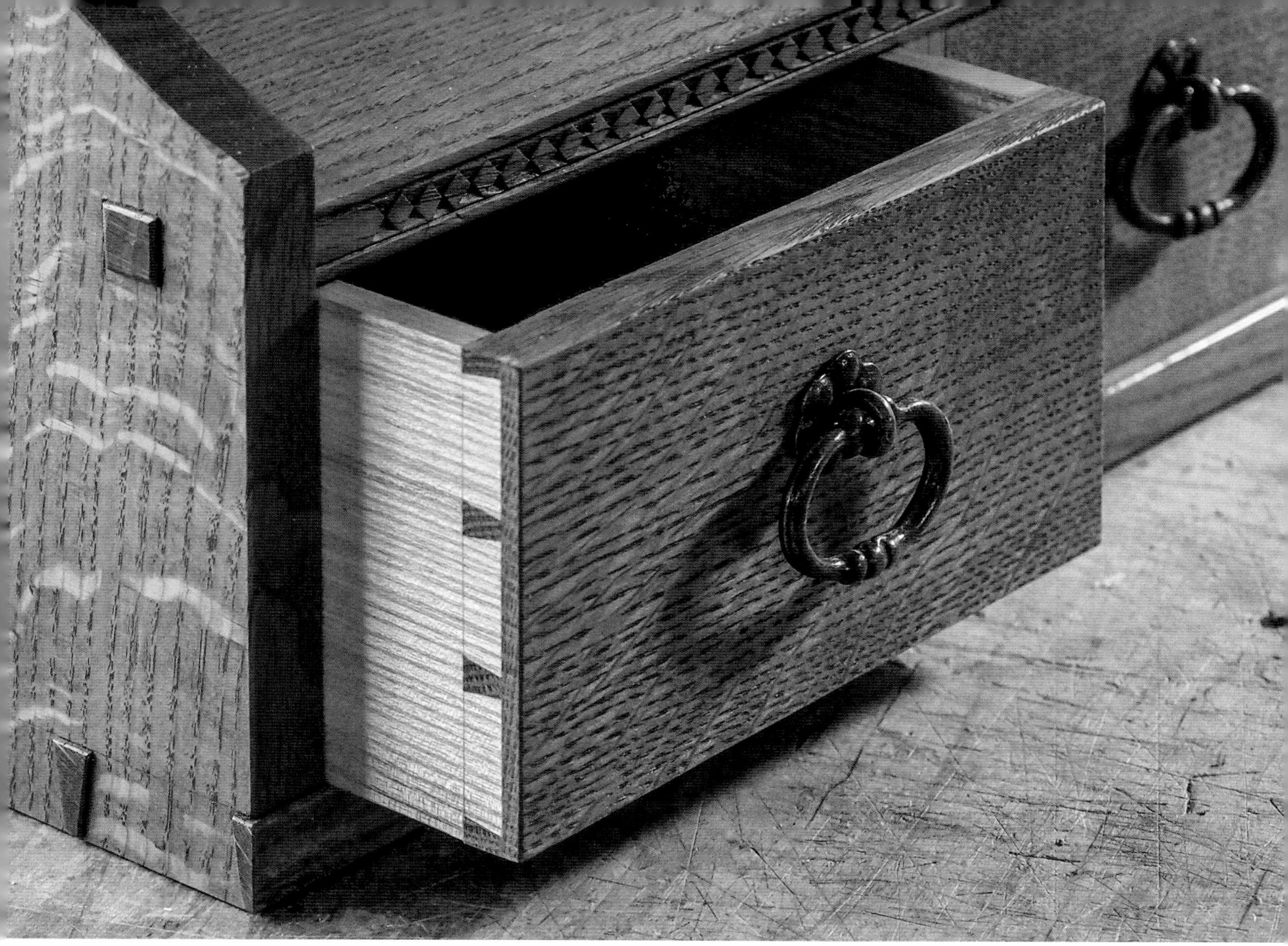

EINE EINFACHERE ART, HALBVERDECKTE SCHWALBENSCHWANZZINKUNGEN ZU VERDECKEN

Eine andere Methode, das Aussehen einer halbverdeckten Schwalbenschwanzzinkung mit etwas weniger Arbeit zu erzielen, besteht darin, eine normale offene Schwalbenschwanzzinkung am Vorderstück anzuschneiden und nach der Verleimung eine Aufdopplung am Vorderstück anzubringen. Theoretisch ist das ganz leicht, praktisch ist es etwas beschwerlich: das Anschneiden der Zinkung mag zwar etwas schneller gehen, aber insgesamt scheine ich bei dieser Methode kaum Zeit zu sparen. Ein Vorteil ist, dass man ein schön gemasertes Stück Holz für mehrere Schubladenvorderstücke verwenden kann, um ein durchgehendes Maserbild zu erhalten **(1)**. Damit die Aufdopplung beim Verleimen nicht verrutscht, treibt man einige Drahtstifte durch das Furnier und trennt sie knapp oberhalb der Holzoberfläche ab **(2 und 3)**. Verteilen Sie den Druck mit einer Zulage gleichmäßig auf dem Vorderstück **(4)**, und verputzen Sie es, nachdem der Leim getrocknet ist **(5)**.

Das Vorderstück wird auf die gleiche Stärke wie die Seitenstücke ausgehobelt und mit diesen durch eine offene Schwalbenschwanzzinkung verbunden.

Bringen Sie eine Aufdopplung aus Furnier auf, um die Decke einer halbverdeckten Schwalbenschwanzzinkung zu imitieren. Je nach Schubladengröße beträgt ihre Stärke zwischen 3 mm und 6 mm.

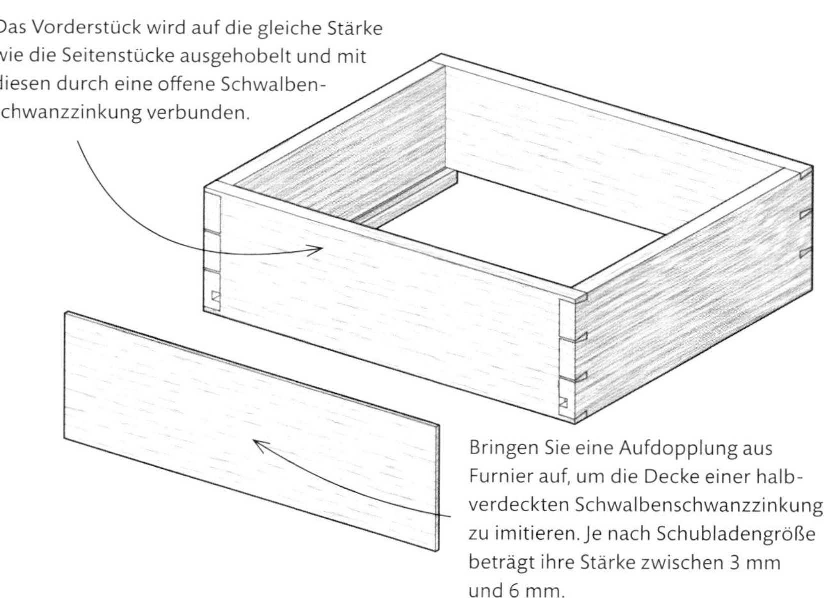

1

2

3

4

5

Eine gezinkte Schublade

Wir haben offene und halbverdeckte Schwalbenschwanzzinkungen getrennt behandelt, aber jetzt möchte ich ihnen zeigen, wie man sie zusammen einsetzt, um eine Schublade zu bauen. Außerdem müssen wir uns mit der Dimensionierung der Bauteile beschäftigen und damit, in welcher Reihenfolge man die Einzelschritte beim Bau einer Schublade in Angriff nimmt. Kurz gesagt, an dieser Stelle kommt alles zusammen: das Verständnis der verschiedenen Techniken und der Versuch, ein ganzheitliches Konzept zu entwickeln, um sie so zu verwenden, dass man die bestmögliche Wirkung erreicht. Auf einer Ebene handelt dieser Abschnitt also vom Bau einer Schublade. Aber im Wesentlichen geht es hier um den eigentlichen Grundgedanken dieses Buches. Man kann so viel über das Gesamtbild sprechen, wie man nur möchte, aber zu einem echten Verständnis kommt man erst, wenn man Ideen in Taten umsetzt.

Die halbverdeckte Schwalbenschwanzzinkung am Vorderstück zieht alle Aufmerksamkeit auf sich, aber sie ist einfach herzustellen. Es ist die offene Schwalbenschwanzzinkung am Hinterstück, die hier einzigartig ist und eine genauere Betrachtung rechtfertigt. Die Arbeit beginnt mit dem Dimensionieren der Bauteile, womit wir zum Kapitel „Konstruktionsstrategien" zurückkommen, in dem das Konzept entwickelt wurde, von außen nach innen zu arbeiten. Um eine gezinkte Schublade zu bauen, stellt man im ersten Schritt einen Korpus her. Die Öffnung im Korpus bestimmt die Höhe und Länge des Schubladenvorderstücks, und davon hängen wiederum die Größen der übrigen Teile ab. Danach liegt die Abfolge der einzelnen Arbeitsschritte aufgrund einer guten Arbeitszeichnung deutlich vor einem.

EINE EINSTELLUNG DES STREICHMASSES FÜR ALLE BAUTEILE

Als Grundlage für die folgenden Arbeitsschritte werden die Bauteile auf Maß geschnitten und die Brüstungslinien angerissen. Passen Sie zuerst das Schubladenvorderstück in den Korpus ein. Es sollte von Seite zu Seite dicht in den Korpus passen **(1)**. In der Höhe sollte eine Fuge vorgesehen werden, um das Arbeiten des Holzes zu ermöglichen. Schneiden Sie die Seiten- und das Hinterstück auf die gleiche Breite. Das Hinterstück wird auf die gleiche Länge wie das Vorderstück geschnitten **(2)**, die Länge der Seitenstücke wird durch die Gesamtlänge der Schublade bestimmt, von der man die Stärke des Verdecks am Vorderstück abzieht. Stellen Sie ein Streichmaß auf die Stärke der Seitenstücke ein **(3)**, und reißen Sie Brüstungslinien an den Seiten- und dem Hinterstück an **(4)**. Reißen Sie nur auf der Innenseite des Vorderstücks einer Brüstungslinie an **(5)**, und reißen Sie abschließend am Hirnholz des Vorderstücks das Ende der Schwalbenschwänze an **(6)**.

1

DEN BODEN ANBRINGEN

2

3

4

Ein wesentliches Element einer traditionellen gezinkten Schublade ist ein Boden, der von hinten eingeschoben wird. Das hat den Vorteil, das Arbeiten des Holzes zu erlauben. Außerdem erleichtert es das Verleimen, weil man den Boden nach dem Zusammenbau anbringen kann. Der Schlüssel dazu liegt in einem Hinterstück, dass niedriger geschnitten wird, sodass seine Unterkante mit der Oberkante der Nuten in den Seitenstücken fluchtet. Dadurch verändert sich auch die Gestaltung der Schwalbenschwanzzinkungen an den Seitenstücken. Der halbe Zinken an der hinteren unteren Ecke des Seitenstücks wird fortgelassen. Als Erinnerung markiere ich die Stelle am Seitenstück mit einem „X" **(1)**. Die halbverdeckten Schwalbenschwanzzinkungen sind einfach **(2)**, aber die offenen Zinkungen hinten sehen etwas merkwürdig aus, weil der halbe Zinken unten fehlt **(3)**. Nachdem Sie die Zinkungen angeschnitten haben, schneiden Sie für den Boden eine Nut in das Vorder- und die Seitenstücke **(4)**. Stecken Sie das Hinterstück trocken ein, übertragen Sie die Oberkante der Nut auf das Hinterstück **(5)**, und schneiden Sie das Hinterstück dann auf Breite. Hobeln Sie den Boden auf Überstärke aus und platten Sie ihn dann mit einem Hirnholzhobel so ab, dass er in die Nut passt **(6)**.

5

Eine verstellbare Gratnutverbindung

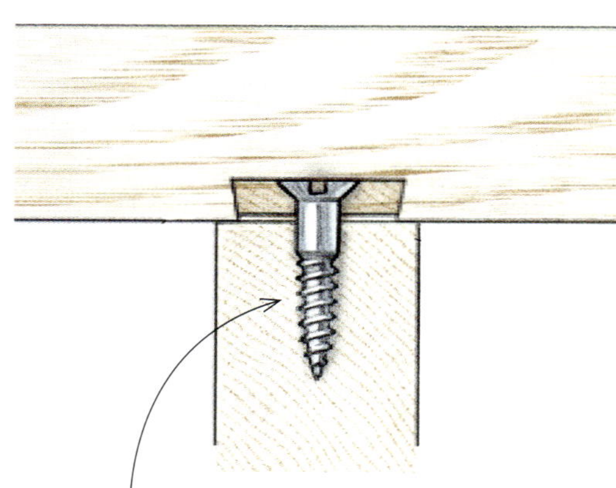

Die Schraube wird angezogen oder gelockert, um die Passung der Gratleiste in der Gratnut zu verändern.

Gratnutverbindungen können eine sehr gute Lösung sein, um Bauteile zusammenzufügen, aber es kann manchmal schwierig sein, eine gute Passung zu erlangen. Kurze Gratnuten, etwa an einer Schubladentraverse, sind kein Problem, aber längere Verbindungen wie an Regalböden oder Tischplatten können sich beim Zusammenbau verklemmen. Wenn man die Passung lockerer macht, damit die Gratleiste leichter einzuschieben ist, verringert man auch die Haltekraft der Verbindung. Eine traditionelle Lösung für dieses Problem ist die verjüngte Gratnut. Bei ihr lässt sich die Gratleiste zuerst leicht einschieben, aber die Passung wird immer enger, je weiter man die Gratleiste einschiebt. Es ist eine wunderbare Verbindung, die allerdings nicht ganz leicht anzuschneiden sein kann. Ich habe eine leichtere Lösung gefunden, bei der eine lose Gratleiste angeschraubt wird und als Gegenstück für die Gratnut dient. Die Idee stammt von Christian Becksvoort, der diese Methode verwendet, um Profilleisten an Korpusseitenwänden anzubringen. Ich habe festgestellt, dass sie nicht nur bei Profilleisten funktioniert, sondern auch bei Tischplatten. Man schneidet dabei die Gratleiste etwas dünner als die Gratnut tief ist, sodass man die Passung der Verbindung verändern kann, indem man die Schrauben anzieht oder lockert. Mit dieser Methode kann ich die Bauteile ohne Probleme miteinander verbinden und erhalte dennoch ein Werkstück, in dem sie fest zusammenhalten.

MIT DEMSELBEN FRÄSER GRATNUT UND GRATLEISTE SCHNEIDEN

1

2

3

4

5

Ich verwende einen Anschlag mit einer zweiten Führung, wenn ich die Gratnuten fräse, weil ich meist von zwei Richtungen her fräsen muss. Die zweite Führung hindert die Oberfräse daran, von der ersten Führung abzuwandern **(1 und 2)**. Als nächstes wird die Gratleiste hergestellt. Verwenden Sie einen Rohling, der breit genug ist, um ihn sicher am Frästisch bearbeiten zu können. Verwenden Sie den gleichen Fräser, mit dem Sie auch die Gratnut geschnitten haben, um die schrägen Wandungen anzuschneiden **(3)**. Die Passung in der Gratnut sollte recht eng sein **(4)**. Trennen Sie dann die Gratleiste vom Rohling ab **(5)**. Sie sollte dünner sein, als die Gratnut tief ist, und etwas über dem Nutgrund liegen. Sie können die Unterseite der Gratleiste mit dem Hobel verputzen, um die richtige Passung zu erreichen. Um die Tischplatte anzubringen, werden die Gratleisten in eine Hälfte der Platte eingeschoben und angespannt, damit die Gratleisten an den Gratnuten ausgerichtet bleiben, während man sie anschraubt (gegenüberliegende Seite). Bei dem hier gezeigten Tisch sind die beiden Hälften der Tischplatte mit einer losen Feder verbunden, in die man Holznägel treibt, um die Verbindung zu verstärken. **(6)** Arbeitszeichnungen für den Tisch sind in Wie wir Möbel bauen und warum zu finden.

6

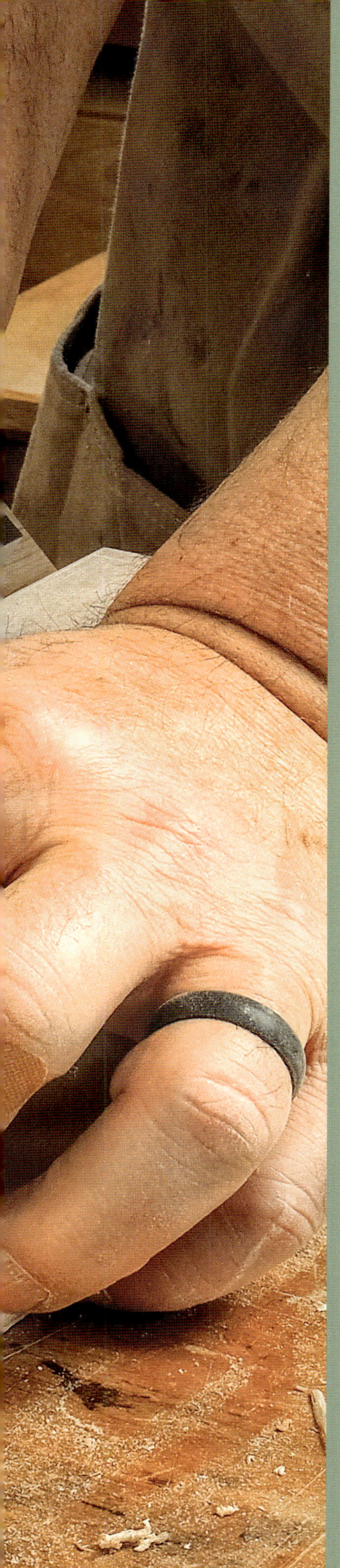

5 Gehrungen

Eine Gehrung ist ein gar merkwürdig Ding. Im Grunde eine schräge Verbindung auf Stoß, ist sie als Konzept einfach, in der Verwirklichung jedoch manchmal schwierig. Sie stellt eine vielseitige Option dar, um Bauteile im rechten Winkel zu verbinden (oder in jedem anderen Winkel, wenn es drauf ankommt). Dabei können die Bauteile flach liegen wie bei einem Bilderrahmen oder senkrecht stehen wie bei einer Schachtel oder einer Trennwand. Je nach dieser Ausrichtung unterscheiden sich auch die Methoden, mit der die Verbindung angeschnitten und die Passung nachgearbeitet wird. Die Holzfasern einer 45° -Gehrung liegen halbwegs zwischen einer Verbindung auf Stoß und einer Längsverbindung, die Belastbarkeit der Verleimung liegt also auch zwischen diesen beiden Extremen. Eine perfekt passende Gehrung kann sehr belastbar sein, aber schon eine kleine Fuge führt dazu, dass die Verleimung versagt. Aus diesem Grund gibt es Situationen – vor allem Rahmen und größere Kästen –, in denen ich die Verbindung lieber verstärke, normalerweise, indem ich lose Hirnholzfedern einsetze. Sie tragen deutlich zur Belastbarkeit wie auch zum interessanten Aussehen der Verbindung bei.

Die Verwendung von Gehrungen bietet einige Vorteile. Zum einen kann man die Maserung von einem Bauteil zum anderen mit einer fast unsichtbaren Leimfuge dazwischen laufen lassen. Das sieht bei den Seitenteilen von Schatullen wirklich hübsch aus und macht das Stück in sich harmonisch. Auch bei Bilderrahmen ergibt es einen netten Effekt. Obwohl die Maserung auf der Sichtseite der Rahmenfriese im rechten Winkel aufeinander trifft, gehen sie doch optisch ineinander über, sodass eine ansprechende Abgrenzung um einen Spiegel, ein Foto oder ein Kunstwerk herum entsteht.

Zum anderen kann man Nuten und Profile anschneiden, bevor man die Bauteile auf Länge schneidet, weil die auf Gehrung gearbeitete Ecke die darunter liegende Verbindung verdeckt. Das macht die Herstellung von Bilderrahmen und die Handhabung von Profilleisten an Möbelstücken sehr viel einfacher. Ich nutze diesen Vorteil auch beim Bau von Schatullen, bei denen ich Fälze und Nuten anschneiden sowie die Innenseiten schleifen und mit Oberflächenmitteln behandeln kann, bevor ich die Gehrungen anschneide.

Gehrungen wie aus dem Bilderbuch

Es ist keine schlechte Idee, sich einen eigenen Schlitten für die Tischkreissäge zu bauen, um Bilderrahmen zu bauen, vor allem, wenn man vorhat, dies häufiger zu tun. Allerdings fertige ich nur gelegentlich Bilderrahmen an und habe keinen Platz für einen weiteren Ablängschlitten, deshalb behelfe ich mir mit einer einfachen Schablone, um Gehrungen anzuschneiden. Die Schablone kann aus nur einem MDF- oder Sperrholz-Dreieck bestehen. Allerdings muss die vordere Ecke genau 90° betragen. Das mag sich etwas beängstigend anhören, aber ich habe meist Glück, wenn ich einfach die Ecke einer gekauften Sperrholzplatte verwende. Sie mag zwar schon etwas angeschlagen sein, aber so lange sie genau rechtwinklig ist, lässt sich das später leicht versäubern. Dies ist ein Beispiel dafür, dass die Häufigkeit, mit der man eine bestimmte Aufgabe ausführt, sich auf die dabei verwendete Methode auswirkt. So ist die Methode, mit der ich Bilderrahmen herstelle, recht einfach, während der Schlitten mit dem ich Schatullen auf Gehrung arbeite, komplizierter ist und zeigt, wieviel häufiger ich Schatullen baue als ich Bilderrahmen anfertige.

EIN EINFACHER BILDERRAHMEN

Die Profile an Bilderrahmen können beeindruckend aufwendig sein (ein Besuch in einem Rahmengeschäft bestätigt dieser Aussage). Ich komme aber mit einem schlichten Rahmen aus, der vom Arts-and-Crafts-Stil beeinflusst ist. Die breite, ebene Fläche bringt die Spiegelflecken der riftgeschnittenen Eiche gut zur Geltung, und der flache Falz schafft eine schöne Schattenlinie und nimmt die Fase des Passepartouts um das Bild wieder auf. Wenn man das Sägeblatt beim Schneiden des Falzes um wenige Grad neigt, erhält man eine subtile Anschrägung der Fläche.

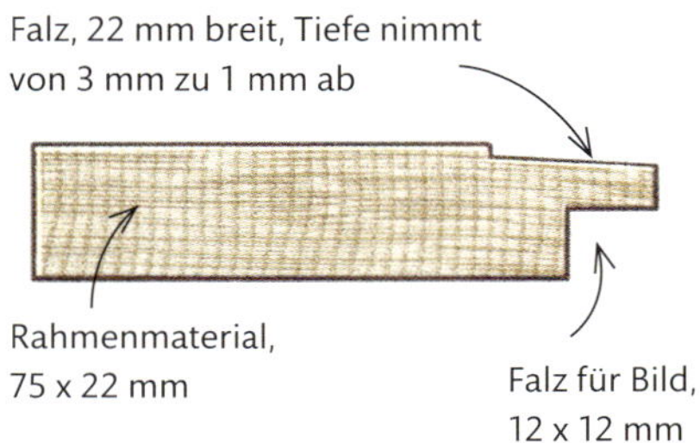

EINE GEHRUNGSSCHABLONE FÜR BILDERRAHMEN

Wenn ich einen Bilderrahmen baue oder Profilleisten auf Gehrung schneide, bringe ich eine dreieckige Schablone an meinem Ablängschlitten an. Schneiden Sie zuerst ein Quadrat zu, aus dem Sie die Schablone anfertigen. Ich prüfe in diesem Fall die Kanten einer MDF- oder Sperrholzplatten im Lieferzustand. Falls zwei dieser Kanten genau senkrecht zueinander stehen **(1)**, verwende ich Sie als Bezugskanten und schneide die gegenüberliegenden Kanten zu. Falls ich erst eine 90°-Ecke anschneiden muss, reiße ich eine Linie an und verwende eine Führungsschiene zusammen mit einem Winkelbrett, um den Schnitt auszuführen. Das Dreieck wird zugeschnitten, indem man diagonal von einer Ecke zur gegenüberliegenden sägt. Reißen Sie zuerst die Diagonale an, und sägen Sie dann den Großteil des Verschnitts ab. Spannen Sie ein Winkelbrett am Parallelanschlag an, sodass er knapp über dem Sägeblatt und bündig mit der Außenkante sitzt. Verwenden Sie ein Schiebebrett, das an der Unterseite mit Schleifpapier belegt ist und an der Oberseite einen Griff hat. Richten Sie das Schiebebrett an der angerissenen Linie aus **(2)**, und schieben Sie es am Winkelbrett entlang, um den Schnitt auszuführen **(3 und 4)**. Diese Methode wird im Buch immer wieder verwendet, um verschiedene Arbeiten auszuführen; es ist eines der einfachen Dinge, die Sie wahrscheinlich häufig einsetzen werden.

1

2

3

4

DIE GEHRUNGSSCHABLONE AUSRICHTEN

Wenn Sie eine Schablone mit einer genau rechtwinkligen Ecke haben, müssen Sie sie noch richtig auf Ihrem Ablängschlitten ausrichten. Legen Sie die Schablone zuerst so auf den Schlitten, dass die Ecke an der Sägefuge ausgerichtet ist und die lange Seite dicht am Anschlag anliegt. Übertragen Sie die Seiten des Dreiecks mit leichten Strichen eines spitzen Bleistifts auf den Ablängschlitten **(1)**. Wenden Sie dann die Schablone, und vergleichen Sie ihre Lage mit den Bleistiftstrichen. Im Idealfall sollten sich die Kanten wieder mit den Bleistiftstrichen decken. Falls der Winkel jedoch nicht stimmen sollte **(2)**, lässt sich das leicht richtigstellen. Bringen Sie eine Zulage oder ein Stück Klebeband an der niedrigen Ecke der Schablone an. Ziel ist es, die Lücke um die Hälfte zu verringern **(3)**. Entfernen Sie die Bleistiftmarkierung, und versuchen Sie es erneut. Es sollte nicht allzu viele Versuche erfordern, um den richtigen Winkel zu ermitteln. Bringen Sie die Schablone mit doppelseitigem Klebeband **(4)** (und Schrauben, falls gewünscht) an.

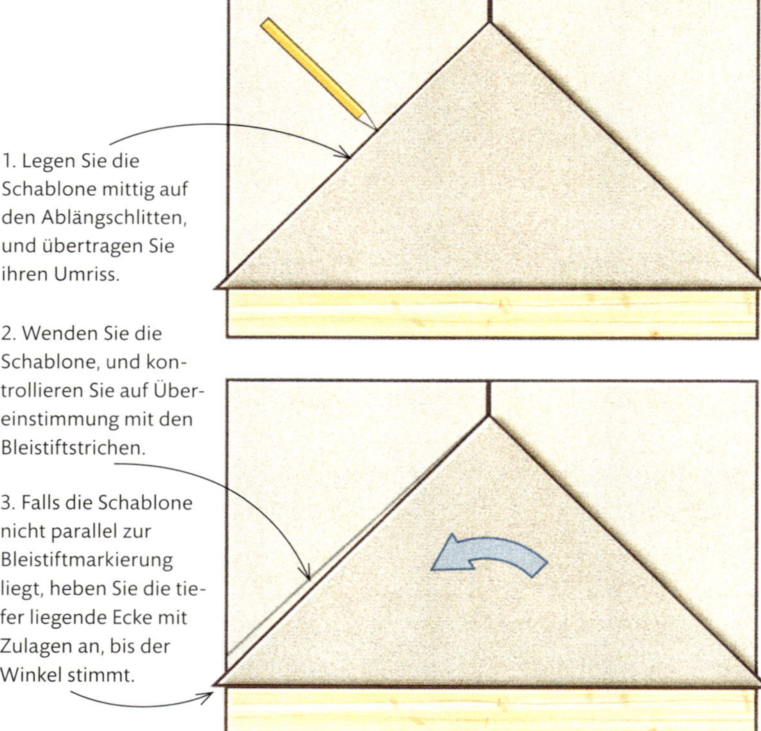

1. Legen Sie die Schablone mittig auf den Ablängschlitten, und übertragen Sie ihren Umriss.

2. Wenden Sie die Schablone, und kontrollieren Sie auf Übereinstimmung mit den Bleistiftstrichen.

3. Falls die Schablone nicht parallel zur Bleistiftmarkierung liegt, heben Sie die tiefer liegende Ecke mit Zulagen an, bis der Winkel stimmt.

2

3

4

DIE VERWENDUNG DER GEHRUNGSSCHABLONE

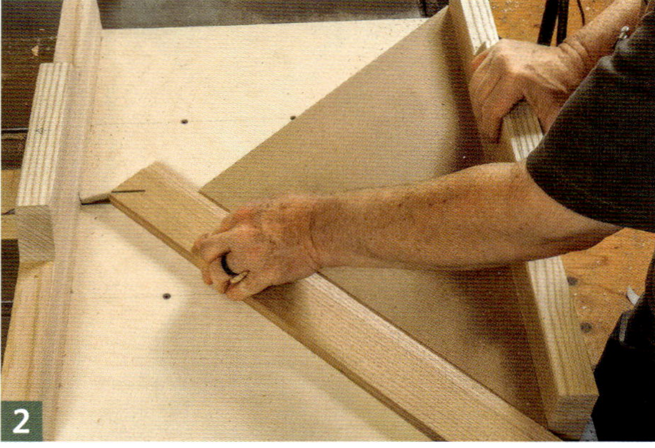

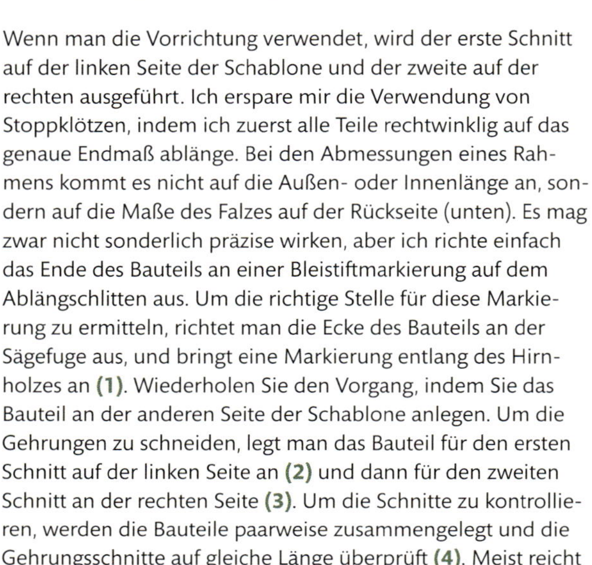

Wenn man die Vorrichtung verwendet, wird der erste Schnitt auf der linken Seite der Schablone und der zweite auf der rechten ausgeführt. Ich erspare mir die Verwendung von Stoppklötzen, indem ich zuerst alle Teile rechtwinklig auf das genaue Endmaß ablänge. Bei den Abmessungen eines Rahmens kommt es nicht auf die Außen- oder Innenlänge an, sondern auf die Maße des Falzes auf der Rückseite (unten). Es mag zwar nicht sonderlich präzise wirken, aber ich richte einfach das Ende des Bauteils an einer Bleistiftmarkierung auf dem Ablängschlitten aus. Um die richtige Stelle für diese Markierung zu ermitteln, richtet man die Ecke des Bauteils an der Sägefuge aus, und bringt eine Markierung entlang des Hirnholzes an **(1)**. Wiederholen Sie den Vorgang, indem Sie das Bauteil an der anderen Seite der Schablone anlegen. Um die Gehrungen zu schneiden, legt man das Bauteil für den ersten Schnitt auf der linken Seite an **(2)** und dann für den zweiten Schnitt an der rechten Seite **(3)**. Um die Schnitte zu kontrollieren, werden die Bauteile paarweise zusammengelegt und die Gehrungsschnitte auf gleiche Länge überprüft **(4)**. Meist reicht ein leichter Schnitt an der Tischkreissäge, um allfällige Korrekturen vorzunehmen.

ERMITTLUNG DER RAHMENGRÖSSE

RESTSTÜCKE SOLLTE MAN FÜR DAS VERLEIMEN BEISEITELEGEN

Wenn Sie sich jemals einen Katalog mit Holzbearbeitungswerkzeugen angesehen haben, wissen Sie vermutlich, dass es viele verschiedene Methoden gibt, um einen Bilderrahmen zu verleimen und ebenso viele Hilfsmittel, um den Rahmen dabei einzuspannen. Ich bezweifele nicht, dass wenigstens manche dieser Produkte wirklich gut funktionieren. Da ich aber nicht sehr häufig Bilderrahmen baue, habe ich bisher keinen Grund gesehen, Geld in eines zu investieren. Allerdings habe ich eine einfache und effektive Methode, bei der man die Reststücke als Verleimzulagen verwendet. Der Schlüssel beim Einspannen liegt darin, senkrecht zur Leimfuge Druck auszuüben. Indem man die dreieckigen Reststücke mit doppelseitigem Klebeband an den Rahmenfriesen befestigt, schafft man sich ideale Ansatzflächen für die Zwingen.

BILDERRAHMEN VERSTÄRKEN

Es ist keine schlechte Idee, einen Bilderrahmen etwas stabiler zu bauen. Dazu gibt es verschiedene Methoden, wobei der größte Unterschied darin besteht, ob man sie vor oder nach dem Verleimen anwendet. Der zweite Faktor ist, ob man möchte, dass sie sichtbar sind oder nicht.

Gehrungen für kleine Schatullen mit dem Hobel anschneiden

Eine einfache Stoßlade ist der Schlüssel, wenn man mit dem Hobel Gehrungen an kleine Bauteile anstoßen möchte. Wenn Sie etwas Material zur Seite legen, kommen Sie nie in Verlegenheit, wenn Sie schnell einen Aufbewahrungsbehälter bauen oder in letzter Minute ein Geschenk herzaubern müssen.

Meine Frau Rachel brauchte eine Schatulle für Nadeln und Fäden, einen Fingerhut und eine kleine Schere. Sie hatte gedroht, eine leere Bonbondose zu verwenden, wenn ich mich nicht beeilte, was natürlich dazu führte, dass ich das Stück ganz oben auf meine Liste setzte. Die Schatulle sollte ihrerseits in einen größeren Behälter passen. Ich hielt es außerdem für eine hübsche Idee, wenn die Schatulle in geöffnetem Zustand genau in ihren eigenen Deckel passte, damit man sie nicht lange suchen müsste, wenn man aufräumte. Das mag sich vielleicht nach etwas strengen Vorgaben für den Entwurf anhören, aber auch wenn ich manchmal meckere, so stelle ich doch meist fest, dass es mir desto leichter fällt, mir etwas einfallen zu lassen, je größer die Zahl der gegebenen Parameter ist. Der vorgesehene Verwendungszweck schrieb sowohl die maximale als auch die minimale Größe vor. Um einen möglichst großen Innenraum zu erhalten, sollten die Wände auch möglichst dünn sein. Und schließlich schloss auch die Tatsache, dass eine vollkommen annehmbare Alternative in Form einer Bonbondose im Hintergrund drohte, den Einsatz zeitaufwendiger Verbindungen aus. Also liefe es auf Gehrungen hinaus. Kleine Bauteile an der Tischkreissäge mit Gehrungen zu versehen, kann schwierig sein und leicht Stress verursachen, aber mit dem Handhobel sind sie schnell angeschnitten. Der Schlüssel liegt darin, die Bauteile sicher zu halten, während man die Gehrung anschneidet. Breite, dünne Bauteile müssen gut abgestützt werden, damit sie sich nicht durchbiegen. Deshalb ist die beste Lösung, das Bauteil flach aufzulegen und den Hobel zu neigen. Eine Stoßlade mit einer im Winkel geschnittenen Anlage erfüllt die Aufgabe gut und ist leicht herzustellen.

DIE SCHATULLE AUF DEN INHALT ABSTIMMEN

Natürlich muss eine Schatulle groß genug sein, um den Inhalt aufnehmen zu können, der für sie vorgesehen ist. Andererseits finde ich es auch wichtig, dass sie nicht zu groß ist. Wenn Gegenstände in einem Kästchen hin und her rollen, weil es zu groß ist, wirken sie eher wie zufällig Anwesende als wie eingeladene Gäste. Aber ein Satz Spielkarten, der genau in eine Schatulle passt, strahlt einen kleinen Hauch von Luxus aus (und bietet sich als schnell herzustellendes und gern empfangenes Geschenk an).

EINE STOSSLADE FÜR GEHRUNGSSCHNITTE AN KLEINEN BAUTEILEN

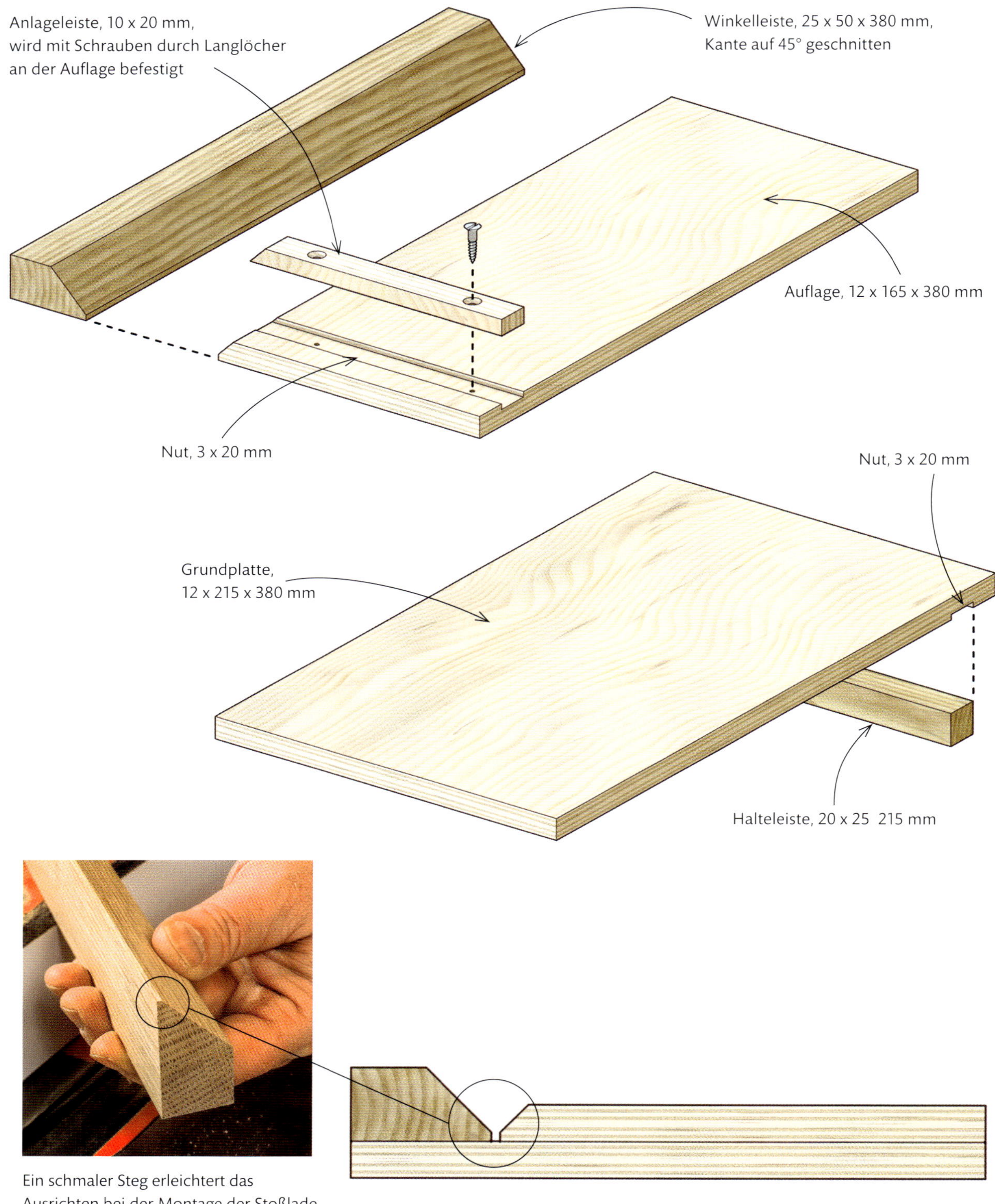

Ein schmaler Steg erleichtert das Ausrichten bei der Montage der Stoßlade.

Diese Vorrichtung mag zwar vielleicht kompliziert aussehen, sie ist aber recht schnell herzustellen. Sie besteht aus einer Grundplatte aus Sperrholz, die auf der Unterseite genutet ist, um eine Halteleiste aufzunehmen. Auf der Grundplatte befindet sich eine Auflage mit einer auf Gehrung geschnittenen Kante und einer flachen Nut als Aufnahme für eine Anlageleiste. Neben der Auflage wird eine Winkelleiste auf der Grundplatte angebracht. Zuerst wird an der Tischkreissäge der Winkel an der Winkelleiste angeschnitten **(1)**. Schneiden Sie auch an der Kante der Auflage den Gehrungswinkel an **(2)**. Lassen Sie an beiden Gehrungsschnitten an der Spitze einen kleinen Steg stehen (siehe gegenüberliegende Seite). Der Steg stellt sicher, dass die Bauteile parallel sind, wenn sie mit Nägeln und Leim an der Grundplatte befestigt werden **(3)**. Die Anlageleiste liegt direkt am Hirnholz an und verhindert so Faserausrisse beim Hobeln. Sie nutzt sich im Laufe der Zeit ab, deswegen befestige ich sie mit Schrauben in Langlöchern, sodass ich sie ab und zu nachschieben kann, um eine frische Schnittfläche zu erhalten **(4)**. Leimen Sie abschließend die Halteleiste in die Nut auf der Unterseite der Grundplatte **(5)**.

EINE KLEINE SCHATULLE AUF GEHRUNG ARBEITEN

Schneiden Sie die Seitenteile des Unterteils und Oberteils der Schatulle auf Endlänge, bevor Sie die Gehrungen anschneiden. Meine Seitenteile sind etwas stärker als 3 mm. Der Deckel und Boden sind mit 2 mm dünner, ich schneide sie auf Übermaß und verputze sie bündig, nachdem ich sie eingeleimt habe. Beginnen Sie mit dem Oberteil. Legen Sie die Seite des Hobels gegen die Winkelleiste und das Bauteil vor dem Hobeleisen dicht an der Hobelsohle an, und führen Sie den Schnitt aus. **(1)** Führen Sie das Material stetig dem Hobel zu. Falls Sie stattdessen den Hobel neigen, damit er weiter ins Bauteil schneidet, wird der Winkel nicht mehr korrekt angeschnitten und der Hobel beschädigt die Stoßlade. Verwenden Sie die verbliebene gerade Kante beim Hobeln als Führung **(2)**. Das Ziel ist ein vollständiger Gehrungsschnitt, ohne das Bauteil zu verkürzen. Behandeln Sie die Innenflächen des Oberteils mit Schellack vor, richten Sie die Bauteile mit einem Lineal aneinander aus, und bringen Sie Klebeband auf der Rückseite auf **(3)**. Geben Sie Leim an die Gehrungsflächen **(4)**, und rollen Sie die Bauteile zu einem offenen Kasten zusammen, den Sie mit dem Klebeband straff zusammenziehen **(5)**. Da der Deckel und Boden dünn sind, können sie direkt an den Seiten angeleimt werden **(6)**. Wenn der Deckel trocken ist, wird er als Schablone verwendet, um die Bauteile des Unterteils auf Maß zu schneiden. Sie sollten dicht, aber noch beweglich in den Deckel passen **(7)**. Vielleicht müssen Sie das Unterteil nachschleifen, wenn es verleimt ist, aber allzu groß sollte das Übermaß nicht sein.

1

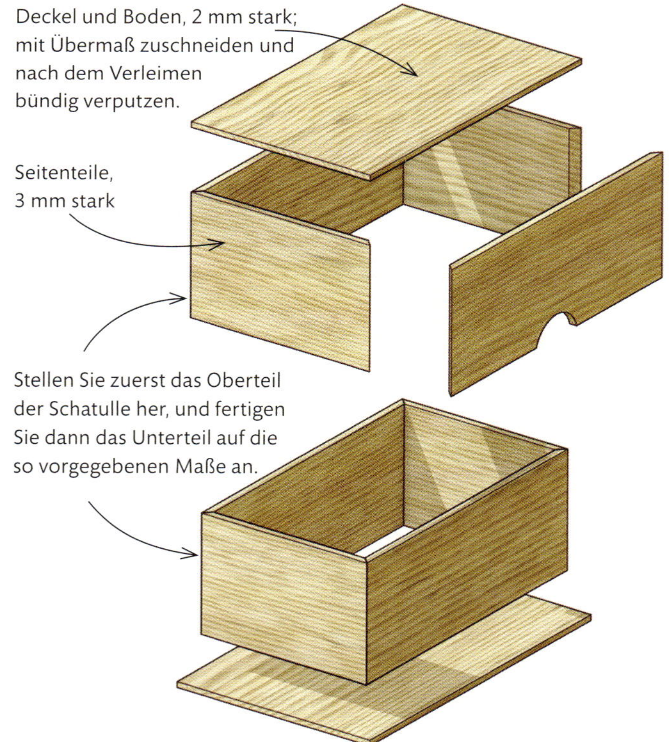

2

3

4

5

6

7

Ein Schlitten, um Kästen an der Tischkreissäge auf Gehrung zu arbeiten

Bei allen Werkstücken außer den kleinsten Schatullen verwende ich die Tischkreissäge, um Gehrungen zu schneiden. Das kommt häufig genug vor, dass ich einen Schlitten für genau diesen Zweck gebaut habe. Ich habe verschiedene Versionen des Schlittens gebaut, und die jetzige leistet mir gute Dienste. Der Schlitten unterscheidet sich nicht sehr von einem typischen Ablängschlitten, aber die Unterschiede sind sehr wichtig. Er hat zwei Stoppklötze, die ich für jede Seite des Kastens einstellen kann. So kann ich zwischen den Stoppklötzen wechseln und erhalte einen rechteckigen Kasten, bei dem sich die Maserung kontinuierlich um alle vier Seiten zieht. Außerdem kann man kleine oder große quadratische Kästen herstellen, indem man nur einen Stoppklotz für alle vier Seiten verwendet. Mit einer einzigen Einstellung kann man also einen Satz Kästen in drei unterschiedlichen Größen herstellen.

Bevor wir uns an die Arbeit machen, möchte ich noch einige Bemerkungen über die Holzauswahl unterbringen. Es gibt die Ansicht, dass die Schatulle wegen der geringen Größe ein gutes Werkstück sei, um Reste zu verwerten. Das mag stimmen, wenn man sich ein schön gemasertes Holzstück beiseitegelegt hat, um es einmal als Deckel für ein Kästchen zu verwenden. Es stimmt aber nicht so ganz, wenn es grundsätzlich um die Bauteile eines Kastens geht. Das Zurichten des Materials für die Seitenteile eines Kastens nimmt vermutlich mehr Zeit und Rohholz in Anspruch, als Sie erwarten würden. Ich würde sogar sagen, dass der Großteil der Zeit, die man für den Bau eines Kastens benötigt, für die Vorbereitung des Materials aufgewendet wird. Deswegen empfehle ich auch, mehr Holz zuzurichten als notwendig, wenn man schon einmal dabei ist. So hat man auch gleich Material zur Hand, falls man mal in letzter Minute ein Geschenk braucht.

EIN KREISSÄGESCHLITTEN FÜR DIE HERSTELLUNG VON SCHATULLEN

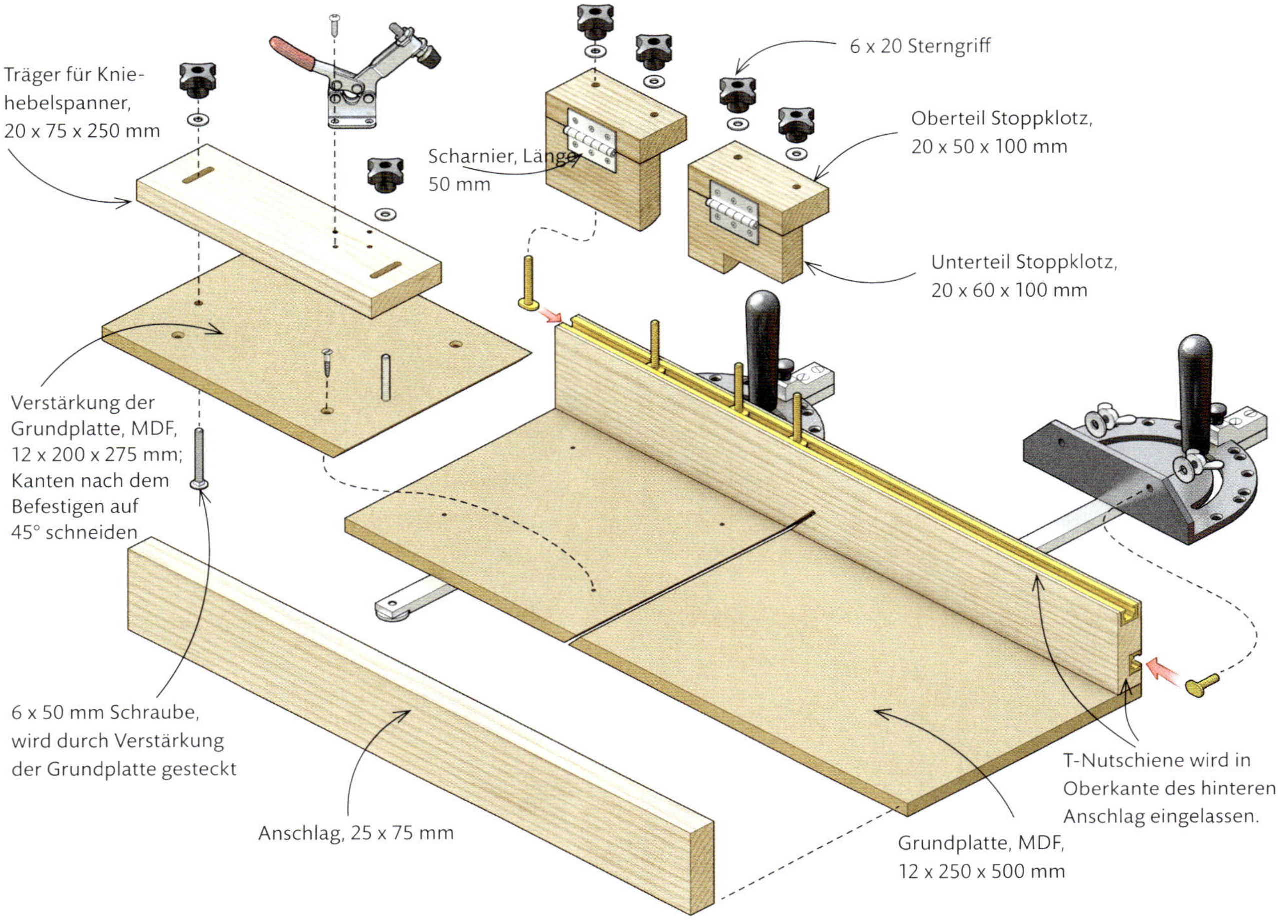

Träger für Kniehebelspanner, 20 x 75 x 250 mm

6 x 20 Sterngriff

Oberteil Stoppklotz, 20 x 50 x 100 mm

Scharnier, Länge 50 mm

Unterteil Stoppklotz, 20 x 60 x 100 mm

Verstärkung der Grundplatte, MDF, 12 x 200 x 275 mm; Kanten nach dem Befestigen auf 45° schneiden

6 x 50 mm Schraube, wird durch Verstärkung der Grundplatte gesteckt

Anschlag, 25 x 75 mm

T-Nutschiene wird in Oberkante des hinteren Anschlag eingelassen.

Grundplatte, MDF, 12 x 250 x 500 mm

Ein auf Gehrung gearbeiteter Kasten ist recht leicht herzustellen, aber wenn man sich nicht die Zeit nimmt, alle Einstellungen richtig vorzunehmen, kann auch vieles schief gehen. Ich habe meine Methode während der vielen Jahre, die ich unterrichte, immer weiter verfeinert und habe inzwischen eine effiziente und präzise Herangehensweise. Der Kern meiner Arbeitsweise ist ein Gehrungsschlitten. Er hält das Material sicher und hat zwei Stoppklötze, mit denen ich alle vier Seiten einer rechteckigen Schachtel zuschneiden kann, ohne Einstellungen ändern zu müssen. Für die Herstellung des Schlittens benötigt man nur eine Handvoll preiswerter Beschläge.

Der Schlitten muss nicht sehr tief sein, aber die Breite sollte ausreichen, um das Material während des gesamten Schnitts abzustützen. Ich befestige die Gehrungsanschläge in T-Nutschienen an der Rückseite des Anschlags, anstatt sie anzuschrauben **(1)**, damit ich den Anschlag seitlich verschieben kann, um eine frische Sägefuge einzuschneiden, nachdem die alte durch mehrfache Schnitte verbreitert worden ist. Eine dicht am Blatt anliegende Sägefuge verringert Faserausrisse, wenn man die Gehrungen anschneidet. Auf der Oberseite des Anschlags befindet sich eine weitere T-Nutschiene, um die Stoppklötze leichter verstellen zu können. Die T-Nutschienen werden in Nuten angebracht, die man auf der Oberseite und der Rückseite des Anschlags einfräst. Oben wird eine durchgehende T-Nutschiene angebracht, aber an

1

2

3

4

der Rückseite verwendet man ein Paar kürzerer Schienen, damit die Umgebung des Sägeblatts frei bleibt.

Ein wichtiges Merkmal des Schlittens ist die unterschiedliche Höhe der beiden Grundplattenhälften. Ich schraube ein Stück MDF an einer Seite der Grundplatte an, damit sie höher ist als die andere. So kann beim Anschneiden der Gehrung der Verschnitt vom Sägeblatt wegfallen, anstatt sich darunter zu verfangen. Mein Sägeblatt wird nach rechts geneigt, also habe ich das Stück MDF rechts vom Blatt angebracht.

Wenn der Schlitten auf den Gehrungsanschlägen angebracht ist, neigt man das Blatt auf 45°, lässt es geringfügig über die Grundplatte hinausragen, und macht einen Schnitt. Dann bringt man den Verstärkungsteil an der Grundplatte an, der so abgemessen sein sollte, dass er die Hälfte der Grundplatte bedeckt und etwas über die Sägefuge hinausragt. Bevor man ihn anschraubt, bohrt man Löcher für die Befestigungsschrauben, mit denen der Träger für den Kniehebelspanner angebracht wird, und versenkt die Bohrlöcher auf der Unterseite, um Platz für die Schraubenköpfe zu schaffen **(2 und 3)**. Heben Sie dann als nächstes das Sägeblatt an, und schneiden den verstärkten Grundplattenteil bündig mit der Sägefuge **(4)**.

Die beiden Stoppklötze bestehen jeweils aus zwei Holzklötzen, die durch Scharniere miteinander verbunden sind. Der obere Teil hat Bohrlöcher für Schrauben, mit denen es in der T-Nutschiene befestigt wird **(5)**. Der schwenkbare Teil des Stoppklotzes ist an der unteren Innenecke angeschrägt, um das Anheben zu ermöglichen.

Ich habe zusätzlich einen Kniehebelspanner angebracht, um das Material zu halten und dafür zu sorgen, dass man nicht mit den Fingern in die Nähe des Sägeblatts gerät. Der Kniehebelspanner wird mit Schrauben auf einem verstellbaren Träger befestigt, der wiederum durch Langlöcher auf dem verstärkten Teil der Grundplatte angeschraubt ist. Dadurch kann man Bauteile unterschiedlicher Breite in dem Schlitten bearbeiten. Um den Anschlag einzustellen, fährt man ihn dicht an das Bauteil heran und zieht die Sterngriffe an.

5

EIN AUF GEHRUNG GEARBEITETER KASTEN – SCHNELL UND PRÄZISE HERGESTELLT

Schneiden Sie an einem Rohling, der lang genug ist, um alle vier Kastenseiten aus ihm anzufertigen, alle gegebenenfalls nötigen Fälze und Nuten an. Ich schleife auch gleich die Innenseite und trage schnell eine Schicht Schellack auf. Diese Grundierung sorgt auch dafür, dass eventuell austretender überschüssiger Leim nicht haftet. Legen Sie den Rohling in den Schlitten, und bringen Sie den Träger mit dem Kniehebelspanner dicht heran, damit die Kastenteile sich während des Schnitts nicht drehen. Spannen Sie das Material fest, und schneiden Sie an einem Ende eine Gehrung an **(1)**. Drehen Sie dann das Bauteil, und legen Sie das auf Gehrung geschnittene Ende an den entfernten Stoppklotz, um mit einem zweiten Schnitt das erste Seitenteil fertigzustellen **(2)**. Schneiden Sie eine neue Gehrung an das Ende des Materials **(3)** und wiederholen Sie den Vorgang, indem Sie das Material am näheren Stoppklotz anlegen und eine zweite Gehrung anschneiden **(4)**. Indem Sie auf diese Weise abwechselnd eine lange und eine kurze Seite des Kastens zuschneiden, erhalten Sie ein durchgehendes Maserbild an allen vier Seiten.

1

Die erhöhte Grundplatte sorgt dafür, dass der Verschnitt nach unten und vom Sägeblatt weg fällt.

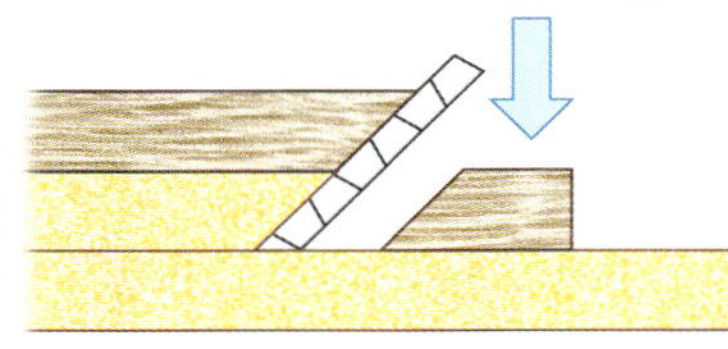

Markieren Sie den Rohling so, dass Sie beim Verleimen des Kastens den Verlauf der Maserung wiedererkennen.

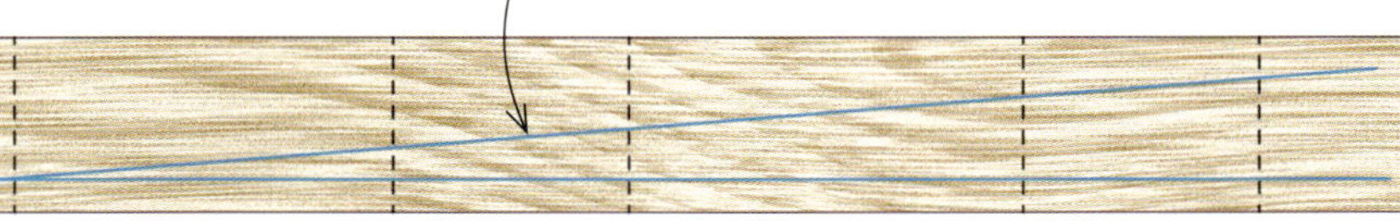

Die beiden Stoppklötze erlauben es, ohne Einstellarbeiten abwechselnd kurze und lange Kastenseiten zuzuschneiden, sodass sich das Maserbild von einer Kastenseite zur nächsten fortsetzt.

DEN WINKEL PERFEKT EINSTELLEN

Am besten lässt sich die richtige Einstellung des Sägeblatts überprüfen, indem man an einem Probestück Gehrungen anschneidet und sie mit Klebeband zusammenklebt. Dadurch wird jeder Fehler in der Einstellung vervierfacht und Lücken in den Gehrungen werden deutlich sichtbar. Verstellen Sie die Neigung des Sägeblatts, bis alle vier Ecken dicht schließen. Dann kann es losgehen.

Drei Kästen mit einer einzigen Einstellung. Wenn Sie die Stoppklötze für einen rechteckigen Kasten einstellen, können Sie auch noch paarweise kurze und lange Seiten schneiden, um einen kleinen und einen großen quadratischen Kasten zu erhalten. Das kann nützlich sein, wenn man vorhat, Kästen in Kleinserien herzustellen.

DEKORATIVE DECKELGESTALTUNGEN FÜR EINEN EINFACHEN KASTEN

Es mag zuerst nicht offensichtlich sein, aber die Methode, mit welcher der Deckel und der Boden an einem Kasten angebracht werden, trägt wesentlich zur Gestaltung bei. Diese Entscheidungen bestimmen, wie der Kasten aussieht, wie leicht er herzustellen ist und wie lange er halten wird, ohne dass das Holz reißt oder die Verbindungen aus dem Leim gehen. Der letzte Faktor wird dadurch bestimmt, wie gut Sie das Arbeiten des Holzes bei der Gestaltung des Kastens berücksichtigen. Sie können zwar bei einer kleinen Schatulle einen sehr dünnen Deckel einfach anleimen (siehe Seite 174), aber wenn Sie das bei einem größeren Kasten mit einem dickeren Deckel probieren, bekommen Sie unweigerlich Ärger. Man kann diese Probleme vermeiden, wenn man mit Sperrholz arbeitet, aber bei Vollholz müssen Sie den Deckel (und Boden) so anbringen, dass er sicher hält, das Holz aber dennoch schwinden und quellen kann.

Ein EINGESCHOBENER DECKEL, bei dem ein Falz an den Kanten einen Spund schafft, der in eine Nut in den Seiten greift, ist eine einfache Lösung. Bei dieser Verbindung sind die Seitenteile neben dem Deckel in voller Stärke sichtbar. Deswegen ist es wichtig, das Material so dünn wie möglich zuzurichten, um ein klobiges Aussehen zu vermeiden. Eine Stärke von 7 mm bis 10 mm sieht bei einer kleineren Schatulle besser aus als 12 mm starke Seiten. Außerdem gibt es eine sichtbare Fuge zwischen dem hochstehenden Teil des Deckels und den Seitenteilen. Die Fuge ist zwar nur an zwei Seiten konstruktiv notwendig, aber ich schneide sie gleichmäßig an allen Seiten an, damit sie wie ein beabsichtigtes Gestaltungsmerkmal aussieht.

Ein ÜBERSCHLAGENDER DECKEL hat einige Vorteile, wenn man ein saubereres Aussehen anstrebt. In diesem Fall hat der Deckel an allen Kanten eine Nut, die in eine Nut in den Seitenteilen greift, sodass der Deckel die Oberkanten des Kastens ganz oder teilweise abdeckt. Da nur ein Teil der Deckelstärke zu sehen ist, wirkt der Deckel dünn, hat aber die Belastbarkeit eines dickeren. Dieser Deckel ist arbeitsaufwendiger als der eingeschobene, aber die Arbeit lohnt sich, wenn man damit das angestrebte Aussehen erreicht.

Ein EINGELEGTER DECKEL ist die dritte Möglichkeit. Eine Füllung, die dicht in einen Falz an den Oberkanten der Seiten passt, ist eine saubere Lösung für einen Kastendeckel. Eine Füllung aus Vollholz würde bei dieser Option nicht funktionieren, weil man Platz für das Arbeiten des Holzes lassen müsste. Eine Lösung besteht darin, eine maßstabile Füllung zu verwenden, etwa ein furniertes Stück Sperrholz oder MDF. Ich verwende gerne ein Kumiko als Füllung, also ein Stück japanisches Gitterwerk, das man genau auf Maß anfertigen kann, ohne sich über das Arbeiten des Holzes Gedanken machen zu müssen. Eine Variante der eingelegten Füllung wäre ein abnehmbarer Deckel, der ausgefälzt ist, um in den Kasten zu passen. In diesem Fall wäre auch eine Vollholzfüllung kein Problem.

EIN EINGESCHOBENER DECKEL

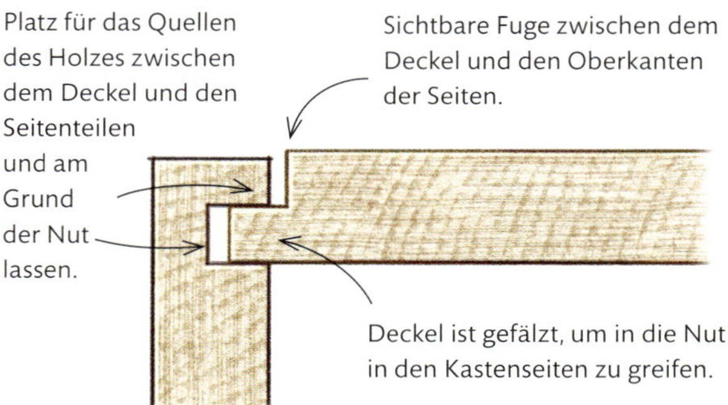

EIN ÜBERSCHLAGENDER DECKEL

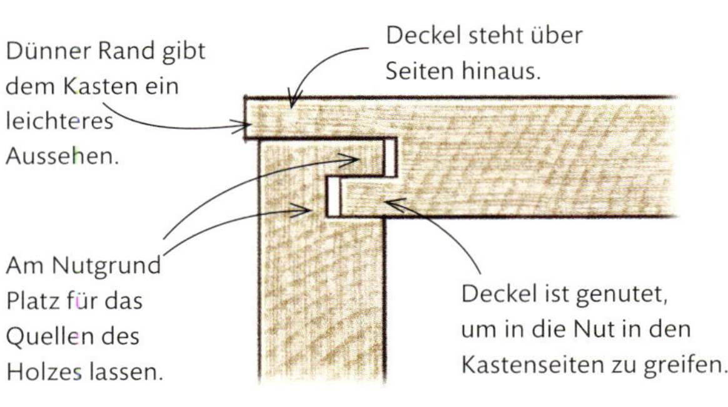

EIN EINGELEGTER DECKEL

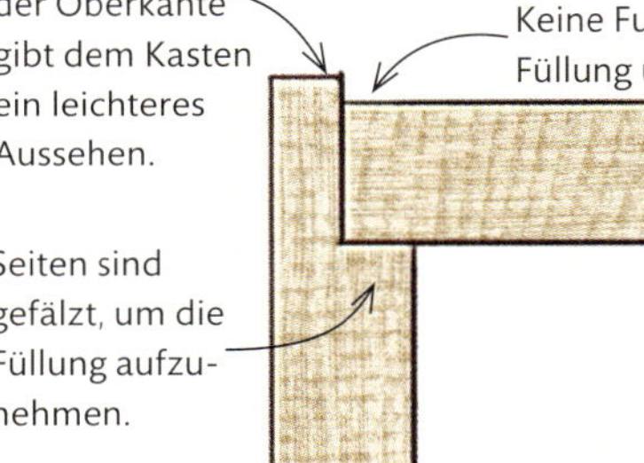

Deckel ist ausgefälzt, um über die Seiten hinauszuragen, und kann abgehoben werden.

VARIANTE

EIN SCHLITTEN FÜR ECKFEDERN

Die Vorrichtungen, die ich baue, haben ein gemeinsames Merkmal: Sie sind meist schnell und einfach herzustellen. Diese Schlitten bildet keine Ausnahme. Um einen Schlitz für eine Feder zu schneiden, muss man den Kasten im Winkel von 45° halten, während man ihn über das Sägeblatt führt. Man kann dieses Ziel auf unterschiedliche Weise erreichen. Dieser Schlitten besteht aus einer V-förmigen Auflage, die zwischen zwei Läufern angebracht ist, damit sie in den Tischnuten der Tischkreissäge verschoben werden kann. Um die V-Auflage herzustellen, legt man die Schienen in die Tischnuten ein, und schneidet die beiden Hälften so zu, dass sie dazwischen passen **(1)**. Leimen Sie die Auflagehälften zusammen, kontrollieren Sie, dass sie rechtwinklig aufeinander stehen **(2)**, und schneiden Sie eine Gehrung an der Ecke an, wo sie aufeinandertreffen **(3)**. Dadurch wird eine Kontaktfläche geschaffen, sodass man die V-Auflage im richtigen Winkel hält, wenn man die Läufer befestigt. Am leichtesten ist es, die Teile beim Verleimen aneinander auszurichten, wenn man die Tischkreissäge selbst zu Hilfe nimmt. Stecken Sie die Läufer wieder in die Tischnuten, geben Sie Leim an die Kanten der V-Auflage, legen Sie sie zwischen die Läufer, und setzen Sie Zwingen an **(4)**.

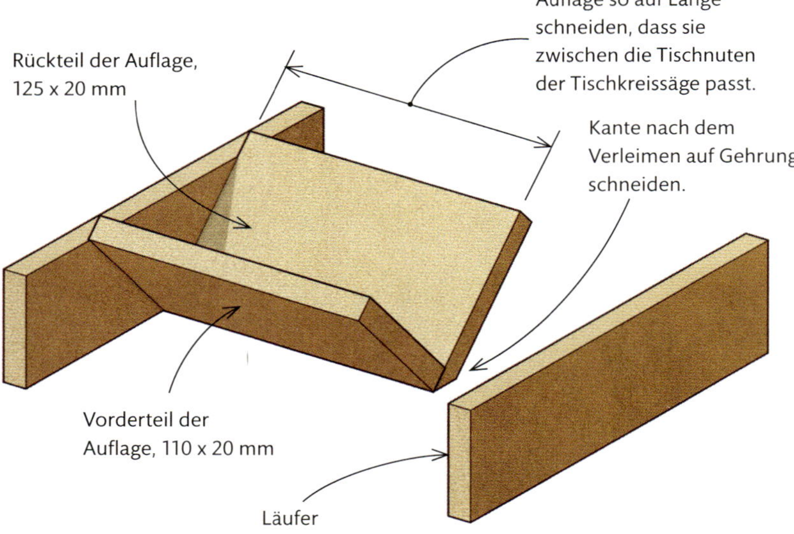

4

DIE FEDERN EINLEIMEN UND DEN DECKEL ABSÄGEN

Das Einleimen der Federn muss nicht übermäßig ordentlich vor sich gehen. Ich gehe von 12 mm breiten Streifen aus, die ich in der Stärke auf eine gute Passung zugeschnitten habe, und schneide sie dann zu Dreiecken mit Übermaß zu. Ich mache mir beim Einleimen in diesem Fall auch im Gegensatz zu sonst keine Gedanken über austretenden Leim **(1)**. Falls die Federn zu weit herausragen, schneide ich sie an der Bandsäge etwas ab, bevor ich sie an der Bandschleifmaschine bündig schleife und dabei auch gleich angetrocknete Leimreste beseitige. Man kann die Federn auch mit dem Hirnholzhobel verputzen, muss dabei jedoch darauf achten, von den Ecken nach innen zu hobeln, damit die Spitzen der Federn nicht beschädigt werden. Ich schneide den Deckel an der Bandsäge ab **(2)**. Mit einem scharfen Sägeblatt und mit langsamem Vorschub sollte man eine glatte Sägefläche erhalten, die nicht sehr aufwendig versäubert werden muss. Um einen perfekten Sitz des Deckels auf dem Unterteil zu erhalten, klebe ich Schleifpapier auf eine ebene Fläche und schleife darauf die Kanten, wo sie aufeinander treffen **(3)**. Das ist sehr viel einfacher, als irgendwelchen Lücken nachzujagen, indem man immer eine Seite nach der anderen schleift. Um Schleifspuren quer zu Holzfaser gering zu halten, schleife ich mit leichtem Druck und kreisenden Bewegungen in diagonaler Richtung. Die Außenfläche des Kastens bearbeite ich dann zuerst mit Schellack, gefolgt von Stahlwolle und Wachs. Tragen Sie auf der Innenseite kein Wachs auf, der Geruch hält sich sehr lange.

1

2

3

EIN AUF GEHRUNG GEARBEITETES FUTTER

Eine einfache Methode, den Deckel am Unterteil auszurichten, besteht darin, ein auf Gehrung gearbeitetes Futter anzubringen. Ich stelle die Teile des Futters auf die gleiche Weise her wie für den kleinen Kasten auf Seite 170, und passe die Maße jedes Teils auf den Kasten ab **(1)** Falls die Passung zu eng ist, kann es schwierig sein, die Futterteile wieder aus dem Kasten herauszuziehen, und man gerät in Versuchung, sie im Kasten zu lassen. Allerdings habe ich festgestellt, dass sich die Gehrungen über kurz oder lang öffnen, und ich glaube, es lohnt sich, sie herauszunehmen, zu grundieren und zusammenzuleimen **(2)**. Dann kann man das Futter so schleifen, dass es passt. Behandeln Sie die Außenfläche des Futters, wo es über die Kastenseiten hinausragt **(3)**. Bei einem Futter mit Unterteilungen schneide ich flache Nuten in die Bauteile. Hobeln Sie erst die durchgehende Trennwand auf Länge **(4)**, und passen Sie dann die beiden anderen Trennwände zusammen ein, damit sich die lange Trennwand nicht durchbiegt **(5 und 6)**. Eine andere Methode, die ich in *Wie wir Möbel bauen und warum* vorstelle, besteht darin, V-Nuten einzuschneiden und die Enden der Trennwände entsprechend auf Gehrung zu schneiden.

Ein Winkelbrett für Gehrungen am Korpus

Eine Eckverbindung auf Gehrung ist bei Sperrholz belastbarer als bei Vollholz. Das liegt daran, dass die abwechselnden Furnierlagen des Sperrholzes eine recht große Langholzleimfläche in der Verbindung bieten. Einen Beweis liefern die auf Gehrung gearbeiteten Korpusse dieser Wohnwand von Anissa Kapsales, einer guten Freundin und großartigen Holzwerkerin. Sie hat die 12 mm starken Rückwände aus Sperrholz eingeleimt, um die Verbindungen zu verstärken, hat aber in den Gehrungen selbst keine Federn oder lose Zapfen verwendet.

Eine Eckverbindung auf Gehrung als Korpusverbindung mag zwar ein einfaches Konzept sein, aber sie kann beim Anschneiden auch große Probleme bereiten. Die Bauteile sind meist groß und nicht immer eben, sodass es schnell zu Ungenauigkeiten beim Gehrungsschnitt kommt. Die andere Herausforderung liegt darin, eine Methode zu finden, um den Korpus zu verleimen. Bob Van Dyke, ein anderer meiner Freunde und Mentoren (es ist gut, Freunde zu haben, die Holzwerker sind) hat eine Methode entwickelt, die sowohl das Anschneiden der Gehrung als auch das Verleimen des Korpus zu einer schnellen und präzisen Arbeit macht. Ohne sein Verfahren wäre ich heute verloren. Der Schlüssel liegt in einer Zulage, die beim Sägen als Führung an einem Winkelbrett entlanggeführt wird und später beim Verleimen als Ansatzfläche für die Zwingen dient.

EINE VERLEIMZULAGE ALS FÜHRUNG BEIM SÄGEN

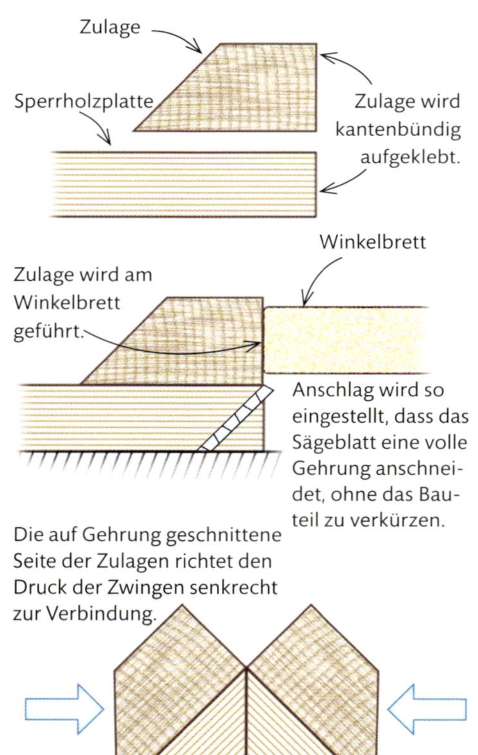

Schneiden Sie zuerst alle Seitenteile auf Endlänge. Befestigen Sie dann eine Zulage mit doppelseitigem Klebeband kantenbündig an dem Bauteil, das auf Gehrung geschnitten werden soll **(1)**. Neigen Sie das Sägeblatt auf 45°, und stellen Sie ein Winkelbrett so ein, dass das Sägeblatt eine volle Gehrung an der Kante des Bauteils anschneidet, ohne diese zu verkürzen. Legen Sie die Zulage als Führung gegen das Winkelbrett, während Sie die Gehrung anschneiden. Ein Schiebebrett dient dazu, das Bauteil flach auf den Kreissägetisch zu drücken **(2)**. Lassen Sie die Zulagen an Ort und Stelle, um sie später als Verleimzulagen zu verwenden, sodass die Zwingen senkrecht zur Gehrung Druck ausüben **(3)**.

2

3

Formgebung

Wenn man an die äußere Form eines Möbelstücks denkt, fallen einem vielleicht zuerst die geschwungenen Kurven eines Schaukelstuhls von Sam Maloof ein, aber auch etwas so Unscheinbares wie eine kleine Fase kann sich auf das Aussehen und die Haptik einen Möbels auswirken. Es sind oft subtile Details wie ein leicht verjüngtes Bein oder der leichte Bogen einer Traverse, die zusammenwirken und einem Stück Persönlichkeit verleihen. Dann gibt es natürlich auch noch die offensichtliche Wirkung von dramatischen Kurven und Formen, die das Wesen eines Möbelstücks in etwas verwandeln, das schon bildhauerische Elemente annimmt. Ob wir nun aufmerksamkeitserregende Schweifungen oder kaum bemerkbare Details einsetzen, wir haben wirksame Mittel zur Hand, wenn es darum geht, unsere Möbel zum Leben zu erwecken. Sich mit verschiedenen Techniken vertraut zu machen und sie häufig genug zu verwenden, dass man ihre Wirkung auf ein Stück abschätzen kann, sind Schlüssel zu einem Entwurf, der sich einem Ziel unterwirft und zur Fähigkeit, dieses Ziel auch zu erreichen.

Wenn es um subtile Formgebung und raffinierte Details geht, ist der Hirnholzhobel unschlagbar. Dieses schlichte Werkzeug ist eine mächtige Ergänzung des Gestaltungsrepertoires. Es gibt drei grundlegende Methoden, um geschwungene Bauteile herzustellen: sägen, laminieren und biegen. Bauteile mit Kurven aus rechtwinkligen Rohlingen zu schneiden, die erste Option, hat den Vorteil, dass man Verbindungen anschneiden kann, so lange die Rohlinge noch rechtwinklig sind. Ein Nachteil liegt darin, dass die Holzfasern nicht unbedingt in Richtung der Kurven verlaufen. Zudem können enge Radien zu ‚kurzem Holz' führen, wodurch das Werkstück geschwächt werden kann.

Bei der Herstellung von gebogenen Bauteilen durch Laminieren, der zweiten Option, werden dünne Materiallagen miteinander verleimt, während sie auf eine gebogene Form gespannt sind. Hier liegt der Vorteil darin, dass die Holzfasern der Krümmung folgen, was nicht nur gut aussieht, sondern auch belastbare Bauteile und eine vorhersagbare Krümmung ergibt. Und man kann fast jedes Holz für dieses Verfahren verwenden. Der Nachteil besteht darin, dass es sichtbare Leimfugen an den Kanten der Bauteil geben kann oder an Stellen, an denen man später in die Laminate einschneidet.

Bei der dritten Methode, gebogene Bauteile herzustellen, werden die Rohlinge dampfgebogen, also zuerst in einer abgeschlossenen Kammer durch Wasserdampf erhitzt und dann um eine Form gebogen, während sie trocknen. Es ist eine schnelle und vielseitige Methode, geschwungene Bauteile herzustellen, allerdings funktioniert sie nur bei einer kleinen Auswahl an Holzsorten wirklich gut, und auch dann besteht das Risiko, dass Bauteile während des Biegens brechen.

Insgesamt ergeben diese drei Techniken eine mächtige Auswahl zur Hand, um den eigenen Möbeln Originalität zu verleihen.

Detailarbeit mit dem Hirnholzhobel

Der Hirnholzhobel ist vermutlich das Handwerkzeug, das am wenigsten Ängste auslöst, aber vielleicht auch am wenigsten freudige Erregung. Auch wenn wir noch nicht so weit sind, mit einem Putzhobel hauchdünnen Späne abzuheben, so ist die Wahrscheinlichkeit doch hoch, dass wir die Kanten eines Brettes mit dem Hirnholzhobel brechen, ohne auch nur weiter darüber nachzudenken. Falls das jedoch alle Aufmerksamkeit ist, die Sie Ihrem Hirnholzhobel widmen, dann lassen Sie vermutlich auch einige der Fähigkeiten außer Acht, die ihn zu einem der wichtigsten Gestaltungswerkzeuge in Ihrem Werkzeugkasten machen.

Größere und längere Hobel erledigen zwar Aufgaben wie das Abrichten oder Verputzen sehr gut, aber der Hirnholzhobel brilliert, wenn es um die Formgebung geht. Die Fase, die wir an der Kante eines Bretts anschneiden, verändert die Geometrie dieses Bretts. Und darin liegt die Macht dieses kleinen Hobels als Gestaltungswerkzeug. Es sind die Entwurfsdetails, die ein Möbelstück zum Leben erwecken, und diese Details sind oft am besten mit dem Hirnholzhobel anzuarbeiten. Er ist hervorragend geeignet, wenn es darum geht, einfache Aufgaben wie das Brechen einer Kante zu bewältigen, aber er kann auch Abrundungen und Halbstabprofile anschneiden. Er kann das Aussehen von Bauteilen verändern, indem er sie dünner oder dicker aussehen lässt. Er kann einen Bogen betonen oder sogar eine gerade Kante wie gebogen aussehen lassen. Man kann mit dem Hirnholzhobel Schattenlinien um Türen und Schubladen gestalten, und mit nur wenigen Hobelstößen kann man Kanten schaffen, die angenehm zu berühren sind. Diese subtilen Veränderungen können sich stark auf das Niveau Ihrer Arbeit auswirken, und sie bieten Ihnen eine größere Kontrolle über das Endprodukt.

Auch wenn es nur darum geht, eine scharfe Kante zu brechen, macht ein Hirnholzhobel einen großen Unterschied. Die Aufgabe lässt sich zwar auch mit Schleifpapier schnell erledigen, aber so erhält man eine abgerundete Kante, während der Hirnholzhobel eher eine flache Fase anschneidet. Der Unterschied zwischen den beiden Formen wird sichtbar, wenn Licht auf die Kante fällt. Eine Rundung sieht weicher aus, weil das Licht zerstreut wird, wenn es auf die gerundete Fläche fällt. Im Gegensatz dazu wird das Licht gleichmäßig von der Fläche der angehobelten Fase reflektiert, sodass ein klares Glanzlicht oder eine Schattenlinie entsteht. Der Unterschied mag zwar subtil sein, aber wenn man die Wirkung mit der Zahl der Kanten an einem Werkstück multipliziert, ergeben saubere Fasen insgesamt einen klareren Eindruck. Eine abgerundete Kante ist nicht zu beanstanden, wenn das die Wirkung ist, die Sie anstreben. Aber die Fähigkeit, eine klare Kante anzuschneiden, gibt Ihnen eine Wahlmöglichkeit... und damit mehr Kontrolle über die Gestaltung Ihrer Arbeit.

Je breiter Sie die Fase schneiden, desto stärker wirkt sie sich auf das Aussehen eines Stücks aus. Und die Lage der Fase entscheidet, welche Wirkung Sie mit ihr erreichen. Eine Tischplatte ist ein gutes Beispiel. Wenn man die

SCHLEIFEN ODER HOBELN?

Dies ist ein gutes Beispiel dafür, dass kleine Details sich summieren und dann eine große Wirkung auf ein Stück ausüben können. Es ist recht einfach, eine scharfe Kante mit Schleifpapier zu brechen **(1)**. Das macht die Kante nicht nur berührungsfreundlicher, sondern gibt dem Ganzen auch ein weicheres Aussehen **(2)**. Schneidet man mit dem Hirnholzhobel eine schmale Fase an, ist die scharfe Kante ebenfalls beseitigt **(3)**, aber die so entstandene Facette reflektiert das Licht und ergibt ein klareres Aussehen **(4)**. So ist das erst einmal nur ein subtiler Unterschied. Wenn man ihn jedoch mit dem vielen Kanten multipliziert, die sich an jedem Werkstück finden, kann es Ihre Arbeit präzise und geordnet aussehen lassen.

DAS AUSSEHEN DURCH EINE FASE VERÄNDERN

Jede Fase, schon eine schmale, kann das Aussehen eines Werkstücks beeinflussen. Wenn sie breit ist, dann ist die Wirkung noch stärker. Bei der Schmalseite einer Tischplatte kann man eine breite Fase einsetzen, um die Tischplatte dünner wirken zu lassen, oder sie sogar stärker aussehen lassen. Man kann diese Unterschiede in der Wirkung erreichen, weil man eine Tischplatte meist von oben betrachtet; und indem man das verändert, was der Betrachter sieht, wenn er von oberhalb auf die Tischplatte blickt, verändert man auch die Art, wie er sie wahrnimmt. Die Schmalseite einer Platte ohne Fase sieht so dick aus, wie sie wirklich ist. Wenn man an der Unterkante eine breite Fase anschneidet, ist nur ein Teil der Schmalseite zu sehen, und die Tischplatte wirkt dünner. Umgekehrt führt eine breite Fase an der oberen Kante dazu, dass die Platte dicker wirkt, als sie es ist, weil das Auge die breite Fase und die Schmalseite als eine Einheit wahrnimmt.

Optische Breite der Schmalseite bei Betrachtung von oben.

KEINE FASE

Eine nicht angefaste Kante vermittelt eine genaue Vorstellung der wirklichen Stärke.

FASE AN DER UNTERKANTE

Nur ein Teil der Schmalseite ist zu sehen, die Tischplatte wirkt dünner.

FASE AN DER OBERKANTE

Die breite Fase vergrößert die optische Breite der Schmalseite, sodass der Eindruck einer dickeren Tischplatte entsteht.

Kante anfast, kann das die Tischplatte dünner oder dicker wirken lassen. Da man eine Tischplatte von oben betrachtet, sorgt eine breite Fase an ihrer Unterkante dafür, dass die Platte dünner aussieht. Dagegen vergrößert eine breite Fase an der Oberkante die optische Stärke der Kante und lässt sie dicker wirken. Das liegt daran, dass unser Auge die Breite der Fase und die Stärke der Kante berücksichtigt, und diese Summe ist größer als die Breite einer rechtwinkligen Kante ohne Fase.

Obwohl ich meist Fasen anschneide, die auf ganzer Länge gleichbleibend breit sind, kann eine Fase mit absichtlich variierender Breite manchmal auch Vorteile haben. Wenn ein Möbelbein, das sich nach unten verjüngt, etwas zu schwer aussieht, kann man mit einer Fase an der Innenkante, die nach unten hin breiter wird, das Aussehen leichter werden lassen. Alternativ kann man bei einem geraden Bein auch eine Fase anschneiden, die sich nach oben hin verbreitert, Dadurch wirkt das obere Ende des Beins leichter, während die optische Schwere am unteren Ende erhalten bleibt, sodass das Stück stärker ‚geerdet' aussieht. Der Schlüssel beim Anschneiden einer verjüngten Fase liegt darin, unterschiedlich lange Schnitte mit dem Hirnholzhobel auszuführen. Man beginnt mit einem kurzen Schnitt am breiteren Ende der Fase und macht zunehmend längere Schnitte, bis man die Fase schließlich in ganzer Länge hobelt. Dadurch erhält man eine gleichmäßige Verjüngung über die Länge des Bauteils. Falls die Fase nicht breit genug ist, wiederholt man den Vorgang.

Eine Fase, die sich zu beiden Enden hin verjüngt, lässt sich genauso leicht anschneiden wie eine einfache Fase. Das ist eine nützliche Methode, um geschwungene Bauteile nachzuarbeiten. Falls die Kurve an einer Zarge mit gebogener Unterkante zum Beispiel zu flach

EINE VERJÜNGTE FASE MIT UNTERSCHIEDLICH LANGEN HOBELSTÖSSEN ANSCHNEIDEN

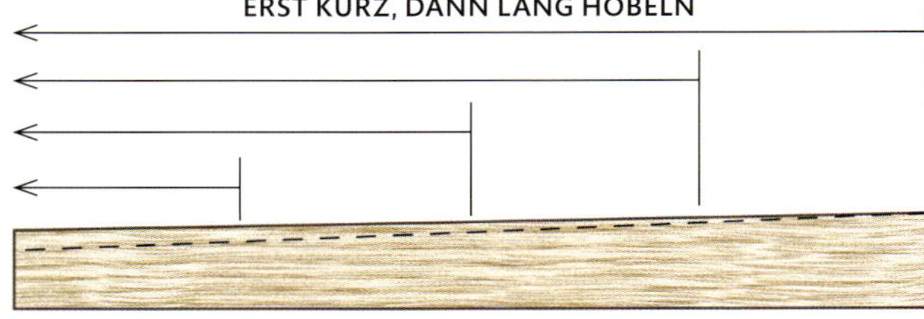

Meist wird man eine gleichmäßig breite Fase anstreben, aber eine verjüngte Fase kann eingesetzt werden, um das Aussehen eines Bauteils zu verändern, indem man seine optische Breite verändert. Ein Tischbein ist ein gutes Beispiel. Wenn Sie Verjüngungen an Ihre Tischbeine angeschnitten haben und das Aussehen etwas klobiger ist, als Sie es erwartet hatten, können Sie das mit einer Fase korrigieren, die zum unteren Ende des Beins hin breiter wird. Der Schlüssel für das Anschneiden einer verjüngten Fase liegt darin, die Länge der Hobelstöße allmählich zu vergrößern. Beginnen Sie mit kurzen Stößen, nehmen Sie dann längere, und verlängern Sie die Stöße gleichmäßig weiter, bis Sie über die gesamte Länge hobeln. Um die Fasentiefe zu vergrößern, wiederholen Sie den Vorgang.

ausgefallen ist, kann man eine Fase anschneiden, die in der Mitte breiter ist als den Enden, und so die Wirkung der Kurve betonen.

Um eine beidseitig verjüngte Fase anzuschneiden, führt man zuerst einen kurzen Schnitt in der Mitte der Kurve aus. Dann folgen immer länger werdende Schnitte, die ebenfalls von der Mitte der Kurve ausgehen. Indem man den Hirnholzhobel schräg führt, kann man die Innenseite der meisten flachen Kurven hobeln. Bei engeren Krümmungen kann man einen Schabhobel auf die gleiche Weise einsetzen.

Manchmal kann auch eine sich asymmetrisch verjüngende Fase nützlich sein. Beim Bau eines Schrankes mit Untergestell, dessen Beine unten nach außen ausgestellt waren, wollte ich den Beinen oben eine optisch schlankere Taille geben. Um das zu erreichen, schnitt ich eine zweiseitig verjüngte Fase an, deren breiteste Stelle in der Nähe der oberen Beinenden lag. In diesem Fall nahm ich nicht gleichmäßig lange Schnitte von jeder Seite der breitesten Stelle aus ab, sondern teilte die Strecke oberhalb dieser Mittelstelle in vier Teile und die Strecke unterhalb in vier gleichlange Teile. Die Teilstrecken oberhalb der Mitte waren sehr viel kürzer als die darunter. So entstand oben am Bein das Aussehen einer starken Krümmung, und unten wirkte die Kurve sehr viel länger und flacher.

Obwohl man bei runden Profilen vielleicht zuerst an die Oberfräse denkt, ist der Hirnholzhobel meines

BÖGEN DURCH BEIDSEITIGE VERJÜNGUNGEN BETONEN

Indem man einen Bogen mit einer beidseitig verjüngten Fase versieht, kann man das Aussehen einer Kurve verbessern. Oder man kann sogar eine gerade Kante mit einem Bogen versehen. Die doppelte Verjüngung an dieser Traverse lässt sie in der Mitte leichter aussehen und hebt sie optisch etwas an. Beginnen Sie mit einem kurzen Hobelstoß in der Mitte des Bauteils, und lassen Sie längere Stöße folgen, um die beidseitige Verjüngung anzuschneiden.

EINEN BOGEN AN EINER GERADEN KANTE ANSCHNEIDEN

Ich wollte, dass die Beine dieses Schrankes eine sehr subtile Krümmung zeigen. Ich versuchte erst, eine Krümmung in die Flächen zu sägen, aber die Wirkung war zu dramatisch. Stattdessen schnitt ich dann eine einfache Verjüngung an den Außenseiten an, und hobelte Fasen an den Außenkanten an, die sich nach oben und unten verjüngten, um das Aussehen eines gebogenen Beins zu nachzuahmen. Der breiteste Teil der Fase lag dabei nicht in der Mitte des Beins, sondern etwa ein Viertel der Länge unterhalb des oberen Endes. So sahen die Beine aus, als seien sie gebogen und am oberen Teil etwas breiter als darunter.

VON EINER FASE ZU EINER ABRUNDUNG

Um gleichmäßige Abrundungen anzuschneiden, geht man von präzisen Fasen aus. Es mag sich zwar kontraintuitiv anhören, aber wenn man von einer ebenen Fase ausgeht, ist das der leichteste Weg, um eine Abrundung zu erhalten. Zeichnen Sie zuerst das Profil der Abrundung auf das Hirnholz des Materials, und reißen Sie dann eine diagonale Tangente zur Kurve an. Reißen Sie von den Enden der Diagonale Risse an der Schmal- und der Breitseite des Bauteils an **(1)**, und verwenden Sie diese Risse, um die Fase anzuhobeln. Versuchen Sie, beim Hobeln einen gleichmäßigen Winkel beizubehalten. Das Ziel ist eine Fase, die bis zu beiden Rissen reicht und auf der gesamten Länge die gleiche Breite hat **(2)**. Als nächstes werden die Kanten der Primärfase abgehobelt, um zwei Sekundärfasen zu erhalten und die Abrundung deutlicher herauszuarbeiten **(3)**. Schließlich stellt man die Spanabnahme des Hirnholzhobels feiner ein und arbeitet sich am Profil entlang, um alle ebenen Stellen abzunehmen und so die endgültige Abrundung zu erhalten **(4)**.

2

Der Winkel für die Primärfase beim Anschneiden einer Viertelstab-Abrundung beträgt 45°.

1

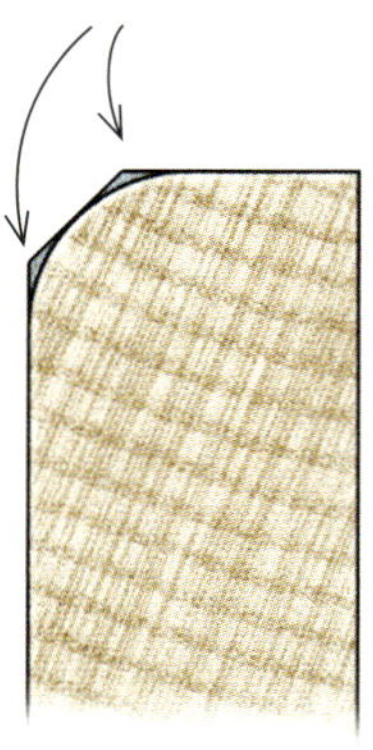

Hobeln Sie die Kanten der Primärfase ab, um Sekundärfasen anzuschneiden.

3

4

EIN HALBSTABPROFIL

Wenn man beide Kanten einer Schmalseite zu einem Viertelstab abrundet, erhält man ein Halbstabprofil. Reißen Sie das Profil mit einer Kreisschablone oder einem Zirkel auf dem Hirnholz des Materials an, und schneiden Sie zwei Primärfasen an (unten). Arbeiten Sie dann das Profil weiter an. Nachdem Sie die Sekundärfasen angeschnitten haben, stellen Sie Ihren Hirnholzhobel auf geringe Spanstärke ein und arbeiten sich an dem Profil entlang, um eine glatte Rundung zu erhalten (rechts).

Erachtens meistens schneller und auf jeden Fall vielseitiger. Mit ihm lässt sich leicht jedes beliebige Profil von einer Viertelrundung bis hin zum Halbstab anarbeiten.

Bei der Arbeit mit dem Hirnholzhobel legt man für jedes gerundete Profil zuerst eine Primärfase an. Breite und Winkel dieser Fase bestimmen die Form und Größe der späteren Rundung. Um einfach eine Kante abzurunden, ist es am einfachsten, das Profil auf das Hirnholz des Bauteils zu zeichnen und dann im Winkel von 45° eine Tangente zu dieser Kurve zu zeichnen. Dies wird die Primärfase. Ziehen Sie Risse an der Breit- und Schmalseite des Bauteils, wo die Diagonale auf sie trifft. Hobeln Sie bis zu den Rissen, um die Fase anzuschneiden. Als nächstes werden die Kanten der Fase abgehobelt, sodass Sekundärfasen entstehen. Rechnerisch sollte dies Fasen mit 22,5 ° sein, aber ich neige den Hobel einfach, bis er den Winkel zwischen der Primärfase und der Breit- oder Schmalseite in etwa halbiert, und gebe mich mit diesem Näherungswert zufrieden. Stellen Sie dann eine geringere Spanstärke ein, und hobeln Sie immer wieder die Spitzen der Facetten ab, bis Sie eine abgerundete Kante erhalten. Bei Langholzkanten an einem Bauteil lasse ich meist die letzten winzigen Facetten stehen. Die Kante sieht abgerundet aus, aber man kann die Facetten fühlen, wenn man mit den Fingern über die Kante streicht. Bei Hirnholz muss ich oft mit feinem Schleifpapier nacharbeiten, um die faserige Oberflächentextur zu beseitigen. Um ein Halbstabprofil anzuschneiden, wiederholt man die beschriebenen Schritte an der benachbarten Kante.

Bei der Abrundung (Viertelstab) wie beim Halbstabprofil gibt es einen allmählichen Übergang zwischen der Schmal- und der Breitseite des Bauteils, der schlecht definiert wirken kann. Um ein klareres Aussehen zu erreichen, verwende ich ein Profil mit Grat, sodass an der Stelle, wo das Profil auf die Breitseite trifft, eine deutliche Kante entsteht. Diese Profilgestaltung schafft eine deutliche Schattenlinie, wo die Flächen aufeinandertreffen, sodass die Kante optisch interessanter wirkt als ein normales Halbstabprofil.

EINE RUNDUNG MIT KANTEN

Eine abgerundete Schmalseite ist ein schönes Detail, aber ein glatter Übergang ergibt vielleicht ein zu weiches Aussehen. Eine Lösung besteht in einer Abrundung, die am Übergang zur Fläche einen Grat aufweist. Dieser Grat schafft klare Schattenlinien, die helfen, das Profil herauszuarbeiten. Dies ist ein Detail, das man an Möbeln im Shaker-Stil findet, wie etwa an der Deckelkante eines hohen, schlanken Schranks **(1)**. Ich verwende dieses Profil häufig bei meinen Arbeiten. Das Geheimnis liegt darin, eine Rundung anzuschneiden, deren Durchmesser größer ist als die Stärke des Materials. Das hört sich kompliziert an, aber Sie müssen nichts weiter tun, als von Fasen auszugehen, deren Winkel geringer als 45° sind. Diese flachen Fasen schaffen den harten Übergang zwischen der abgerundeten Schmalkante und den ebenen Flächen **(2)**. Hobeln Sie das Profil genauso an wie eine normale Abrundung, aber achten Sie darauf, einen deutlichen Grat zwischen dem Profil und der Fläche des Bauteils stehen zu lassen **(3)**.

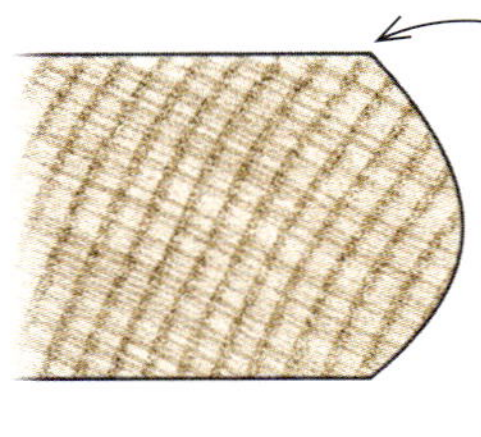

Eine Rundung, deren Durchmesser größer ist als die Stärke des Materials, schafft einen harten Übergang oder Grat, wo sie auf die benachbarte Fläche trifft.

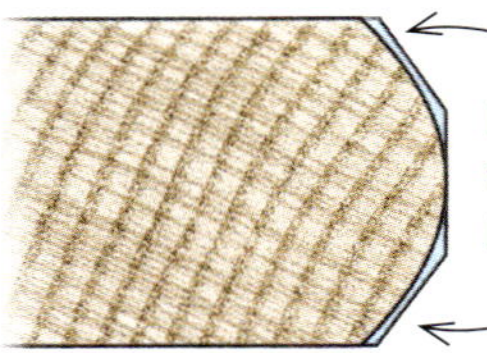

Die Primärfasen sind flacher als bei einem Halbstabprofil.

Ein Halbstabprofil (oben) schafft einen sanften Übergang zwischen der Schmalseite und der Fläche eines Bretts. Eine Abrundung mit Grat (unten) schafft eine harte Schattenlinie, die das Profil deutlicher und optisch interessanter macht.

Um ein solches Profil mit Grat anzuschneiden, zeichnet man es auf dem Hirnholz des Bauteils an. Dann reißt man die Primärfasen an. In diesem Fall sind sie flacher als 45°, weil Sie einen Bogen schaffen wollen, dessen Durchmesser größer ist als die Stärke des Materials. Schneiden Sie Sekundärfasen an und glätten Sie dann das Profil mit leichteren Schnitten. Achten Sie darauf, den Übergang zwischen der Schmal- und der Breitseite als scharfen Grat stehen zu lassen.

Eine meiner Lieblingsgestaltungen für die Kanten von Tischplatten ist ein asymmetrisches Profil mit Graten oben und unten – wie eine unterschnittene Fase, aber mit einer Rundung, die sie belebt. Auch in diesem Fall zeichnet man die Rundung an und legt eine Tangente diagonal daran, um die Primärfase anzuschneiden. Bei der Formgebung dieses Profils ist es wichtig, über die ganze Länge der Kante zu hobeln, damit keine ebene Stelle über der Kurve stehen bleibt. Man kann dieses Profil relativ stumpf anschneiden, um eine schwerere Wirkung zu erzielen, oder es mehr unterschneiden, wenn die Kante der Platte dünner wirken soll.

EINE FASE MIT BÄUCHLEIN

Wenn man eine angefaste Schmalseite mit einer leichten Rundung versieht, macht das einen Entwurf gleich interessanter. Man kann dieses Profil sowohl an der Tischplatte als auch an den Außenseiten der Beine dieses Tischs erkennen. Das Profil wird angeschnitten wie jedes andere auch. Schneiden Sie zuerst die Primärfase an **(1)**, und arbeiten Sie sich dann um die Rundung herum. Achten Sie darauf, oben und unten klare Kanten stehen zu lassen **(2)**.

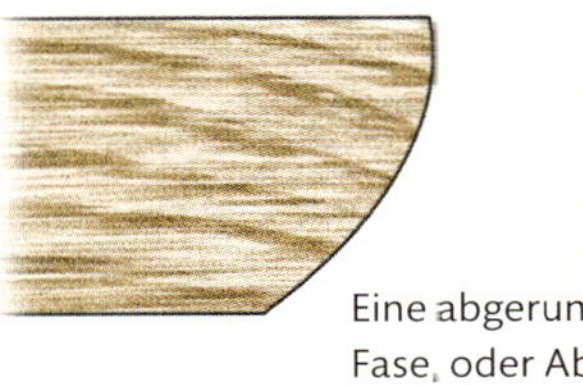

Eine abgerundete Fase, oder Abrundung mit Grat

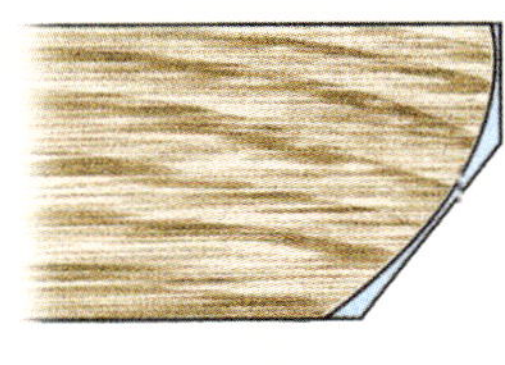

Das Profil wird mit einer flachen Primärfase festgelegt.

1

2

Wie man einen schlichten Tisch zum Leben erweckt

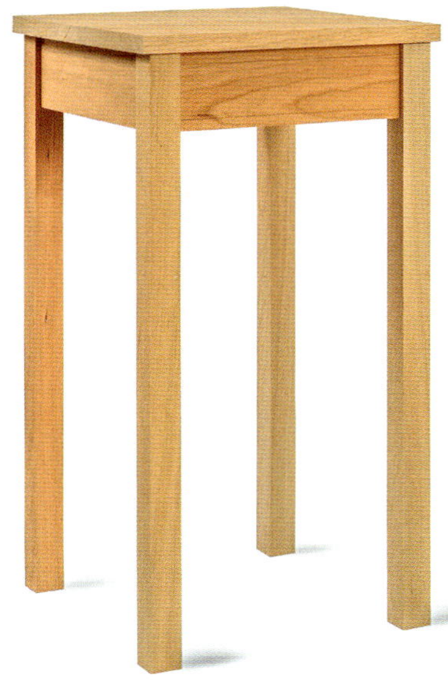

Die meisten Aspekte des Baus eines solchen Tischs sind schon an anderen Stellen dieses Buchs behandelt worden: von den grundlegenden Verbindungen über den Bau einer gezinkten Schublade, die Auswahl und den effektiven Einsatz des Holzes bis hin zu einem durchdachten Vorgehen beim Zurichten des Holzes. Im letzten Kapitel habe ich beschrieben, wie man die Kanten der Tischplatte profiliert. Man könnte denken, dass jetzt kaum noch etwas zu behandeln wäre. In diesem Kapitel werde ich vor allem über die Formgebung der Beine sprechen. Vorher möchte ich jedoch ein umfassenderes Konzept vorstellen, in dem alle diese disparaten Elemente ihren Platz finden.

Wenn man sich auf die Konstruktion eines Werkstücks konzentriert, verliert man nur allzu leicht aus dem Blick, wie man ihm auch Leben einhauchen kann. Wann wird ein Tisch zu mehr als einer Kombination aus Beinen, Zargen und einer Tischplatte? Wenn beginnt er, auch eine eigene Persönlichkeit zu entwickeln? Wir neigen dazu, dies zu einer Frage des „Stils" zu reduzieren, also zu fragen: „In welchem Stil ist er gebaut?" Damit werden zwar auch die genannten Fragen angesprochen, aber es geht auch um ein größeres Problem. Jeder etablierte Möbelstil verlässt sich auf eine Kombination von Details und Formen, die als konstituierend gelten. Wenn wir uns entschließen, diese Elemente in unsere Arbeit aufzunehmen, geben wir unseren Werkstücken auch eine bestimmte Identität. Wenn wir versuchen, eine persönlichere Sichtweise zum Ausdruck zu bringen, liegt der Schlüssel immer noch in den Details, die wir auswählen. Jedes dieser Details wirkt wie ein Gewürz in einer Suppe. Einfach alles zusammenzuwerfen, kann zu einem sehr unausgewogenem Ergebnis führen, aber andererseits muss man experimentieren, um zu verstehen, wie bestimmte Details die Gesamtwirkung des Werkstücks beeinflussen werden. Ich kenne zwar talentierte Holzwerker, die bei jedem ihrer Werkstücke große Entwicklungsschritte in der Gestaltung machen, aber mein eigenes Vorgehen ist eher zurückhaltend. Es gibt keinen allgemeingültigen Weg, aber ich ziehe es vor, mit vertrauten Elementen anzufangen und dann bei jedem Stück, das ich baue, ein oder zwei neue Ideen zur Mischung hinzuzufügen. Dadurch bekomme ich eine Vorstellung davon, wie ein neues Detail das Ganze beeinflussen kann und wie es vorhandene Elemente aufwertet oder ihre Wirkung eher mindert. Ein Detail, das sich nicht gut in eine Mischung einfügt, muss nicht unbedingt schlecht sein, es kann auch einfach nur in eine neue Richtung weisen, die man einschlagen muss, damit es funktioniert.

Bei diesem Tisch führte die Entscheidung, ein einfaches verjüngtes Bein durch eines mit einer Brüstung und subtilen Kurven zu ersetzen, dazu, dass ein ursprünglich als Shaker-Möbel geplanter Beistelltisch eine vollkommen eigene Persönlichkeit entwickelte. Nachdem die Beine ihre Form angenommen hatten, verlangten sie auch zunehmend Veränderungen an anderen Bauteilen; so etwa die Verkürzung des Tischplattenüberhangs, die geschwungene Fase an den Kanten der Tischplatten und die gewölbte Unterkante der Zargen. Diese Details fanden dann wiederum auch ihren Weg in die Gestaltung zukünftiger Werkstücke.

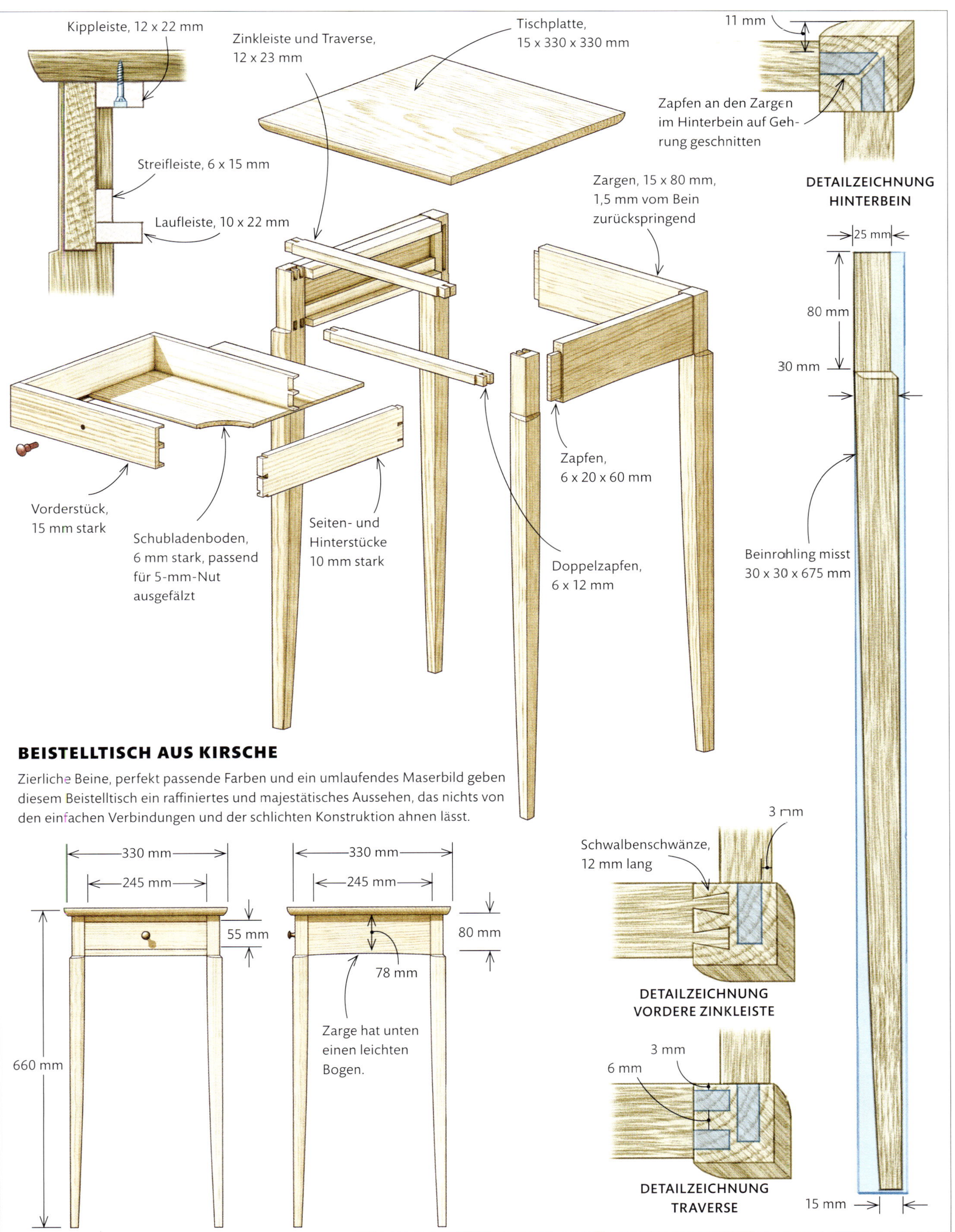

BEISTELLTISCH AUS KIRSCHE

Zierliche Beine, perfekt passende Farben und ein umlaufendes Maserbild geben diesem Beistelltisch ein raffiniertes und majestätisches Aussehen, das nichts von den einfachen Verbindungen und der schlichten Konstruktion ahnen lässt.

ZEITGENÖSSISCHE VARIANTE EINER KLASSISCHEN BEINGESTALTUNG

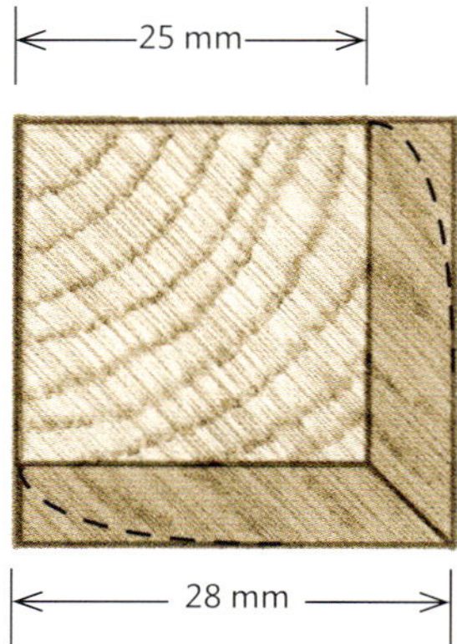

1

2

Die Beine dieses Tischs sind verjüngt, allerdings mit dem ‚gewissen Etwas'. Um sie leichter wirken zu lassen, habe ich das obere Ende, wo das Bein auf die Zarge trifft, zurückspringen lassen, sodass ein schmaler Pfosten entsteht. Für zusätzliches Flair sorgen die sanfte Kurve und die abgerundeten Außenseiten der verjüngten Beine. Inspiriert wurden diese Details durch eine klassische Beinform, die im Englischen als cabriole leg bezeichnet wird und ebenfalls am oberen Ende einen Pfosten mit quadratischem Querschnitt und darunter ein geschwungenes Profil aufweist.

Zuerst stellte ich eine Schablone im Maßstab 1:1 aus 6-mm-MDF her. Nachdem ich die Verbindungen angeschnitten her, übertrug ich den Umriss auf den Beinrohling. Dann schnitt ich die schrägen Brüstungen mit der Tischkreissäge an und verwendete die Bandsäge, um den Pfosten **(1)** und das Profil **(2)** herauszuarbeiten. Die Krümmung war so gering, dass ich den Verschnitt des ersten Schnitts nicht mit Klebeband am Rohling anbringen musste, um eine stabilere Auflage für den zweiten Schnitt zu erhalten, wie sie bei stärkeren Krümmungen nötig sein kann.

Um einen nahtlosen Übergang von den Beinen zu den Zargen zu erhalten, rundete ich die Außenseiten der Beine so ab, dass die Brüstung dort endet, wo die Beine auf die Zargen treffen. Um das Profil an dieser Brüstung anzureißen, zeichnet man zuerst eine sanfte Kurve vom Übergang zwischen Pfosten und

Brüstung bis zur Außenecke des Beins **(3)**. Verwenden Sie dann Ihre Fingerspitzen als einfaches Streichmaß, und ziehen Sie eine Linie von jeder Ecke des Pfostens bis zum unteren Ende des Beins **(4)**. Diese Linien geben die Innenkante des Tischbeins vor. Stellen Sie dann einen Schweifhobel für starke Spanabnahme ein (ein Hirnholzhobel täte es auch), und schneiden Sie eine Primärfase an **(5)**. Verwenden Sie den Riss an der Brüstung als Orientierung, und schneiden Sie weitere Fasen an, um die Krümmung herauszuarbeiten **(6)**. Schleifen Sie die Krümmung, aber achten Sie darauf, die innere Kante nicht zu brechen.

3

4

5

6

Der Vorteil des Sägens bei der Herstellung gebogener Bauteile besteht darin, dass man die Verbindungen meist zuerst anschneiden kann, solange die Teile noch gerade und rechteckig sind. Das erleichtert es, die Verbindungen präzise anzuschneiden und die Bauteile später rechtwinklig anzuschneiden.

Kurven zu sägen hat auch seine Vorteile

Von den drei Methoden, um gebogene Werkstücke herzustellen – Sägen, Laminieren und Biegen –, ist das Sägen meist die einfachste. Reißen Sie einfache eine Linie an, sägen Sie die Kurve aus, und glätten Sie sie. Der andere Vorteil besteht darin, dass man in der Regel die Verbindungen anschneiden kann, solange das Bauteil noch gerade und rechtwinklig ist, was die Arbeit sehr erleichtert (siehe Seite 221 für das Anschneiden eines Zapfens an einem gebogenen Bauteil). Der Nachteil einer gesägten Schweifung liegt darin, dass der Schnitt durch die Holzfasern läuft, was zur Schwächung des Bauteils und zu einer unruhigen Maserung an der Oberfläche führen kann.

Jeder Schritt des Vorgangs, vom Anreißen über das Sägen bis hin zum Glätten hat je nach Situation eigene Optionen und Methoden. Um eine Kurve zu sägen, muss man sie zuerst anreißen. Auf den folgenden Seiten finden Sie dazu einige Tipps. Meist ist es sinnvoll, eine Schablone mit der Form herzustellen, die Sie aussägen möchten, und dann den Umriss auf das Bauteil zu übertragen. Die Herstellung einer Schablone bietet mehrere Vorteile: Man kann die Form nacharbeiten, ohne zu riskieren, ein Bauteil zu verderben, man kann mit einer Schablone mehrere Bauteile anreißen, und man kann die Schablone für zukünftige Werkstücke aufbewahren. Eine Schablone kann auch hilfreich sein, um eine ausgesägte Form zu glätten. Man spannt die Schablone am Bauteil an und führt den Fräser einer Oberfräse an ihr entlang, oder man stellt mit ihr einen Frässchlitten her, den man am Frästisch verwenden kann.

Falls das Werkstück nicht zu groß ist, wird man meist an der Bandsäge arbeiten. Bei Stücken, die zu groß für den Arbeitstisch der Bandsäge sind, kann man auch mit der Stichsäge arbeiten. So oder so sollte man bemüht sein, so dicht wie möglich am Riss zu sägen, ohne ihn zu berühren. Wenn man diesem Ziel nahekommt, ist es einfacher, die Krümmung zu glätten.

GLÄTTEN IN HANDARBEIT

Handwerkzeuge stellen eine schnelle und effektive Möglichkeit dar, Kurven nachzuarbeiten. Es gibt Situationen, in denen es sinnvoller ist, mit der Oberfräse zu arbeiten, aber meist beginne ich mit einem Handwerkzeug. Und bei breiten Flächen wie der Rückenlehne eines Stuhls sind Handwerkzeuge der einzige praktikable Weg, wenn man nicht wirklich extrem aufwendige Vorrichtungen für die Oberfräse bauen will. Mit einem Hirnholzhobel kann man sowohl Außenseiten als auch sanft gebogene Innenseiten bearbeiten. Ideal für Kurven fast jeder Art ist jedoch der Schweifhobel. Anstatt ihn an den Griffen zu führen, ergreife ich ihn lieber zwischen Daumen und Zeigefinger, weil man so den Schnittwinkel besser kontrollieren kann (oben). Nach dem Schweifhobel arbeite ich mit der Ziehklinge (rechts), mit dem man gut Faserausrisse und Ratterspuren beseitigen und das Bauteil so auf das abschließende Schleifen vorbereiten kann.

ÜBER DAS ZEICHNEN VON KLEINEN UND GROSSEN KURVEN

1

2

Um eine Kurve zu schneiden, muss man sie zuerst präzise zeichnen. Das ist oft schwieriger als die eigentliche Anfertigung des geschwungenen Bauteils. Es scheint für jede Art von Kurve eine andere Methode zu geben, die für das Zeichnen am geeignetsten ist. Ich verwende die folgenden Werkzeuge, um kleine und große, einfache und zusammengesetzte Kurven zu zeichnen. Ein einfacher Zirkel **(1)** ist eine gute Wahl für Kreisbögen und Bögen mit einem Radius bis zu 150 mm. Bei größeren Kreisbögen verwende ich zwei Stangenzirkelspitzen, die ich an einer Leiste aus Laubholz anspanne **(2)**. Die eine Zirkelspitze ist fest, die andere hat eine Schraube für Feineinstellungen. Zu empfehlen sind Stangenzirkelspitzen, bei denen man einen Dorn durch einen Bleistifthalter ersetzen kann. Für sehr sanfte Kurven spanne ich die Enden einer dünnen Leiste in einem Türspanner ein **(3)**. Beim Anziehen ergibt sich eine harmonische Krümmung, die man feinfühlig verändern kann, indem man den Türspanner anzieht oder lockert. Für sehr kleine Kreise sind Kreisschablonen für das technische Zeichnen nützlich **(4)**, und zusammengesetzte Kurven lassen sich gut mit einem preiswerten Satz von Kurvenlinealen zeichnen **(5)**. Ich zeichne Kurven oft auch am Computer, drucke sie aus klebe Sie auf 6 mm starkes MDF, um eine Schablone zu erhalten **(6)**. Dann säge ich bis zu dem auf das Bauteil übertragenen Riss und glätte die Kurve mit dem Schweifhobel oder einem Hirnholzhobel.

3

6

MIT EINER FRÄSSCHABLONE ARBEITEN

1

2

Die Umrisse an den Seitenwänden eines Schränkchens (siehe Seite 118) lassen sich gut mit einer Frässchablone anschneiden. Die Schablone wird aus 12 mm starkem MDF hergestellt, das eine gute Anlage für einen Fräser mit Anlaufring bietet. Verwenden Sie die Schablone, um den Umriss auf das Material zu übertragen **(1)**, und sägen Sie dann den Großteil des Verschnitts ab. Ich verwende einen Forstner-Bohrer in der Ständerbohrmaschine, um die engen Kurven an den Enden auszubohren und verbinde die Bohrlöcher mit der Stichsäge **(2)**. Wenn so der Verschnitt entfernt worden ist, spannt man die Schablone wieder an **(3)**. Falls Sie versehentlich in den Bleistiftriss sägen, schieben Sie die Schablone einfach etwas höher und sägen erneut. Kein Problem. Verwenden Sie dann einen Bündigfräser mit Anlaufring, um den Umriss auszufräsen. Bei einem Umriss mit engeren Kurven wie diesem Fußteil empfiehlt es sich, jeweils nur eine Hälfte auf einmal zu fräsen, damit man nicht in die Holzfasern fräsen muss. Setzen Sie die Fräse zuerst an der höchsten Stelle der Kurve an, und fräsen Sie zum Ende hin **(4 und 5)**. Drehen Sie das Bauteil um, bringen Sie die Schablone wieder an, und fräsen Sie den Rest des Umrisses aus **(6)**.

3

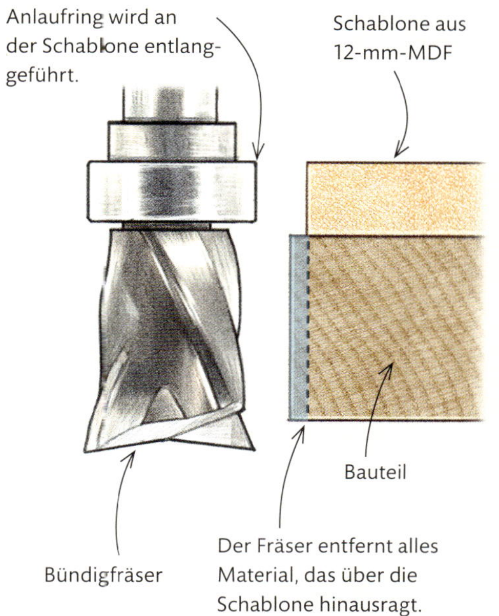

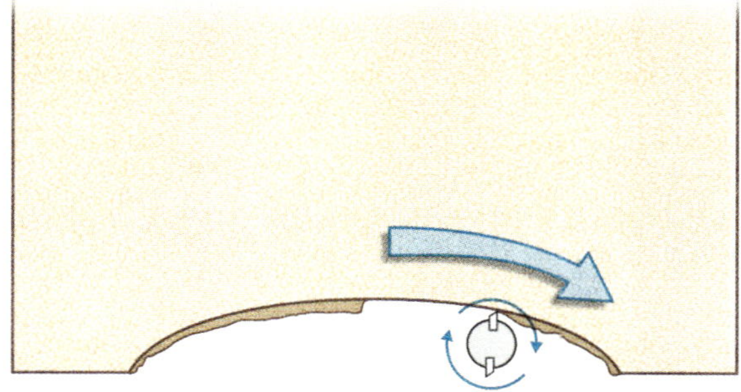

Beginnen Sie in der Mitte der Kurve und fräsen Sie die Hälfte des Bogens. Drehen Sie dann das Bauteil um, und fräsen Sie den Bogen zu Ende.

KURVEN AM FRÄSTISCH

Bei kleineren Bauteilen arbeite ich am Frästisch mit einer Schablonenvorrichtung, an der das Material angespannt wird. In die Grundplatte der Vorrichtung wird der Umriss geschnitten, der den Bündigfräser führt. An der Grundplatte sind ein hinterer Anschlag und ein Stoppklotz angebracht, die beim Ausrichten des Bauteils in der Vorrichtung helfen. Am hinteren Anschlag sind Kniehebelspanner angeschraubt, die das Bauteil halten und beim Fräsen als Handgriffe dienen. Bevor man den Umriss fräst, muss die Kurve am Bauteil angerissen und der Verschnitt größtenteils entfernt werden. Um den Umriss auf das Bauteil zu übertragen, wird es provisorisch in der Vorrichtung eingespannt **(1)**. Dann dreht man die Vorrichtung um, und fährt an der Unterseite mit dem Bleistift an der Schablone entlang **(2)**. Der Verschnitt wird mit der Bandsäge dicht am Bleistiftstrich abgesägt **(3)**, dann wird das Bauteil wieder eingespannt. Stellen Sie die Höhe des Fräsers so ein, dass der Anlaufring an der Grundplatte der Vorrichtung geführt wird **(4)**, und fräsen Sie langsam von links nach rechts **(5)**. Bei flachen Kurven können Sie den gesamten Umriss in einem Durchgang fräsen. Stellen Sie für engere Kurven eine Halbschablone her, und fräsen Sie den Umriss in zwei Durchgängen.

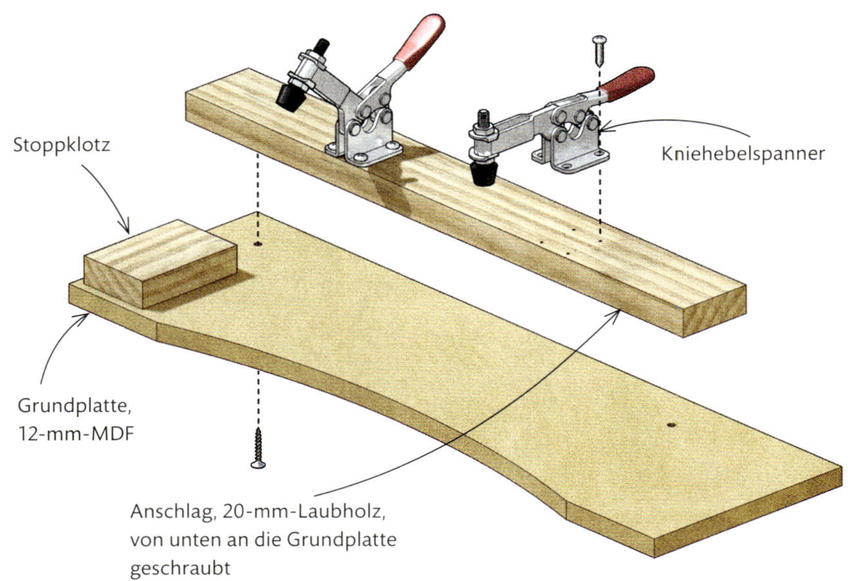

1

2

3

4

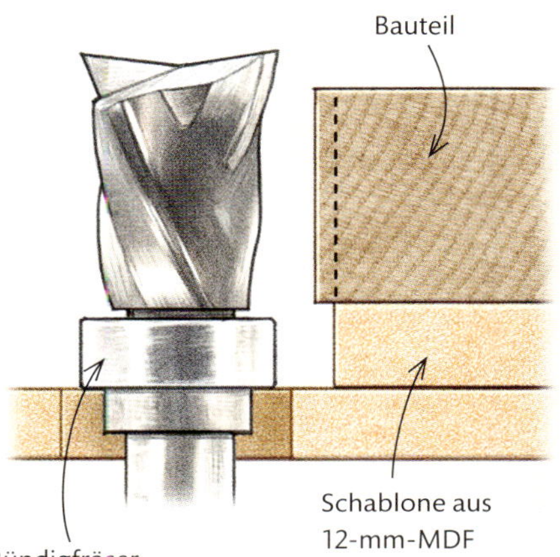

5

BEI ENGEN KURVEN EINE HALBSCHABLONE VERWENDEN

Um bei engen Kurven eines Umrisses nicht in die Holzfasern zu fräsen, fertigt man eine Schablone an, in die nur die Hälfte des Umrisses gesägt worden ist (oben). Spannen Sie das Material ein, und fräsen Sie die Hälfte des Umrisses, drehen Sie dann das Material um, und fräsen Sie den Umriss zu Ende. Es kommt recht häufig vor, dass an der Stelle, wo die beiden Hälften des Umrisses aufeinandertreffen, ein leichter Buckel entsteht, der sich aber mit einer Ziehklinge oder mit Schleifpapier leicht entfernen lassen sollte.

Beim Möbelbau an Kurven denken

Um ehrlich zu sein: So sehr mir dieses Schränkchen inzwischen gefällt, so nahe dran war ich doch gelegentlich, es im Lager verschwinden zu lassen oder gar als Feuerholz zu verwenden. Der Korpus war ein Überbleibsel von einer Demonstration der Technik des Zinkens, und er hatte eine eigenartige Größe. Er war zu groß, um ihn auf einen Tisch zu stellen, und zu tief, um ihn hochkant als Wandschrank zu verwenden. Er war aber auch nicht tief genug für einen Korpus mit Untergestell, aber das Maß war annähernd richtig. Also leimte ich schließlich Leisten an den Vorder- und Hinterkanten aller Bauteile an, um ihn tiefer zu machen und trotzdem die Schwalbenschwanzzinkungen beibehalten zu können. In diesem Augenblick verwandelte es sich in etwas, das eher ein Prototyp als ein ‚richtiges' Möbelstück war; sofort fiel der Druck von mit ab. Ich habe eine ganze Reihe von Stücken in meinem Haus, die in die gleiche Kategorie fallen. Ich verwende oft den Begriff „Studie" dafür, es sind schnelle, nicht vollkommen ausgearbeitete Skizzen, die als Vorbereitung für zukünftige Werkstücke dienen. Unter diesem Gesichtspunkt sah ich bei diesem Korpus die Gelegenheit, verschiedene Ideen zu kombinieren, die ich schon bei kleineren Werkstücken eingesetzt hatte – Schiebetüren und Griffe aus Kordel –, und mich an einem etwas anders gestalteten Untergestell zu versuchen. Ich arbeitete in den Nebenzeiten daran, zwischen den Vorbereitungen für meine Kurse, Auftragsarbeiten und dem Schreiben von Zeitschriftenartikeln, aber irgendwie kam ich immer wieder darauf zurück und immer wieder konnte ich einen Eintrag in der Liste der Arbeiten streichen.

Das Gestell war eine große Unbekannte. Ich hatte eine grobe Vorstellung davon, was ich haben wollte – die Kufen-Füße zum Beispiel, ein leichtes, aber kraftvolles Aussehen und einige Kurven, um dem Ganzen das gewisse Etwas zu geben. Ich baute aus Kiefernholz einen Prototyp, der meiner Vorstellung schon recht nahe kam, bevor ich das Holz zurichtete, aber ich wollte mir immer noch etwas Raum lassen, um die Gestaltung während des Baus zu verfeinern. Es ging weniger darum, dass ich nicht wusste, was ich wollte, sondern eher darum, mich einem Ziel allmählich anzunähern. Die Beine und Sprossen waren anfänglich schwerer, als ich sie haben

RAUM LASSEN, UM DIE GESTALTUNG ZU VERFEINERN

Ein tiefer, zweistufiger Nutzapfen erlaubte es mir, die Beine an den Füßen zu befestigen und dennoch die äußere Gestaltung während des Baus noch zu verändern **(1)**. Nach dem Zusammenbau des Gestells konnte ich verschiedene Formen für die Füße ausprobieren, indem ich ihren Umriss mit Klebeband markierte **(2)**. Obwohl die endgültige Gestaltung deutlich von der ursprünglichen Vorstellung abwich, war noch genug Material vorhanden, um die Änderungen umzusetzen **(3)**.

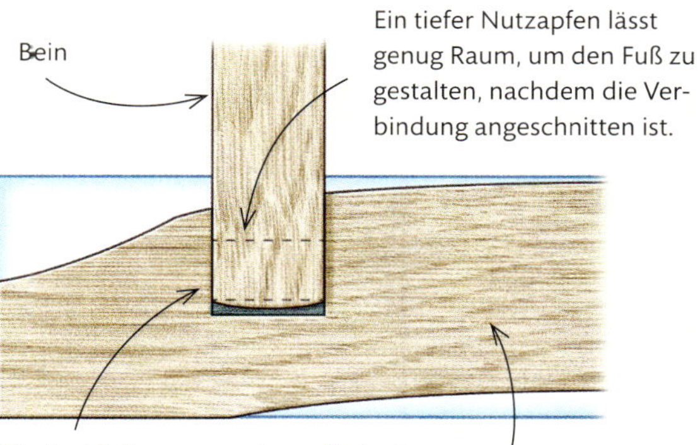

Englische Züge stellen Keramik zur Schau. So übereinander gestapelt mögen sie etwas eigenartig aussehen, aber durch die niedrigen Vorderstücke werden diese Schubladen zu einer Art herausziehbarer Regalböden, sodass der Inhalt gut zur Geltung kommt und eine nette Überraschung darstellt, wenn man die Schiebetüren öffnet.

wollte. Auch die Füße waren deutlich zu groß. Die Beine hatte ich so mit den Füßen verbunden, dass ich die Form der Füße verändern konnte, ohne dass sich Fugen in den Verbindungen zeigen würden. Ursprünglich hatte ich an Füße mit einem dramatischen Bogen gedacht. Nachdem ich diese Form aber auf blauem Klebeband auf dem Rohling angedeutet hatte, siegte jedoch die Vernunft, und ich entschied mich für eine zurückhaltendere Form. Außerdem fügte ich eine gebogene Traverse zwischen den Füßen hinzu, um das Gestell sowohl optisch als auch konstruktiv zusammenzuhalten.

Der Korpus ist mit Trennwänden und Zwischenböden unterteilt, die auf Gehrung gearbeitet sind. Er soll zur Aufbewahrung von Teekannen, -bechern und -schalen dienen. Um diese gleich zur Schau zu stellen, wenn man die Türen öffnet, habe ich nicht traditionelle Schubladen eingesetzt, sondern sogenannte Englische Züge, die eher an herausziehbare Regalböden oder Tablare erinnern. Dazu habe ich die Seitenstücke nach vorne hin in einem sanften Bogen abfallen lassen und vorne mit einem flachen Vorderstück verbunden. Das Hinterstück des Englischen Zugs ist in voller Höhe gearbeitet, damit er nicht nach unten abkippt, wenn man ihn herauszieht.

So wurde aus dem Werkstück am Schluss ein interessantes kleines Möbel. Es steht in meinem Büro in der Redaktion, und wenn mein Blick zufällig darauf fällt, ermahnt es mich immer, innezuhalten und kurz meine Gedanken zu ordnen, bevor ich mich der nächsten Aufgabe zuwende.

Belastbare gebogene Bauteile aus dünnen Holzstreifen

Das Verfahren der Laminierung ist im Prinzip einfach: Man schneidet ein Brett zu dünnen Streifen und leimt sie wieder zusammen, während sie auf einer gebogenen Fläche festgespannt sind. Der Vorgang ist aufwendiger als eine Kurve in ein Bauteil zu sägen, aber sie bietet auch Vorteile: Da die Holzfasern der Krümmung folgen, ist das fertige Bauteil sehr belastbar und das Maserbild auf den Flächen sieht natürlicher aus. Wenn man die Reihenfolge der Holzstreifen während des Verleimens nicht verändert, sind die Leimfugen an den Schmalseiten kaum zu sehen. Man verbraucht auch weniger Holz als beim Ausschneiden einer Kurve aus rechteckigem Material. Neben den Vorteilen gibt es aber auch einige Probleme. Zum einen muss man eine Methode finden, um dünne Holzstreifen mit glatten Flächen herzustellen. Zum anderen benötigt man eine Biegeform, an der die Streifen festgespannt werden (und dann noch sehr viele Zwingen). Und schließlich stellt auch noch das Anschneiden von Verbindungen an gebogenen Bauteilen eine Herausforderung dar. Es ist nicht übermäßig schwierig, aber man benötigt schon eine durchdachte Methode, um Verbindungen zu erhalten, in denen keine ungewollten Fugen zu sehen sind.

DIE HERSTELLUNG EINER BIEGEFORM

Es gibt verschiedene Methoden, um eine Biegeform herzustellen. Für schmale Bauteile wie die Kufen eines Schaukelstuhls oder gebogene Stuhllehnen stapele ich MDF-Lagen übereinander. Anstatt die Lagen aufeinander zu leimen und dann zu versuchen, eine Kurve in den Stapel zu schneiden, säge ich zuerst die Form an einer Lage an. Ein Verfahren, mit dem man einen perfekten Kreisbogen erreicht, besteht darin, die Oberfräse an einer langen Grundplatte zu befestigen und sie wie einen großen Zirkel zu benutzen **(1)**. Meine Grundplatte hat einen einstellbaren Mittelpunkt, sodass ich Kurven mit unterschiedlichem Durchmesser fräsen kann. Ich übertrage dann die Kurve von der ersten Lage auf eine zweite, säge mit der Bandsäge den Großteil des Verschnitts ab, und schraube dann die zweite Lage an der ersten an. Am Frästisch fräse ich dann die zweite Lage mit der ersten bündig. Diesen Vorgang wiederhole ich mit jeweils neuen Lagen, bis ich die erforderliche Breite erreicht habe **(2)**.

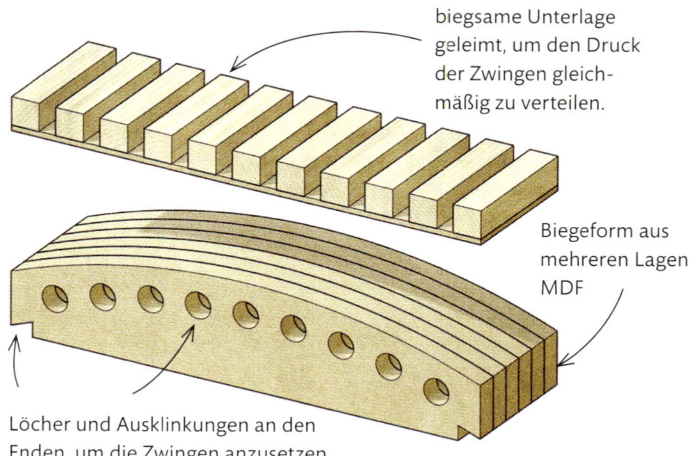

AUSEINANDERSÄGEN UND WIEDER ZUSAMMENLEIMEN

Wenn irgend möglich, versuche ich alle Streifen aus einem einzelnen Brett zu schneiden. Das sorgt für ein gutes Maserbild an den Schmalseiten der Verleimung. Zeichnen Sie ein Dreieck auf das Hirnholz, um die Lagen später richtig anordnen zu können. Ich schneide die Streifen je nach Kurve meist auf eine Stärke von 3 mm bis 5 mm **(1)**. Um zu prüfen, ob die Stärke richtig ist, biegt man einen der Streifen über die Biegeform. Er sollte sich mit mäßigem Druck der Hände ganzflächig an die Form andrücken lassen. Um eine glatte Fläche an jedem Streifen zu erhalten, wird der Rohling nach jedem Schnitt neu abgerichtet. Die andere Seite glätte ich, indem ich die Streifen durch den Dicktenhobel schicke. Falls Ihr Dicktenhobel derartig dünnes Material nicht verarbeiten kann, ist eine Breitbandschleifmaschine eine großartige Alternative, wenn Sie eine besitzen (ich nicht). Im Zweifelsfall kann man auch zum Handhobel greifen. Schneiden Sie die Streifen etwa 12 mm breiter und 150 mm länger als das fertige Bauteil. Die Überlänge ist beim Festspannen der Lagen auf der Biegeform nützlich. Verwenden Sie einen Klebstoff, der zu einer festen Leimfuge aushärtet, damit die Biegung des fertigen Bauteils nicht im Laufe der Zeit abflacht. Zweikomponentenklebstoffe und Epoxidkleber sind gut geeignet **(2)**. Ich halte die Lagen mit Frischhaltefolie an den Enden zusammen, damit sie sich nicht gegeneinander verschieben, wenn die Zwingen angesetzt werden **(3)**. Setzen Sie die Zwingen von der Mitte nach außen hin an **(4)**, und verwenden Sie eine biegsame Zulage, um den Druck zu verteilen **(5)**.

1

2

3

4

5

OHNE VERSÄUBERN GEHT ES NICHT

Wenn man die Zwingen abnimmt, sieht der Rohling etwas grauslich aus. Um ihn auf Breite schneiden zu können, kratzt man eine Schmalseite mit der Ziehklinge so sauber wie möglich. Diese Schmalseite legt man am Anschlag der Bandsäge an, und sägt die gegenüberliegende Schmalseite ab **(1)**. Dann führt man die gesägte Kante über den Abrichthobel, um sie zu säubern und eine Bezugskante zu erhalten **(2)**. Man kann das Bauteil an der Tischkreissäge auf Breite schneiden, aber bei einem gebogenen Teil erfordert das schon ein gewisses Maß an Koordination. Stattdessen verwende ich nach Möglichkeit die Dicktenhobelmaschine **(3)**. In diesem Fall schneide ich das Bauteil zuvor auf geringes Übermaß, bevor ich es durch den Dicktenhobel schiebe.

1

2

3

VERBINDUNGEN AN GEBOGENEN BAUTEILEN

1

2

3

4

Verbindungen an gebogenen Bauteilen sind schwierig, aber nicht unmöglich. Eine gebogene Zulage mit dem gleichen Radius wie das Bauteil ermöglicht das Einspannen in der richtigen Position, während man das Bauteil bearbeitet. Zeichnen Sie Mittellinien auf dem Bauteil und der Zulage an, um sie gleichbleibend aneinander ausrichten zu können. Als erstes wird das Bauteil auf Länge geschnitten. Spannen Sie die Zulage am Anschlag des Ablängschlittens an, und legen Sie das Bauteil darauf, während Sie die Enden auf Maß sägen **(1)**. Um Zapfen an einem gebogenen Bauteil anzuschneiden, verwende ich eine Zapfenschneidevorrichtung und spanne die Zulage mitsamt dem Bauteil daran fest **(2)**. Die Brüstungen werden dann wieder mit der Zulage und dem Ablängschlitten angeschnitten. Bringen Sie zusätzlich einen Stoppklotz am Anschlag des Schiebeschlittens an, und legen Sie das Ende des Zapfens daran an, während Sie die Brüstungen anschneiden **(3)**. Um den zweiten Satz Brüstungen anzuschneiden, müssen Sie die Zulage umdrehen **(4)**. Schlitze in die Schmalseite eines gebogenen Bauteils schneide ich an, indem ich zwei gebogene Zulagen am Anschlag und der Spannbacke meiner Schlitzstemmmaschine anschraube. Die Mitte jedes Schlitzes wird an den Mittellinien des Anschlags und der Spannbacke ausgerichtet, dann schneidet man die Schlitze **(5)**. Auf diese Weise kann man auch eine Oberfräse verwenden, die an einem Anschlag geführt wird.

5

DÜNNES MATERIAL BIEGEN

Wenn das Bauteil aus der Dampfkammer kommt, versucht man, es mit der Hand um die Biegeform zu legen **(1)**. Falls es zu reißen anfängt, muss es vielleicht länger gedämpft werden, oder Sie müssen zuerst ein Biegeband anfertigen (siehe Seite 224-225) Andernfalls spannt man ein Ende an der Biegeform an **(2)** und biegt das Bauteil langsam mit gleichmäßigem Druck. Abschließend wird das andere Ende festgespannt **(3)**. Das Bauteil bleibt dann eine Woche eingespannt, oder man bringt es an einer Trockenform an (siehe Seite 226).

Dampfbiegen von Holz

Von den drei Möglichkeiten, gebogene Bauteile herzustellen, führt das Dampfbiegen zu den natürlichsten Ergebnissen. Ein dampfgebogenes Bauteil besteht aus Vollholz, das weder gesägt noch verleimt werden muss. Deswegen kann man auch Holz mit einem kleinen Querschnitt biegen und trotzdem ein sehr belastbares Bauteil erhalten. Wie die Bezeichnung schon zum Ausdruck bringt, ist das Dampfbiegen ein Vorgang, bei dem man das Holz erhitzt und feucht macht, sodass es vorübergehend biegsam wird. Dann wird es mit einer Form gebogen und festgespannt, während es trocknet. Die dazu notwendige Ausrüstung besteht aus einer Dampfkammer (und einem Gerät zur Dampferzeugung) und einer Biegeform. Obwohl das Dampfbiegen grundsätzlich dem Biegen eines Laminats ähnelt, benötigt man weniger Zwingen, da nicht die Gefahr besteht, dass sich zwischen den Lagen des Laminats Lücken auftun – man muss nur dafür sorgen, dass das Bauteil die Krümmung der Biegeform annimmt. Manche Holzarten sind besonders gut für das Dampfbiegen geeignet: Zähe offenporige Hölzer wie Esche und Eiche sind ideal, aber auch Hölzer wie Kirsche, Ahorn und Nussbaum kann man dampfbiegen. Es herrscht zwar Übereinstimmung, dass luftgetrocknetes Holz am besten für das Dampfbiegen geeignet ist, aber viele Holzwerker setzen auch mit Erfolg künstlich getrocknetes Holz ein. Der bekannte Stuhlbauer Brian Boggs fügt noch einen zusätzlichen Arbeitsschritt ein, indem er künstlich getrocknetes Holz dämpft, dann drei Tage in Wasser einlegt und es schließlich wieder in der Dampfkammer behandelt, bevor er es biegt.

Ein kleiner Dampferzeuger wie dieser des Herstellers Earlex ist eine preiswerte Einstiegsmöglichkeit.

EINE EINFACHE DAMPFKAMMER

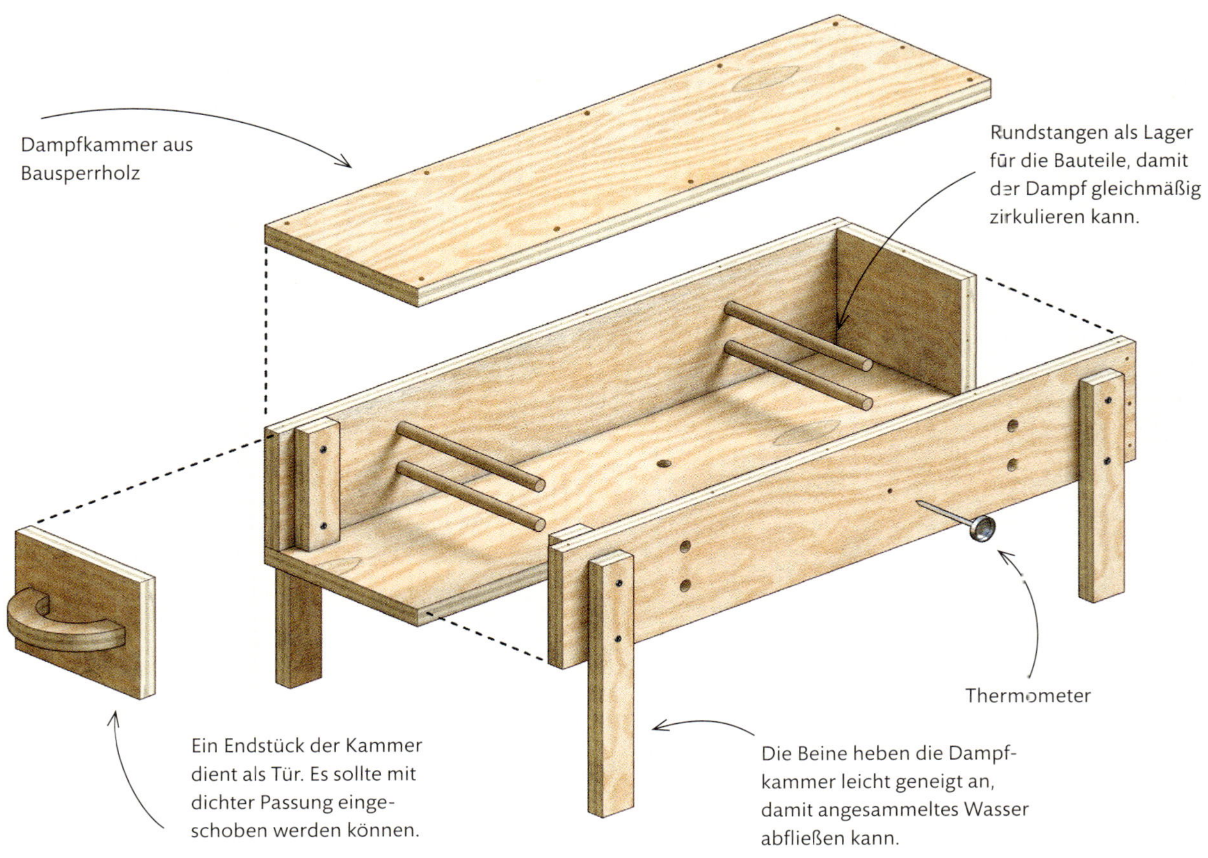

Eine Dampfkammer kann man schnell und ohne großen Aufwand bauen. Man benötigt nur einen abgeschlossenen Raum, der im Idealfall nicht viel größer ist als die Teile, die man dämpfen möchte. Ich stelle meine Kammer aus Bausperrholz her, das sich besser für den Einsatz unter feuchten Bedingungen eignet als normales Sperrholz. An den Seiten der Dampfkammer werden Beine angeschraubt. An einem Ende sind sie kürzer, damit sich dort das Wasser in der geneigten Kammer sammeln und abfließen kann. Holzleisten dienen als Lager für die Bauteile, sodass der Dampf um sie zirkulieren kann. Wenn man das Endstück mit einem Griff versieht, ergibt das eine praktische Tür. Ich habe es mir allerdings auch schon manchmal leicht gemacht und einfach ein quadratisches Stück Sperrholz an das Ende der Dampfkammer angeschraubt. Als Faustregel rechnet man pro 25 mm Holzstärke eine Stunde Dämpfzeit. Die Dauer des Dämpfens kann jedoch je nach Holzart und Trocknungsmethode unterschiedlich ausfallen. Ich neige meist zu etwas längeren Zeiten, da ich in der Regel künstlich getrocknetes Holz verwende.

MIT EINER BIEGEBAND HOLZRISSE VERMEIDEN

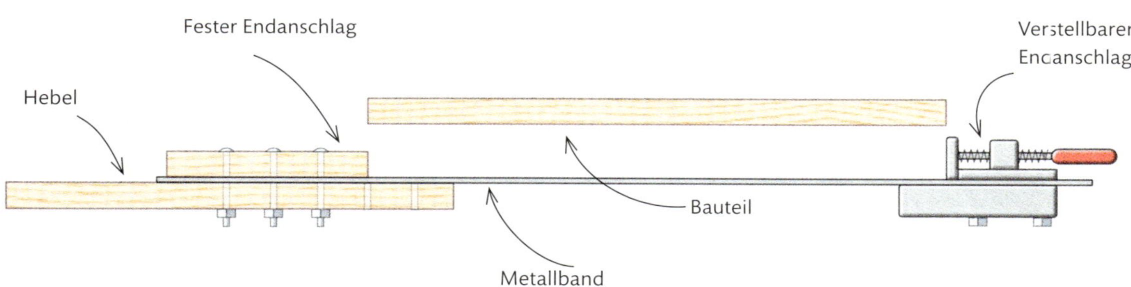

Wenn man dünnes Material biegen oder nur eine sanfte Biegung erreichen möchte, kann man das Material meist einfach über die Form biegen und dann anspannen. Bei stärkeren Bauteilen und engeren Kurven kann ein Biegeband allerdings zwischen Rissen im Holz und einer erfolgreichen Biegung entscheiden. Eine Biegeband besteht aus einem biegsamen Metallstreifen mit Anschlägen an beiden Enden. Wenn man das Material zwischen die Anschläge legt, wird das Holz auf der Innenseite der Biegung zusammengedrückt, was keine weiteren Auswirkungen hat. Ohne das Biegeband neigt das Holz auf der Außenseite der Biegung dazu, sich zu dehnen, was zu Rissen im Bauteil führt. Man kann ein Biegeband selbst herstellen oder von Lieferanten im Internet beziehen.

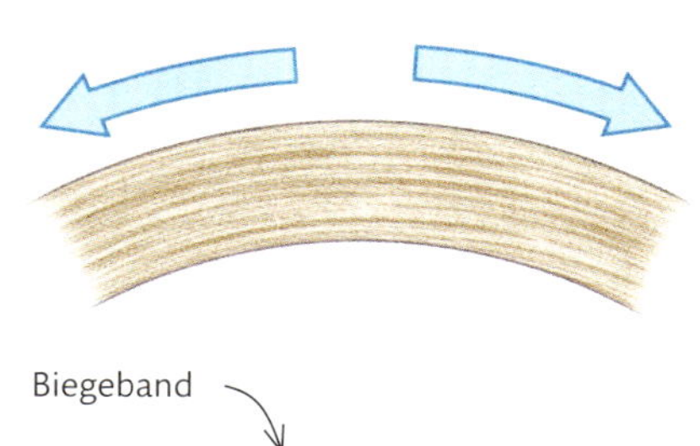

Bei einem normalen Biegevorgang können sich die Holzfasern an der Außenseite der Biegung dehnen und reißen.

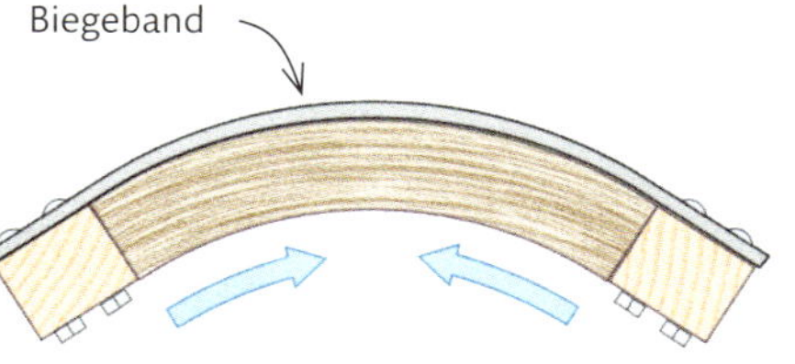

Ein Biegeband hält das Holz und komprimiert die Fasern auf der Innenseite der Biegung.

DIE BIEGUNG AUSFÜHREN

2

3

4

5

Spannen Sie die Biegeform an einer stabilen Unterlage an, und stellen Sie die Endanschläge des Biegebands so ein, dass das Bauteil bequem dazwischen passt **(1)**. Ziehen Sie dann mit einer Ratsche den verstellbaren Endanschlag dicht an das Material an **(2)**. Spannen Sie ein Ende des Bauteils an der Biegeform an **(3)**, und legen Sie es langsam um die Form herum **(4)**. Spannen Sie abschließend das andere Ende an der Form an **(5)**. Lassen Sie das Bauteil etwa eine Stunde eingespannt. Nehmen Sie dann das Biegeband ab, und spannen Sie das Bauteil direkt an der Biegeform an, während es trocknet, oder legen Sie es in eine Trockenform ein, damit es während das Trocknens die Biegung beibehält.

EINE PRAKTISCHE ANWENDUNG

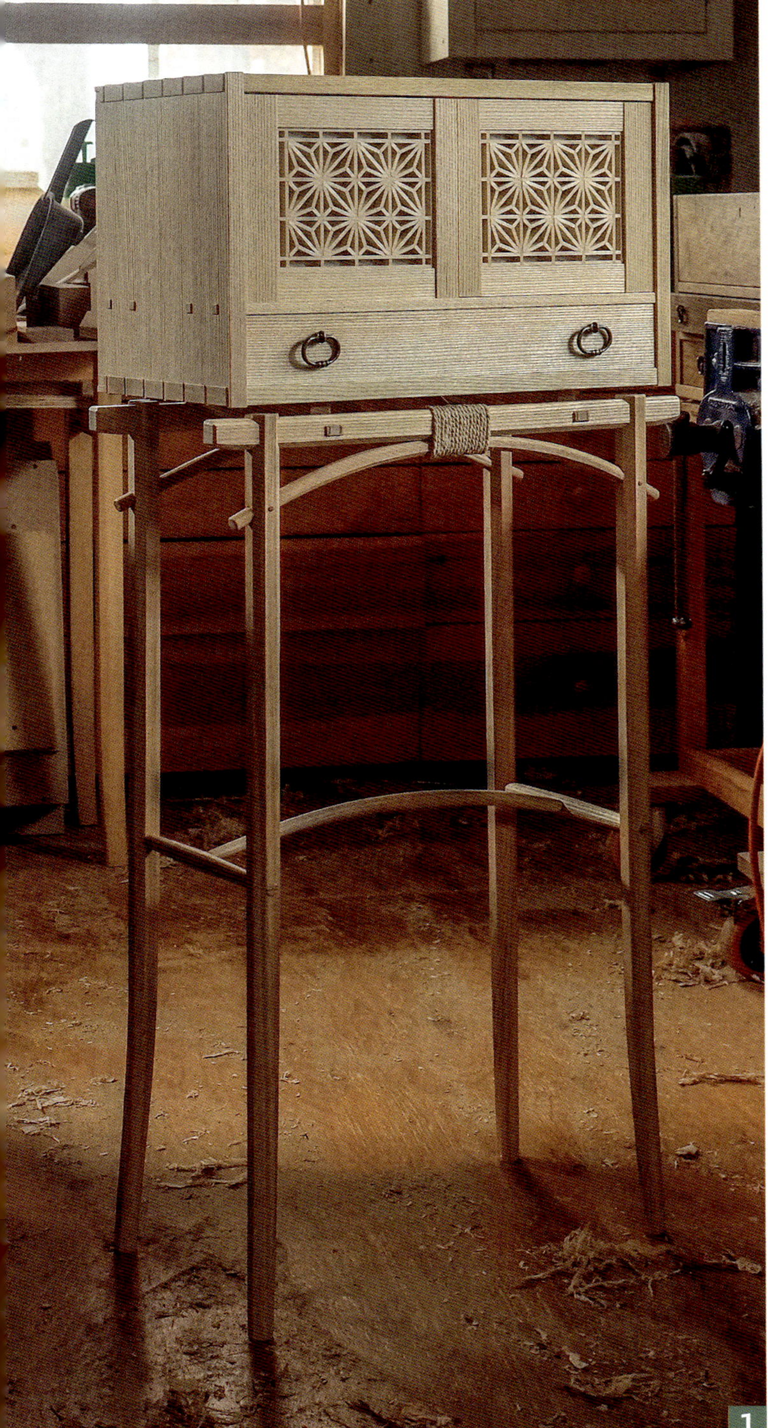

1

2

3

4

Das Gestell dieses Schränkchens weist sowohl sanfte als auch recht deutliche Kurven auf **(1)**. Die Beine sind im unteren Drittel leicht ausgestellt, ich musste also nicht die gesamten Bauteile dämpfen. Stattdessen ersetzte ich die Tür der Dampfkammer durch eine mit Löchern, sodass ich nur die Enden der Beine in die Kammer stecken konnte **(2)**. Da die Beine nur sanft gekrümmt sein sollten, verzichtete ich auf das Biegeband und spannte die Beine paarweise direkt an zweiseitige Formen an, die sowohl als Biegeformen als auch als Trockenformen dienten **(3)**. Auf diese Weise konnte ich alle vier Beine zur gleichen Zeit biegen. Die gebogenen Sprossen wiesen stärkere Krümmungen auf **(4)**, also verwendete ich ein Biegeband, um sie zu biegen. Ich verwendete einen Türspanner als Trockenform, um die Biegung zu halten, während die Sprossen trockneten **(5)**.

5

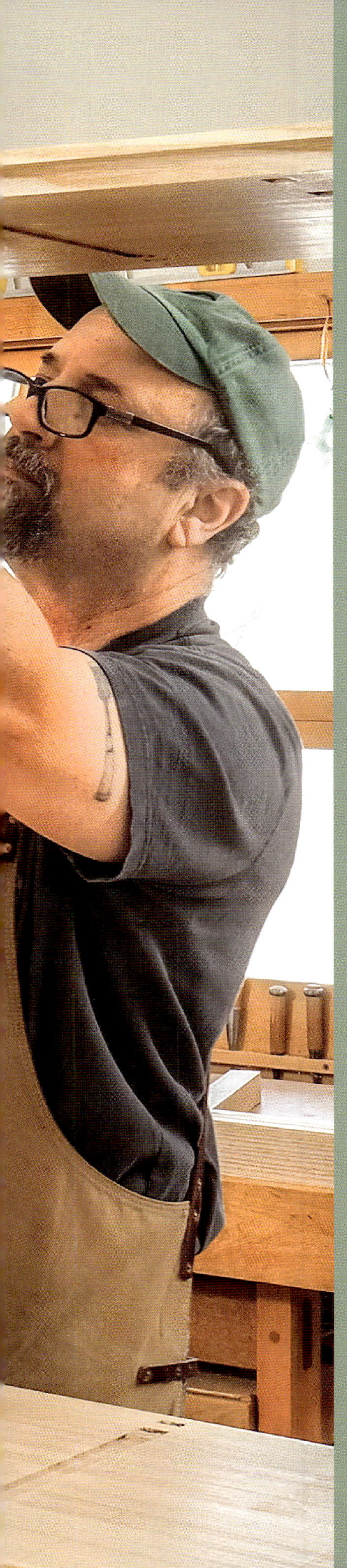

7 Wie sich die Teile zu einem Ganzen fügen

Die bisher in diesem Buch vorgestellten Werkstücke passten immer gut in eine Kategorie der Möbelverbindungen. Das wird bei den meisten Dingen, die wir bauen, wahrscheinlich nicht der Fall sein. Der Grund dafür ist recht einfach. Die Probleme, die sich bei den meisten Werkstücken ergeben, löst man am besten, indem man verschiedene Verbindungen kombiniert. Bisher habe ich die grundlegenden Verbindungsarten behandelt, ihre Einsatzmöglichkeiten und verschiedene Methoden, um sie anzuschneiden. Der nächste Schritt besteht darin, einen Plan zu entwickeln, um sie auf die bestmögliche Weise einzusetzen, damit man die je besonderen Probleme eines jeden Werkstücks lösen kann.

Das kleine Bücherregal zeigt, wie gut sich Schlitz-und-Zapfen-Verbindungen und Schwalbenschwanzzinkungen zusammen einsetzen lassen. Wenn man erst einmal begonnen hat, eine Schwalbenschwanzzinkung als gute Methode zu betrachten, um Bauteile an einer Ecke zu verbinden, und Schlitz-und-Zapfen-Verbindungen als ein Verfahren, um ein Bauteil sich über ein anderes hinaus erstrecken zu lassen, dann fällt es einem auch leicht, ihre gemeinsame Verwendung beim Entwurf eines neuen Werkstücks zu planen. Der Schrank im japanischen Tansu-Stil entwickelt dieses Konzept noch weiter und wendet es auf ein ehrgeizigeres Korpusmöbel an. Die gefrästen Doppelschlitze zeigen auch sehr schön, wie ein konkretes Möbelstück dazu führen kann, eine altbekannte Verbindung neu zu gestalten. Der Tisch für den Eingangsbereich mit gebogenen Sprossen verbindet ebenfalls Schwalbenschwänze und Zapfen, allerdings auf etwas andere Weise. Ein Korpus mit gezinkten Schubladen sitzt auf einem Gestell, dessen Teile miteinander verzapft sind: eine etwas andere Variante des normalen Tischs mit Schubladen. Die Formgebung spielt in diesem Fall mit den kräftig gebogenen Sprossen und den sanften Verjüngungen eine wichtige Rolle dabei, dem Stück Leben einzuhauchen.

Beendet wird das Kapitel mit zwei Stühlen. Zuerst kommt ein vielseitiger Entwurf für einen Esszimmerstuhl. Diese grundlegende Stuhlkonstruktion führt in die Herstellung abgewinkelter Holzverbindungen ein und zeigt auch, wie man Schlitze in unregelmäßig geformte Bauteile schneidet. Außerdem zeigt es, wie bestimmte Details (in diesem Fall das durchbrochene Rückenbrett und die Kammlehne) einen Entwurf beleben und gleichzeitig einem bestimmten Möbelstil zuweisen können. Schließlich setzt ein Schaukelstuhl die Gestaltung des Esszimmerstuhls fort, indem er der Palette dreidimensionale Armlehnen und laminierte Kufen hinzufügt.

Manche dieser Möbel mögen auf den ersten Blick etwas einschüchternd wirken, aber bei genauerer Betrachtung stellt man fest, dass jede von ihnen mit einigen grundlegenden Verbindungen und Techniken hergestellt wurde, die nicht schwer zu erlernen sind.

ROWLING
HARRY POTTER AND THE CHAMBER OF SECRETS
ROWLING
HARRY POTTER AND THE PRISONER OF AZKABAN
ROWLING
HARRY POTTER
ROWLING
HARRY POTTER AND THE GOBLET OF FIRE

Ein Bücherregal mit Zinken und Zapfen

Ich habe einige Stücke gebaut, die zwar deutlich vom Arts-and-Crafts-Stil beeinflusst sind, aber auch eine robuste, freundliche, märchenhafte Ausstrahlung haben. Ich baue solche Dinge meist für unser eigenes Haus, und es ist angenehm, mit ihnen zu leben. Sie erinnern mich etwas an die Flohmarktfunde, die ich im Laufe der Jahre gesammelt habe: Sie lassen sich nicht auf ein bestimmtes Alter oder einen Stil festlegen, ihnen wohnt kein Wert als Antiquität inne, aber dennoch findet man anscheinend immer eine Verwendung für sie und so bleiben sie auch eine Weile Mitbewohner. Dieses Bücherregal gehört auf jeden Fall in diese Kategorie, und es ist ein Vergnügen, es zu bauen.

Es ist ein schönes Musterstück mit gezinkten Eckverbindungen und einem eingezapften Regalboden – gerade genug Verbindungen, um in Übung zu bleiben, ohne sich auf ein viel Zeit beanspruchendes Vorhaben festlegen zu müssen. Die Vorderkante des Regalbodens bietet auch Gelegenheit, sich einmal an einfachen Kerbschnitzereien zu versuchen.

Die Trennwände werden mit Domino-Federn eingesetzt, was ihre Dimensionierung vereinfacht (siehe Seite 114). Eine Alternative wären abgesetzte Nuten im Regalboden und dem Korpusboden, in die man dann kurze Zapfen an den Ober- und Unterkanten der Trennwände einschieben könnte, nachdem man den Korpus verleimt hat. Der Schreibtisch-Organizer auf (Seite 58) zeigt ein gutes Beispiel für diese Methode. Manchmal erfordert eine anstehende Aufgabe eine ganz bestimmte Lösung, zu anderen Zeiten mag die Entscheidung nicht so eindeutig vorgegeben sein, In solchen Situationen wird die Methode, für die ich mich entscheide, vermutlich durch die Werkzeuge und Methoden beeinflusst, die ich auch an anderen Stellen des Projekts eingesetzt habe. So kann es sein, dass man an einem Tag auf die eine Herangehensweise verfällt, während eine andere Methode zur Lösung des gleichen Problems am nächsten Tag der bessere Weg scheinen mag.

Ein Werkstück, an dem nur zwei Ecken mit Schwalbenschwanzzinkungen verbunden werden, mag etwas eigenartig anmuten, aber ich verwende diese Form sogar relativ häufig in meinen Arbeiten. Es ist in anderen

▸ *Fortsetzung Seite 234*

DIE RECHTWINKLIGKEIT DES KORPUS SICHERSTELLEN

1

2

3

Die wichtigsten waagerechten Bestandteile des Bücherregals sind der Boden und der Regalboden. Auch wenn sie auf unterschiedliche Weise mit den Seitenteilen verbunden sind, ist es wichtig, dass sie in der Entfernung von Brüstung zu Brüstung übereinstimmen. Hier erweist sich die Methode, mit der ich den Verschnitt zwischen den Zinken herausfräse, als nützlich. Ich verwende Sie nicht nur für die Schwalbenschwanzzinkung **(1)**, sondern belasse die gleiche Schnitttiefeneinstellung beim Fräser und fräse auch den Verschnitt zwischen den Zapfen heraus **(2)**. Wenn die Bauteile anfänglich auf die gleiche Länge geschnitten wurden, sollte die Entfernung zwischen den Brüstungen auch gleich sein **(3)**, sodass sich der Korpus ohne viel Aufwand im rechten Winkel zusammenstecken lässt **(4)**.

4

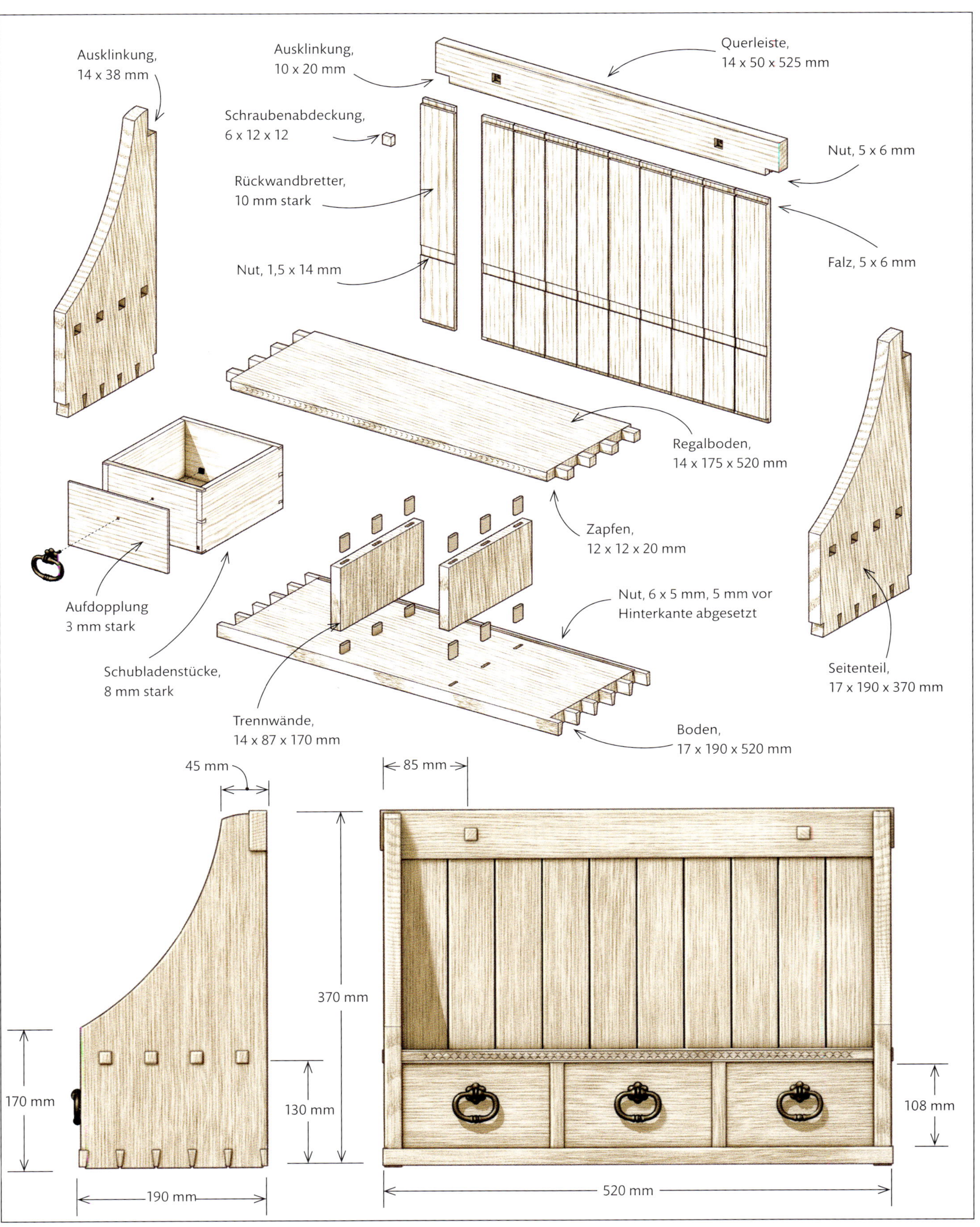
Ausklinkung,
14 x 38 mm
Ausklinkung,
10 x 20 mm
Querleiste,
14 x 50 x 525 mm
Schraubenabdeckung,
6 x 12 x 12
Nut, 5 x 6 mm
Rückwandbretter,
10 mm stark
Falz, 5 x 6 mm
Nut, 1,5 x 14 mm
Regalboden,
14 x 175 x 520 mm
Zapfen,
12 x 12 x 20 mm
Nut, 6 x 5 mm, 5 mm vor
Hinterkante abgesetzt
Aufdopplung
3 mm stark
Schubladenstücke,
8 mm stark
Seitenteil,
17 x 190 x 370 mm
Trennwände,
14 x 87 x 170 mm
Boden,
17 x 190 x 520 mm
45 mm
85 mm
370 mm
170 mm
130 mm
108 mm
190 mm
520 mm

EINE ANSPRECHEND GESTALTETE RÜCKWAND IN RAHMENBAUWEISE

1

2

3

Wandschränken zu sehen, die ich gebaut habe, kommt aber auch häufig in Stücken vor, die auf dem Boden stehen. Der Schrank im Tansu-Stil auf der Seite 232 sieht ganz anders aus als dieses Bücherregal, seine Konstruktion ist aber ähnlich. Dort ist die Form auf den Kopf gestellt, sodass die Schwalbenschwanzzinkungen den Deckel des Korpus halten, während die Zapfen am Boden längere Seitenteile erlauben, die über den Regalboden hinausreichen, um einen Sockel für den Korpus zu schaffen.

Ein Merkmal, das mir sehr gut gefiel, war die gespundete Rückwand. Sie wird zwar größtenteils hinter Büchern versteckt sein, aber die Rückwand ist auffällig und wahrscheinlich eher zu sehen als eine typische Korpusrückwand, deswegen wollte ich sie etwas ansprechender gestalten. Sie besteht aus Brettern, die nicht nur an den Seiten ausgefälzt sind, sondern auch an den oberen und unteren Enden. So können sie in Nuten im oberen Querfries und dem Korpusboden eingelegt werden. Außerdem haben die Bretter eine flache Nut, wo sich der Regalboden befindet, sodass sie den Boden etwas überragen und die Fuge zwischen Regalboden und Rückwandbrettern verdecken. Ich habe noch nie ein Beispiel für genau dieses Konstruktionsdetail gesehen, deshalb hat es Spaß gemacht, es zu entwickeln, auszuprobieren und zu sehen, dass es funktioniert. Diese Art des kreativen Konstruierens gehört zu den Dingen, die ich an der Möbeltischlerei schätze. In diesem Fall mag die Konstruktion übertrieben aufwendig sein, aber sie gehört jetzt zu meiner Palette und ich kann mir vorstellen, dass ich sie in der Zukunft wieder bei Werkstücken einsetze. Ich schweife ab. Aber die Vorstellung, dass man genug lesen, genug Videos ansehen, genug Kurse besuchen könnte, um auf jedes Szenario vorbereitet zu sein, das in der Werkstatt auftaucht, ist einerseits irreal und andererseits auch belanglos. Auf Lösungen für die Probleme zu kommen, denen man sich gegenübersieht, auch wenn es nicht die ‚richtigen' Lösungen sind, ist ein wesentlicher Bestandteil des Möbelbaus. Zudem ist es einer der befriedigendsten Aspekte des Handwerks.

4

5

Die Rückwand besteht aus Brettern mit Wechselfalz. Legen Sie jeweils drei oder vier dieser Bretter zusammen, und verwenden Sie einen Schiebeklotz, um die Enden der Bretter ebenfalls auszufälzen **(1 und 2)**. Ich verwende ein teilweise von einem Winkelbrett verdecktes Nutsägeblatt, um die Fälze anzuschneiden. Schneiden Sie die Fälze an den Enden so an, dass die verbliebenen Spünde leicht in die Nuten im oberen Querfries und im Korpusboden passen **(3)**. Da die Bretter bis zum Korpusboden hinabreichen, muss der Regalboden schmaler geschnitten werden **(4)**. Die so an der Hinterkante entstandene Fuge wird verborgen, indem man in Höhe des Regalbodens eine flache Nut in die Rückwandbretter fräst. Dadurch überdeckt die Rückwand den Regalboden etwas und man sieht keine Fuge zwischen der Hinterkante des Regalbodens und den Rückwandbrettern **(5)**. Nur eine Kleinigkeit, aber ein nettes Detail. Der obere Querfries hält die Rückwandbretter an Ort und Stelle **(6)**. Die Bretter stoßen stumpf auf die Seitenteile und um an dieser Stelle keine Lücke entstehen zu lassen, leime ich zuerst die äußeren Bretter an den Seitenteilen an und lege dann die übrigen Bretter dazwischen. Eingelegte Distanzhalter sorgen für gleichmäßige Abstände.

6

Mit wenigen Elementen zu gestalterischer Freiheit: Ein Schrank im japanischen Tansu-Stil

Zapfen, Schwalbenschwänze, Fälze und Nuten. Diese grundlegenden Elemente sind an und für sich recht einfach, wenn man sie aber zusammen einsetzt, entwickeln sie große Wirkung. Wie der binäre Code, der allen digitalen Geräten zugrunde liegt, sind es nur eine geringe Anzahl von Verbindungen, die das Herz der Möbeltischlerei bilden. Wenn Sie diese Verbindungen meistern, steht Ihnen eine ganze Welt offen. Dieser Schrank ist ein gutes Beispiel dafür, dass man sich auf nur einige wenige Elemente beschränken und dennoch ein ungeheures Maß an Freiheit beim Möbelbau erreichen kann. Obwohl der Schrank und das kleine Bücherregal auf Seite 230 kaum Ähnlichkeiten zu zeigen scheinen, haben die beiden Stücke doch die grundlegende Konstruktion gemein, in der Schwalbenschwanzzinkungen an den Ecken mit durchgehenden Zapfen kombiniert werden. Es ist ein Thema, das man in vielen Variationen spielen kann. Schwalbenschwanzzinkungen sind eine gute Wahl, wenn Bauteile an einer Ecke aufeinandertreffen, während durchgehende Zapfen es erlauben, ein Bauteil auch über die Ecke hinaus zu verlängern. Bei diesem Stück werden die oberen Ecken gezinkt und die durchgehenden Zapfen am unteren Ende erlauben eine Verlängerung der Seitenteile über den untersten Regalboden hinab, um einen Sockel für den Schrank zu schaffen. Bei dem Bücherregal im vorhergehenden Abschnitt sind die Schwalbenschwanzzinkungen am Boden, während die Zapfen am Regalboden es ermöglichen, die Seitenteile nach oben zu verlängern, um eine Abstellfläche für Bücher zu schaffen. Je mehr Erfahrungen Sie sammeln, desto mehr wird sich Ihr Augenmerk vom einfachen Anschneiden der Verbindungen einem allgemeinen Verständnis darüber zuwenden, wie Verbindungen zusammenarbeiten können, damit Sie die Werkstücke verwirklichen können, die Sie bauen möchten.

Obwohl wir dazu neigen, die Tischlerei als das Herstellen von Gegenständen zu betrachten, so geht es bei fast jedem Aufbewahrungsmöbel doch im Wesentlichen darum, Raum einzugrenzen und ihn dann in kleinere Räume zu unterteilen, indem man Türen, Trennwände, Schubladen und Regalböden einbaut. Dieser Aspekt der Gestaltung bereitet mir die meiste Freude (und die meisten Probleme) beim Möbelbau, da er nicht nur die Nützlichkeit eines Stücks bestimmt, sondern auch sein Aussehen. Meine

▸ *Fortsetzung Seite 246*

SCHRANK IM TANSU-STIL

Die Schwalbenschwanzzinkungen oben am Korpus sind ein ausdrucksstarkes Gestaltungsmerkmal, aber die anderen Korpusverbindungen sind alles Schlitz-und-Zapfen-Verbindungen. Riftgeschnittene Esche als Material gibt dem Stück eine ruhige, geordnete Ausstrahlung.

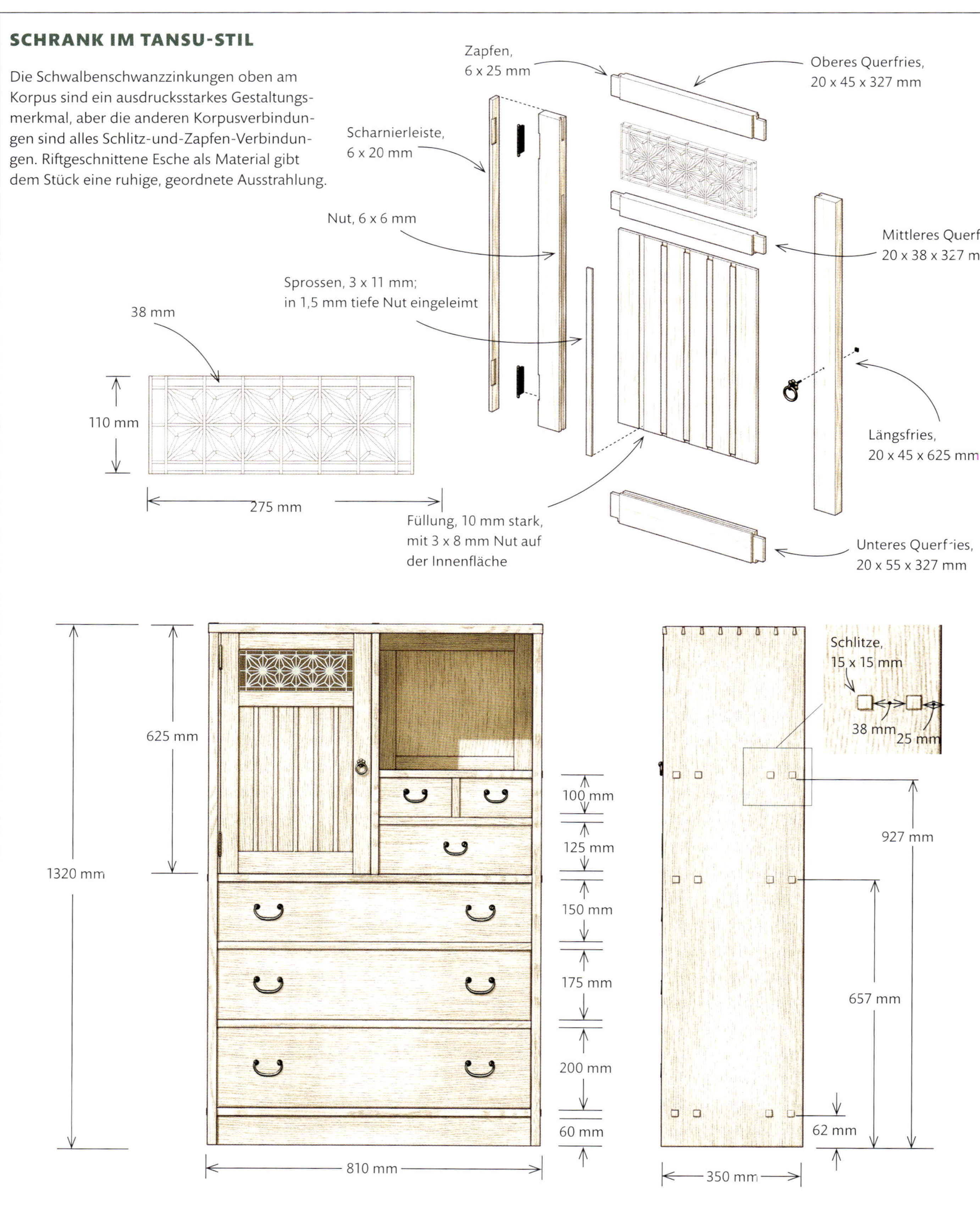

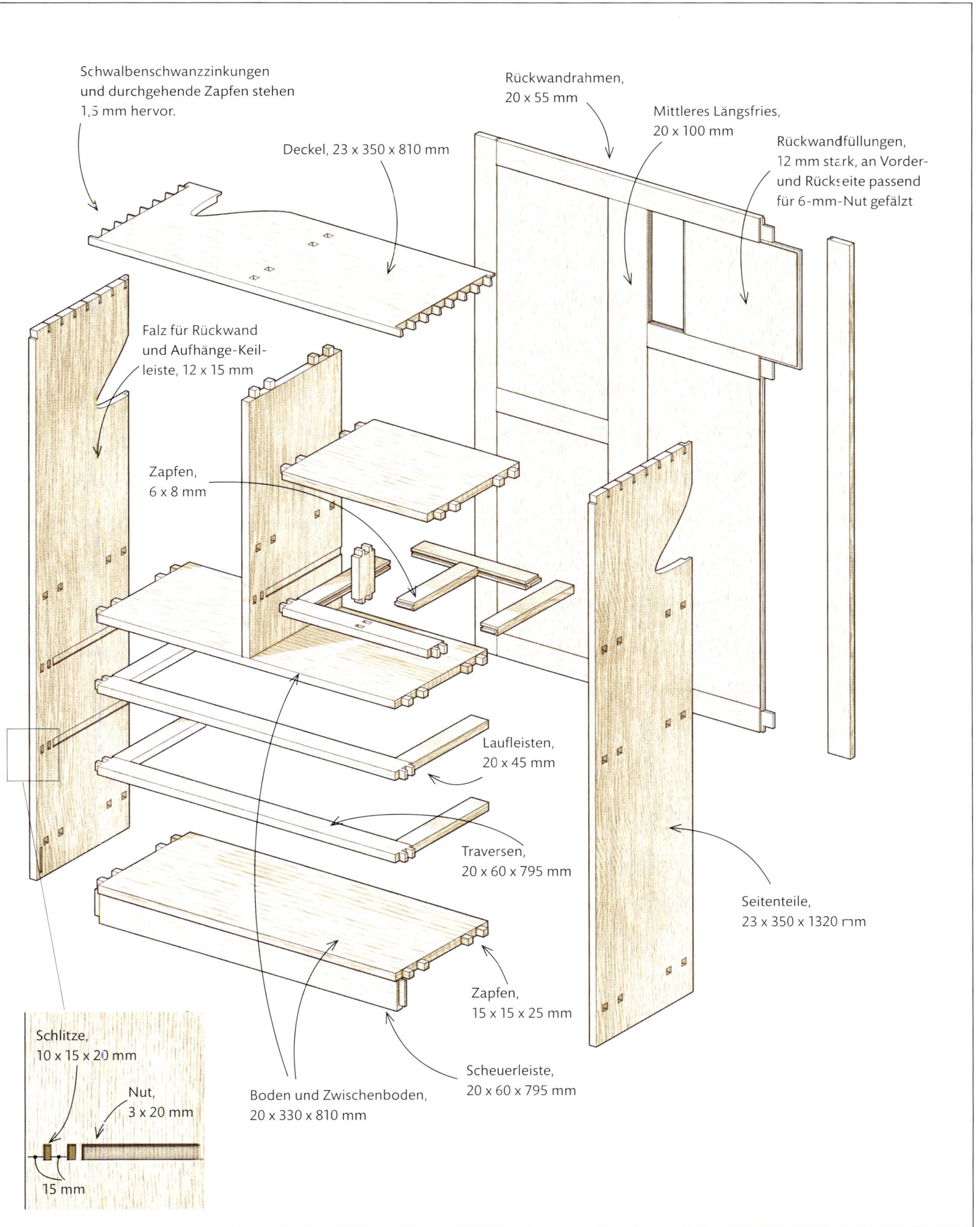
Schwalbenschwanzzinkungen
und durchgehende Zapfen stehen
1,5 mm hervor.
Deckel, 23 x 350 x 810 mm
Rückwandrahmen,
20 x 55 mm
Mittleres Längsfries,
20 x 100 mm
Rückwandfüllungen,
12 mm stark, an Vorder-
und Rückseite passend
für 6-mm-Nut gefälzt
Falz für Rückwand
und Aufhänge-Keil-
leiste, 12 x 15 mm
Zapfen,
6 x 8 mm
Laufleisten,
20 x 45 mm
Traversen,
20 x 60 x 795 mm
Seitenteile,
23 x 350 x 1320 mm
Zapfen,
15 x 15 x 25 mm
Scheuerleiste,
20 x 60 x 795 mm
Boden und Zwischenboden,
20 x 330 x 810 mm
Schlitze,
10 x 15 x 20 mm
Nut,
3 x 20 mm
15 mm

DURCHGEHENDE ZAPFEN IN GROSSEN BAUTEILEN

Das Anreißen der Zapfen ähnelt dem Vorgehen bei dem Schrank im Arts-and-Crafts-Stil (Seite 118), unterscheidet sich aber auch, sodass es sich lohnt, die Situation hier genauer anzusehen. Anstelle von zwei waagerechten Zapfen hat dieser Korpus jeweils zu Paaren angeordnete quadratische Zapfen. Außerdem sind viele der Zapfenpaare so weit von den Enden des Bauteils entfernt, dass man die oberen und unteren Schlitzwandungen nicht mit dem Streichmaß anreißen kann. Das Positive ist, dass man einen Distanzhalter verwenden kann, um alle vier Schlitzwandungen anzureißen.

Dabei sollte man sich vor Augen halten, dass diese Methode beide Längskanten des Bauteils als Bezugskanten verwendet, um die Schlitze und Zapfen anzureißen. Dadurch wird das Verfahren sehr genau, es kann aber auch zu Problemen führen, da schon geringe Abweichungen in der Breite der Bauteile dazu führen können, dass die angerissenen Verbindungen nicht zusammenpassen.

Bringen Sie zuerst Klebeband an den Stellen an, wo Schlitze geschnitten werden sollen, und markieren Sie mit Bleistift die ungefähre horizontale Lage der Schlitze. Stellen Sie ein Streichmaß für die innere Wandung des inneren Schlitzes und ein weiteres Streichmaß für den äußeren Schlitz ein. (Falls Sie nur ein Streichmaß besitzen, ist dies eine gute Ausrede, sich ein zweites anzuschaffen.) Reißen Sie die innere Wandung der Schlitze an **(1)**. Legen Sie einen Distanzhalter in der vorgesehenen Breite des Schlitzes **(2)** zwischen das Streichmaß und das Bauteil, und reißen Sie die äußere Wandung an **(3)**. Achten Sie darauf, auch alle Schlitze an der anderen Seite des Bauteils anzureißen (man vergisst sehr leicht einen). Verwenden Sie das andere Streichmaß, um die verbliebenen Schlitze anzureißen. Behalten Sie die Einstellung der Streichmaße bei, weil sie noch für die Zapfen benötigt werden. Reißen Sie dann die oberen und unteren Wandungen der Schlitze an. Verwenden Sie dazu ein Brett als Lehre, an dessen eines Ende Sie eine Anschlagleiste angeleimt haben. **(4)** Dieses Brett wird so lang zugeschnitten, dass man die Schlitzreihe anreißen kann, die am weitesten vom Ende des Bauteils entfernt ist. Für die näheren Schlitzreihen wird es dann später entsprechend gekürzt. Legen Sie die Anschlagleiste der Lehre am Ende des Bauteils an, und reißen Sie die Schlitzwandungen mit einem Anreißmesser an **(5)**. Legen Sie dann den Distanzhalter vor die Anschlagleiste, und reißen Sie die gegenüberliegenden Wandungen an **(6)**. Wenn Sie das Klebeband abnehmen, kommt ein präzise angerissener Schlitz zum Vorschein **(7)**. Verwenden Sie dann die Streichmaße und den Distanzhalter, um auch die Zapfen anzureißen. Falls Sie die Zapfen an der Tischkreissäge anschneiden (siehe Seite 98), reißen Sie sie wie gezeigt auf der Seite des Bauteils an **(8)**. Falls Sie mit der Handsäge arbeiten wollen, bringen Sie Klebeband auf dem Hirnholz an, und reißen Sie dort an, wie Sie es für die Zinken einer Schwalbenschwanzzinkung tun würden.

Halten Sie das Zapfenbrett an das Schlitzbrett, um Ihre Risse zu überprüfen **(9)**. Falls Sie sorgfältig gearbeitet haben, die Zapfen aber dennoch leicht gegenüber den Schlitzen versetzt sind, kontrollieren Sie nochmals, ob die Bretter genau die gleiche Breite haben. Falls sie leicht in der Breite abweichen, ist noch nicht alles verloren. Ich würde mir bei einem Versatz von 0,5 mm oder weniger noch keine Sorgen machen. Falls es mehr sein sollte, würde ich mir allerdings die Mühe machen, die Bauteile nochmals genau auf Breite zu sägen und erneut anzureißen.

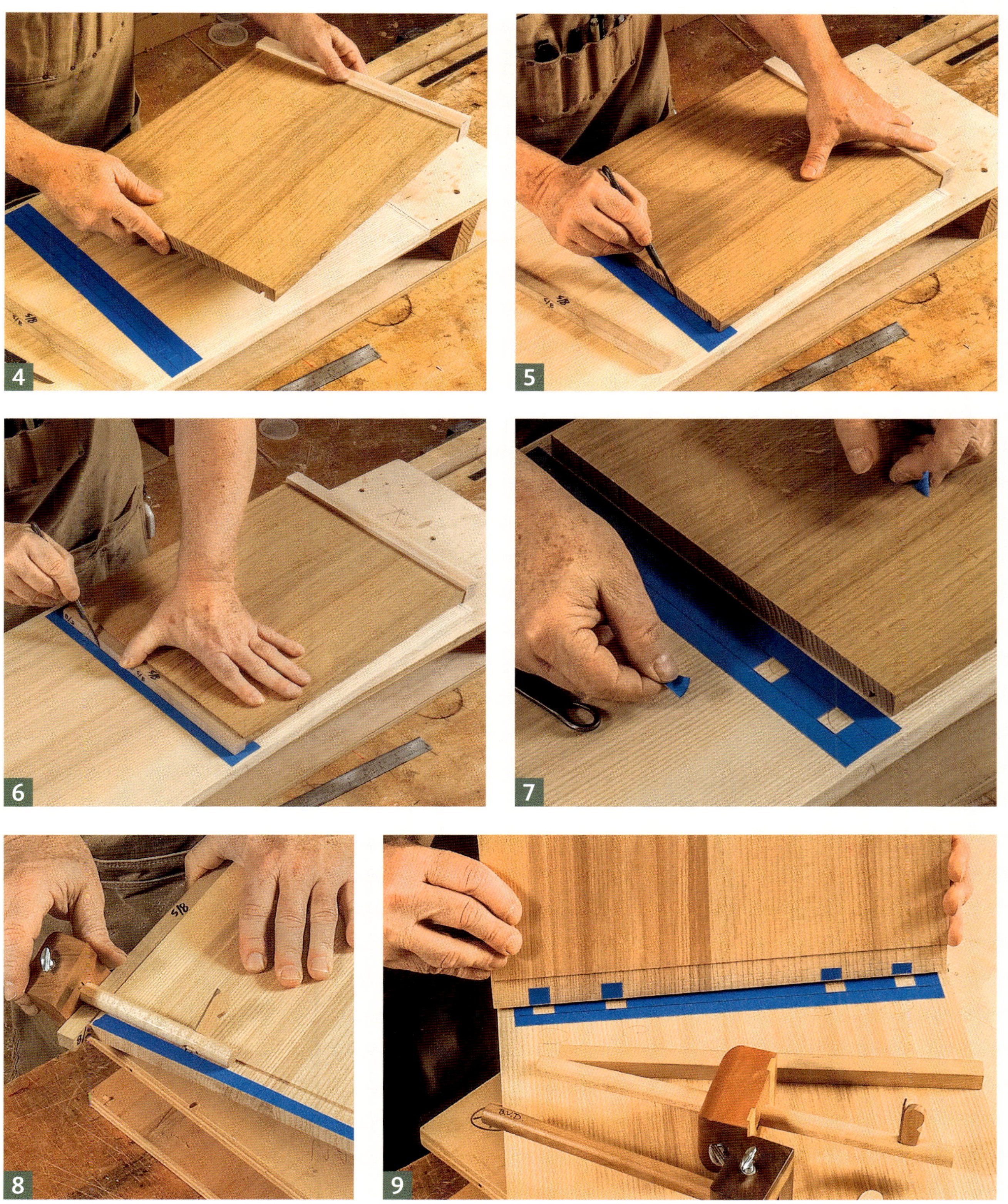

1

TRAVERSEN MIT DOPPELZAPFEN

2

Ich habe die Traversen mit Doppelzapfen an den Korpusseitenteilen befestigt **(1)**, da die größere Leimfläche eine belastbarere Verbindung ergibt. Um die Belastbarkeit noch weiter zu erhöhen, haben die Zapfen oben und unten keine Brüstungen. Eventuelle Lücken werden durch die Schubladen verdeckt. Bei dem Schränkchen auf einem Untergestell (Seite 130) habe ich beschrieben, wie man Doppelzapfenverbindungen mit der Tischkreissäge und der Schlitzstemmmaschine schneidet, aber in diesem Fall habe ich mich für eine andere Methode entschieden. Dabei werden zwar auch zwei Distanzhalter verwendet, aber in diesem Fall setze ich sie mit der Oberfräse für die Schlitze und einem Nutsägeblatt für die Zapfen ein. Man muss hier die Oberfräse verwenden, da die Korpusseitenteile zu breit für die Schlitzstemmmaschine sind. Insofern ist es gut, diese Methode zu kennen, wenn man größere Bauteile bearbeiten muss. Stellen Sie den Parallelanschlag der Tauchfräse so ein, wie Sie es auch für einen normalen Zapfen tun. Die Einstellung wird für den inneren der beiden Schlitze vorgenommen **(2)**. Befestigen Sie dann mit doppelseitigem Klebeband einen Distanzhalter am Parallelanschlag **(3)**, und fräsen Sie den äußeren Schlitz **(4)**. Stechen Sie abschließend die Ecken der Schlitze rechtwinklig nach.

Die Zapfen werden mit einem Nutsägeblatt angeschnitten, das für einen 10 mm breiten Schnitt aufgerüstet ist. Das breite Sägeblatt entfernt den gesamten Verschnitt zwischen den Zapfen, sodass man später die Aussparungen zwischen den Zapfen nicht nachputzen muss. Sie benötigen den Distanzhalter, den Sie für die Schlitze verwendet haben, und zusätzlich einen Distanzhalter, um die Zapfen zu schneiden (siehe Seite 106) zur Dimensionierung dieses Distanzhalters). Bringen Sie einen Stoppklotz an, um die Außenwange des Zapfens zu schneiden, der am weitesten vom Stoppklotz entfernt ist **(5)**. Schneiden Sie dann einmal unter Verwendung des Distanzhalters für Zapfen ein **(6)**, und legen Sie dann den Distanzhalter für den Schlitzabstand ein **(7)**. Für den letzten Schnitt werden beide Distanzhalter zusammen verwendet **(8)**. Der Verschnitt an den Kanten des Bauteils wird entfernt, indem man es am Sägeblatt ausrichtet und einschneidet **(9)**. Die Passung sollte schon nach dem Sägen sehr gut sein, und man kann auf diese Weise recht schnell eine Menge Verbindungen anschneiden.

3

4

5

3/8 tenon w/ 3/8 BOX BLADE
6

SPACER
7

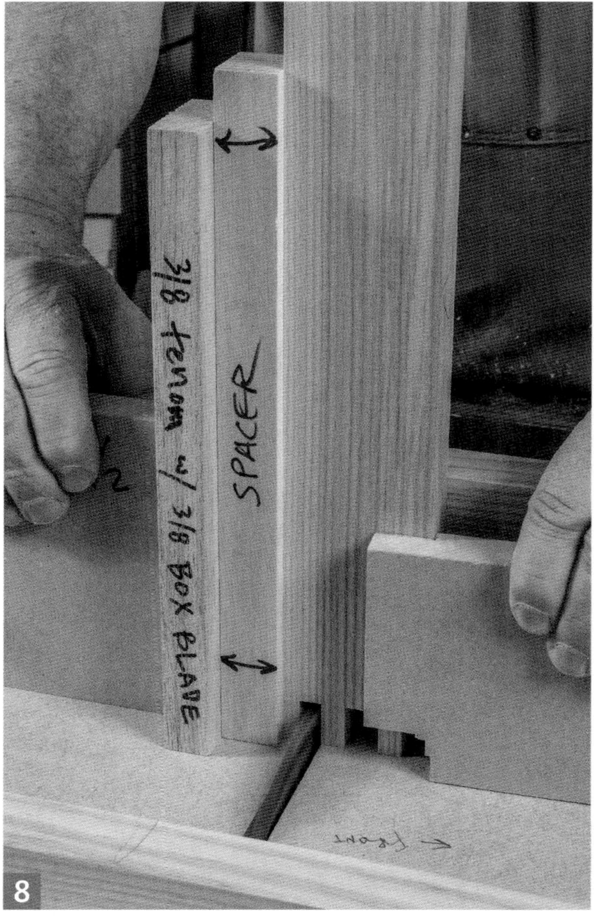
3/8 tenon w/ 3/8 BOX BLADE
SPACER
8

9

EINE KOMPLIZIERTE VERLEIMUNG VEREINFACHEN

Verleimungen sind schon unter den besten Umständen meist mit viel Stress verbunden. Aber die Größe dieses Möbelstücks und die Zahl der Komponenten, die zusammengebracht werden müssen, machen die Verleimung in diesem Fall zu einer ganz besonders herausfordernden Angelegenheit. Falls irgend möglich, versuche ich eine Verleimung immer in möglichst viele kleinere Teilmontagen aufzulösen. Sie erfordert dann weniger Geduld – und weniger Zwingen. Man kann den Vorgang in diesem Fall nicht in allzu viele Schritte unterteilen, aber man kann doch zwei kleinere Baugruppen schaffen, sodass bei der Endmontage nicht so viele Einzelteile verleimt werden müssen. Ein Problem bei der Verleimung von Baugruppen besteht darin, die Einzelteile bündig zu halten. Dabei kann es sehr helfen, wenn man zusätzliche Bauteile des Werkstücks trocken hinzufügt, um die Baugruppe im Lot zu halten. Bringen Sie die Seitenteile also provisorisch an, wenn Sie den Deckel und Regalboden an der senkrechten Trennwand anleimen **(1 & 2)**. Damit kann man recht gut sicherstellen, dass die Baugruppe rechtwinklig ist und später beim Verleimen keine Probleme macht.

1

Indem man zwei Baugruppen verleimt, bevor der Korpus als Ganzes verleimt wird, kann man die Zahl der Elemente, die verleimt werden müssen, von 12 auf 8 reduzieren. Das ist immer noch eine große Verleimung, aber eine, die nicht ganz so anstrengend ist.

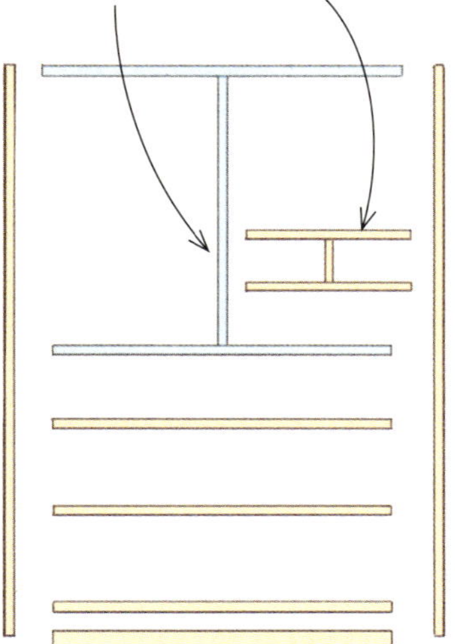

2

3

Ein weiteres Problem bei der Verleimung von großen Werkstücken besteht darin, genug Zwingen anzusetzen, damit alle Bauteile zusammengehalten werden, während der Leim trocknet **(3)**. Bei einem Werkstück mit durchgehenden Zapfen wie diesem kann man die Zapfen vor der Montage schlitzen und dann Keile eintreiben (siehe Seite 111). Das ist auf verschiedene Weisen hilfreich. Zum einem werden die Bauteile dadurch sehr gut zusammengezogen, sodass sich später keine Fugen auftun. Aber noch hilfreicher sind die Keile, weil man nach ihrem Eintreiben die Zwingen, die dort angesetzt waren, abnehmen und an anderer Stelle des Werkstücks wieder ansetzen kann, um dort wiederum Keile einzutreiben. Auf diese Weise kann man sich um das Werkstück herum arbeiten und jeweils Zwingen ansetzen und Keile eintreiben **(4)**. Man hat zwar nur eine gewisse Zeit, um alle Bauteile und -gruppen zu verleimen, aber Keile kann man auch noch eintreiben, wenn der Leim bereits beginnt zu trocknen.

4

LAUFRAHMEN FÜR DIE SCHUBLADEN

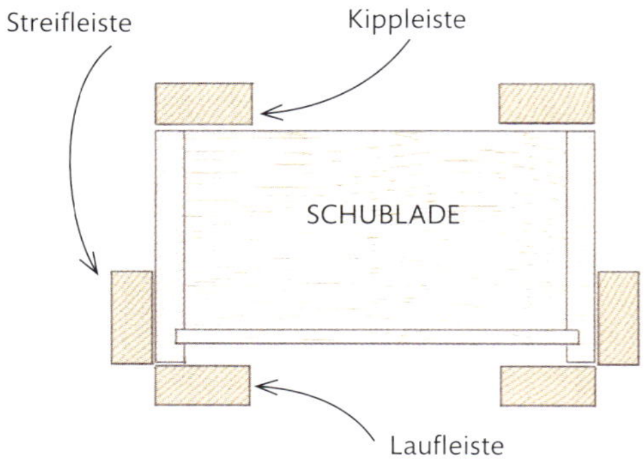

Eine Schublade muss auf unterschiedliche Weise geführt werden, damit sie sich glatt bewegen lässt. Zum einen benötigt sie eine Fläche, auf der sie läuft. Das kann der Boden eines Korpus oder ein Regalboden sein, aber wenn beide Optionen nicht gegeben sind, wird eine Laufleiste benötigt. Damit die Schublade nicht nach unten abkippt, wenn man sie herauszieht, braucht man auch eine Kippleiste. Bei einem Korpus mit übereinander liegenden Schubladen kann die Laufleiste der einen Schublade als Kippleiste für die darunter liegende dienen.

Arbeiten zeichnen sich meist durch die Abwesenheit exzessiven Dekors aus, also erhalten die Stücke ihre Persönlichkeit durch die Struktur, und die grundlegende Konstruktion wird zu einem Hauptelement des Entwurfs. Die Möbel der Shaker haben mich immer stark beeinflusst und inspiriert. Die Verbindung der minimalistischen Gestaltung mit der kreativen, oft asymmetrischen Anordnung von Türen und Schubladen gibt den Möbeln Lebhaftigkeit. Die gleiche wunderbare Kreativität findet man auch in den japanischen Tansu-Möbeln. Dieser Schrank bezieht sich zwar auf diese beiden Stile, er nimmt aber auch Elemente des Arts-and-Crafts-Stils auf, etwa die vorstehenden Verbindungen und den typischen Versatz, wo Bauteile aufeinander stoßen. Und schließlich gibt es auch noch ein Kumiko-Gitterwerk, das den Schrank zum Funkeln bringt wie ein Feuerwerk am Nachthimmel. Ich glaube, dass die Wirkung eines kleinen Details desto größer sein kann, je zurückhaltender ein Gesamtentwurf ist.

Ich habe schon seit langer Zeit einen solchen Schrank bauen wollen, und seine Ursprünge reichen zu verschiedenen Wandschränken zurück, die ich in der Vergangenheit gebaut habe. Die Wandschränke waren vergnügliche Übungen in der kreativen Nutzung von Raum, und wenn ich im Rückblick auf sie sah, schienen sie auch als Vorbild für größere Schränke dienen zu können. Dieses Buch bot sich als Ausrede an, um mich einmal eingehender mit dieser Idee zu beschäftigen.

Eine große Herausforderung – zudem eine, mit der ich nicht gerechnet hatte – hing mit der Veränderung des Maßstabs zusammen. Zuerst mussten die Gesamtgröße des Stücks und die Größenverhältnisse der Komponenten festgelegt werden, aus denen es besteht. Ich hatte eine Vorstellung davon, wie groß der Schrank sein sollte, aber wenn ich die Komponenten so bemaß, dass sie passten, hatte ich am Schluss manchmal etwas eigenartiger Abmessungen. Ein Entwurf, der auf dem Papier gut aussieht, kann zu einer Tür führen, die in der Realität zu hoch oder zu einer Schublade, die zu kurz ist.

Nachdem ich endlich zu einem endgültigen Entwurf gekommen war, stellte sich die nächste Herausforderung, als es darum ging, in einem größeren Maßstab zu bauen, als die früheren Wandschränke gehabt hatten. Aufgaben, die bei einem kleineren Werkstück einfach

2

3

Schließlich muss die Schublade auch noch seitlich geführt werden. Bei Schubladen, die beidseitig an (Zwischen-) Wände stoßen, können die Seitenstücke dafür genutzt werden, falls jedoch Schubladen ohne Zwischenwand nebeneinander liegen, muss man eine Streifleiste einbauen. OK, los geht's.

Die Laufleisten werden mit einem Zapfen in einen Schlitz an der hinteren Kante der Traverse eingesetzt (1). Da die Holzfasern der Laufleiste im rechten Winkel zu jenen der Korpusseite verlaufen, muss die Laufleiste so befestigt werden, dass das Holz arbeiten kann. In diesem Fall habe ich den vorderen Teil der Laufleiste am Korpusseitenteil angeleimt und sie hinten mit einer Schraube durch ein Langloch befestigt. Außerdem habe ich eine flache Nut für die Laufleiste in die Korpusseite gefräst, wodurch sie automatisch richtig ausgerichtet wird. Bei einer einzelnen Schublade würde ich mir diese Mühe nicht machen, aber bei diesem Werkstück lohnt sie sich.

Für die nebeneinander liegenden Schubladen mussten auch noch eine mittlere Laufleiste und Streifleiste angebracht werden. Ich schnitt eine Nut in die Innenkanten der Laufleisten (2) sodass ich eine breite Laufleiste in der Mitte anbringen konnte, die beide Schubladen trägt (3). Um diese Laufleiste hinten zu stützen, zapfte ich eine hintere Traverse in die beiden seitlichen Laufleisten ein (4). Abschließen wird dann noch eine Streifleiste in der Stärke der Trennwand auf die mittlere Laufleiste geleimt, um beide Schubladen seitlich zu führen.

4

EINE ANSPRECHEND GESTALTETE RÜCKWAND IN RAHMENBAUWEISE

Bei einem großen, auf dem Fußboden stehenden Möbelstück kommt der Rückwand eine wichtige Rolle zu, um das Stück langfristig im rechten Winkel zu halten. Sperrholz ist zwar sehr gut geeignet, um Scherwirkungen zu verhindern, aber ich neige doch eher zu Lösungen mit Vollholz. Eine Rückwand aus Brettern mit Wechselfalz ist eine einfache Lösung, aber eine Konstruktion aus Rahmen und Füllung bietet größere Scherstabilität **(1)**. Wenn man das Innere eines Korpus sehen kann, wie bei einem Bücherregal oder einem Schrank mit Türen, spielt die Rückwand auch eine ästhetische Rolle. Deswegen baute ich zusätzlich Querfriese ein, um die nach vorne offenen Stellen im oberen Teil des Korpus einzurahmen. Normalerweise stelle ich eine Rückwand in leichter Übergröße her und passe Sie in die Öffnung im Korpus ein. Wegen der Größe habe ich diese Einpassungsarbeiten in diesem Fall vorgenommen, während die Bauteile trocken zusammengesteckt waren. Auf diese Weise war es leicht, ein Fries abzunehmen, auf Maß zu verputzen, und dann die Passung wieder zu kontrollieren **(2)**. Die Rückwand des Stücks liegt in einem Falz in den Hinterkanten des Korpus und wird mit Leim und Schrauben darin befestigt **(3)**. Der mittlere Längsfries sieht von der Rückseite her zu breit aus, wirkt aber von vorne wie zwei einzelne Längsfriese **(4)**.

1

zu bewältigen waren, mussten anders angegangen werden, wenn man sie vergrößerte. Als ich mit dem Schrank anfing, meinte ich, der Bau würde mir schnell und einfach von der Hand gehen, da ich ja mit den Verbindungen vertraut war. Aber die größeren Abmessungen der Bauteile führten oft dazu, dass ich mein Herangehen bei jeder Aufgabe neu überdachte. Das Werkstück war keineswegs schwieriger zu bauen, aber es ist ein vollkommen anderes Exemplar als das gleiche in kleinerer Form.

Es kam hinzu, dass ein Wandschrank mit relativ dicken Bauteilen eine solide Konstruktion ist, bei der ich mir keine Sorgen machen musste, dass sie sich verziehen könnte. Aber ein Schrank dieser Größe kann schon aufgrund seines Eigengewichts aus dem Lot geraten, wenn er auf einem unebenen Fußboden steht. Dieser Gedankengang führte dazu, dass ich die Verbindungen verstärkte, indem ich die durchgehenden Zapfen am Korpus zusätzlich verkeilte. Ich ersetzte auch den einfachen Zapfen, den ich bei der Schubladentraverse des Schranks im Arts-and-Crafts-Stils verwendet hatte (Seite 118) durch einen senkrechten Doppelzapfen. Die zusätzliche Leimfläche ist eine weitere Vorsichtsmaßnahme, um zu verhindern, dass sich die Korpusseiten im Laufe der Zeit nach außen biegen. Die Doppelzapfen wurden natürlich ebenfalls verkeilt.

Insgesamt bin ich mit dem Stück zufrieden. Vieles wirkt vertraut, hat aber dennoch seinen eigenen Charakter und Charme. Wie die Wandschränke bietet auch diese größere Form eine schöne Leinwand, um viele verschiedene Entwürfe zu erforschen, auch wenn die Kosten des Materials und die Zeit und Arbeit, die investiert werden wollen, vielleicht dafür sorgen, dass man länger am Zeichenbrett sitzt, um sicher zu gehen, einen Entwurf zu haben, der den Aufwand auch lohnt. Das Schöne an Stift und Papier ist, dass man sich durch viele verschiedene Entwürfe arbeiten kann – gute und vielleicht nicht so gute –, bevor man einen in Holz umsetzt.

3

4

Schmaler Tisch für den Eingangsbereich: Kühne Bögen und subtile Verjüngungen

Dieser Tisch für den Eingangsbereich der Wohnung ist ein weiteres Beispiel dafür, wie Schwalbenschwanzzinkungen und Schlitz-und-Zapfen-Verbindungen sowohl konstruktiv als auch optisch gut zusammenwirken. Außerdem ist er mit seinen auffallend gebogenen Gestellsprossen, den kräftigen Fasen und subtil verjüngten Beinen eine gute Übung in Formgebung. Eine frühere Fassung dieses Tisches habe ich in meinem ersten Buch vorgestellt, allerdings habe ich dort keine Anleitung zum Bau oder Baupläne aufgenommen. Um ehrlich zu sein, war ich mit dem Tisch nicht so richtig glücklich. Der Entwurf gefiel mir zwar, aber ich hatte das Gefühl, ihn noch nicht richtig zu Ende gedacht zu haben. Ich hatte ihn fünf oder sechs Mal gebaut und immer wieder kleine Veränderungen an der Gestaltung vorgenommen. Als ich schließlich an dem Punkt angekommen war, an dem ich sagen konnte, „Okay, so stimmt es jetzt“, wurde mir klar, dass ich erst soweit kommen musste, bevor ich zum Kern des Problems vorstoßen konnte, dorthin, wo es irgendwie nicht ganz stimmte. Kurz gefasst: Er wirkte etwas kopflastig auf mich. Ein schmaleres Schubladenteil und eine schmalere Tischplatte halfen etwas, aber das konnte auch schnell zu weit gehen, sodass das Oberteil zu klein für das Gestell aussah. Letztendlich war die Lösung für das Problem zwar subtil, wirkte sich aber stark auf den Gesamteindruck des Stücks aus. Indem ich die Außenseite der Beine um 3 mm verjüngte, erhielten Sie unten einen etwas größeren Querschnitt als oben. Die perspektivische Verzerrung, die dazu führt, dass entferntere Gegenstände kleiner aussehen, bewirkte dass die vollkommen geraden Beine sich nach unten zu verjüngen schienen. Wenn sich die Tischbeine allmählich nach oben verjüngen, sehen sie aus, als seien sie gerade. Die Verjüngung ist nicht stark genug, um auf

▸ *Fortsetzung Seite 256*

TISCH FÜR DEN EINGANGSBEREICH

Das kräftige Eichengestell gibt dem Tisch etwas Zuverlässiges, die gebogenen Zargen verleihen ihm Leichtigkeit.

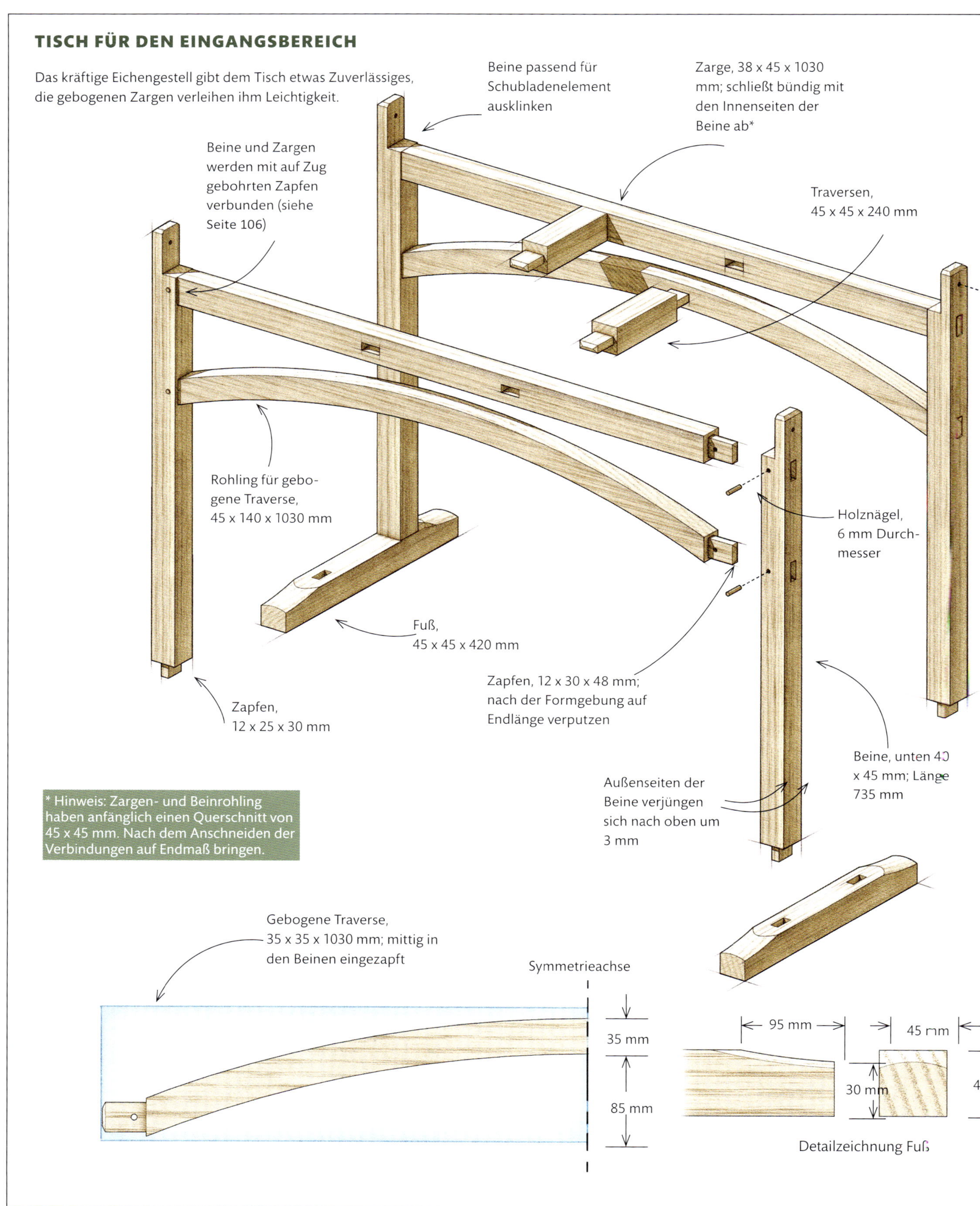

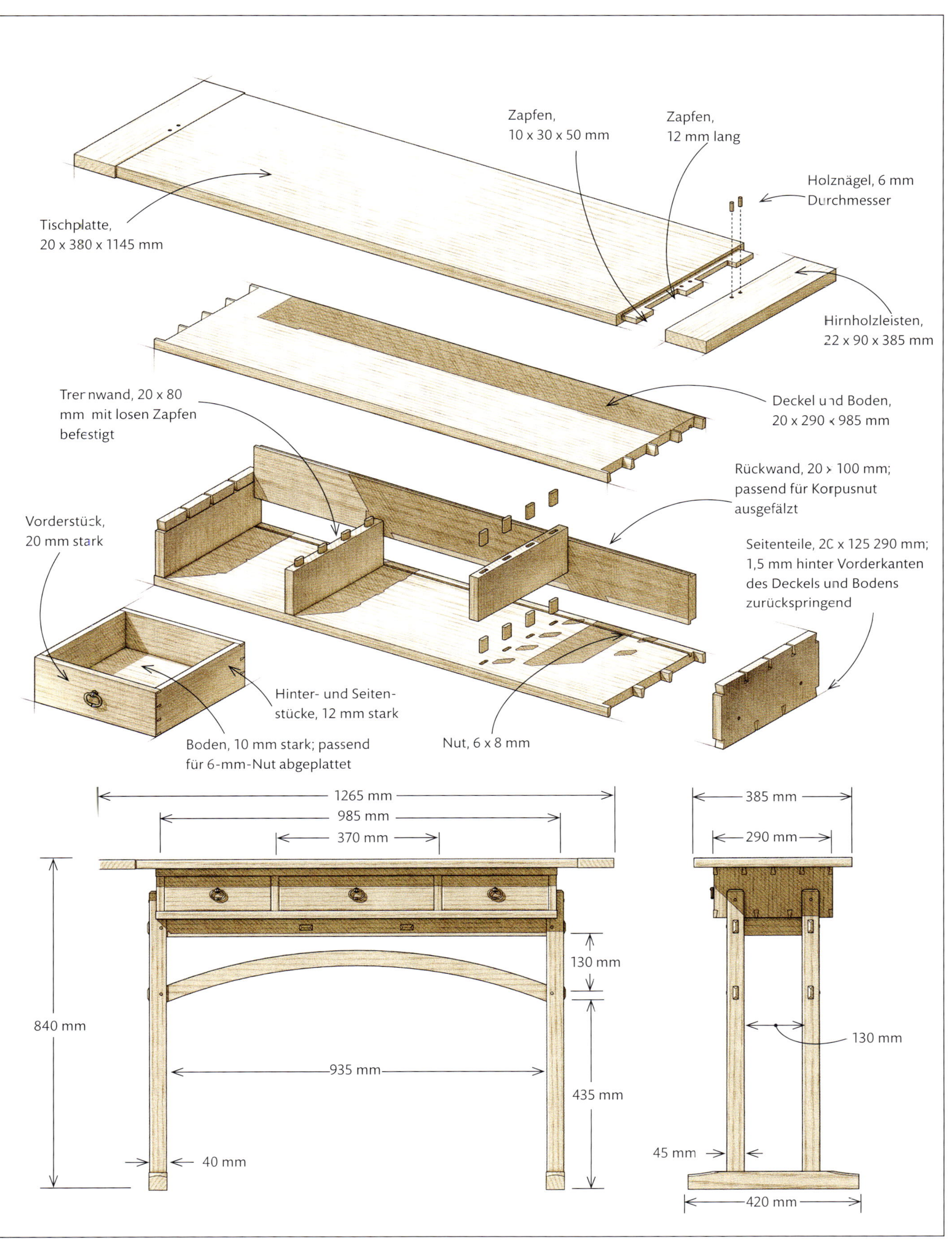
Zapfen,
10 x 30 x 50 mm
Zapfen,
12 mm lang
Holznägel, 6 mm
Durchmesser
Tischplatte,
20 x 380 x 1145 mm
Hirnholzleisten,
22 x 90 x 385 mm
Trennwand, 20 x 80
mm mit losen Zapfen
befestigt
Deckel und Boden,
20 x 290 x 985 mm
Rückwand, 20 x 100 mm;
passend für Korpusnut
ausgefälzt
Vorderstück,
20 mm stark
Seitenteile, 20 x 125 290 mm;
1,5 mm hinter Vorderkanten
des Deckels und Bodens
zurückspringend
Hinter- und Seiten-
stücke, 12 mm stark
Boden, 10 mm stark; passend
für 6-mm-Nut abgeplattet
Nut, 6 x 8 mm
1265 mm
985 mm
370 mm
385 mm
290 mm
130 mm
840 mm
130 mm
935 mm
435 mm
45 mm
40 mm
420 mm

ZWEI BÖGEN AUS EINEM BRETT

Das Aussägen von gebogenen Bauteilen hat den Nachteil, dass es zu viel Verschnitt führen kann. Jede der gebogenen Sprossen erfordert als Rohmaterial eine 50 mm starke und 140 mm breite Bohle, von der ein Großteil in der Restekiste endet. Man kann allerdings einen zweiten Bogen aus der Bohle sägen, wenn man den Verschnitt unter dem ersten Bogen oben am Rohling wieder anleimt. Das führt zu einer Leimfuge in einem der Bögen. Er fällt meist nicht sehr auf, weil das Holz von der gleichen Bohle stammt, aber ich neige doch dazu, diesen Bogen eher an der Rückseite des Gestells zu verwenden.

Schneiden Sie zuerst die Verbindungen an, solange der Rohling noch rechtwinklig ist und seine volle Breite hat. Schneiden Sie die Zapfenwangen mit dem Nutsägeblatt an, und reißen Sie die Bögen auf der Fläche des Rohlings an, um die Lage der Zapfen zu ermitteln. Schneiden Sie dann die Zapfenseiten mit der Bandsäge ein **(1)**. Entfernen Sie in sicherem Abstand vom Bleistiftriss den Verschnitt unter dem Bogen **(2)**. Leimen Sie den Verschnitt an der Oberkante des Rohlings an **(3)**. Richten Sie den Rohling wieder ab, nachdem der Leim getrocknet ist, und hobeln Sie ihn dann auf Endstärke aus. Reißen Sie die letzten Kreisbögen auf dem Rohling an, indem Sie die Bandsägeschnittfugen verwenden, um die Bögen mittig an den Zapfen ausrichten **(4)**. Sägen Sie die Bögen aus, und glätten Sie die Schnittflächen, bevor Sie abschließend eine kräftige Fase an den Kanten anhobeln. Mir gefällt der harte Glanz sehr gut, der entsteht, wenn man Weißeiche mit einem scharfen Handwerkzeug bearbeitet.**(5)**

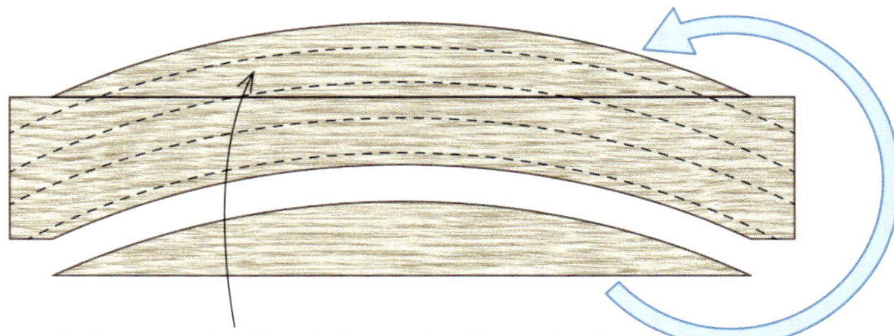

Indem man den Verschnitt von der Unterseite des Bogens oben am Rohling anleimt, kann man einen zweiten Bogen aus der gleichen Bohle schneiden.

1

2

3

VERJÜNGUNG IN ZWEI DURCHGÄNGEN AM ABRICHTHOBEL ANSCHNEIDEN

Stellen Sie den Abrichthobel auf die Hälfte der beabsichtigten Verjüngung ein, in diesem Fall 1,5 mm. Führen Sie das Bein mit dem oberen Ende zuerst bis zur Hälfte der Länge über die Abrichte **(1)**. Die Mitte der Beinlänge ist mit Klebeband am Anschlag des Abrichthobels gekennzeichnet. Halten Sie das Tischbein in dieser Lage, stellen Sie die Maschine ab, und heben Sie erst dann das Bein an. Drehen Sie dann das Bein, sodass das untere Ende jetzt nach vorne weist, und legen Sie es mit der gleichen Fläche nach unten wieder auf den Hobel. Üben Sie Druck auf das hintere Ende aus, sodass sich das vordere Ende vom Hobeltisch abhebt, und führen Sie das Bein in ganzer Länge über die Hobelwelle, um die Verjüngung zu Ende anzuschneiden **(2)**.

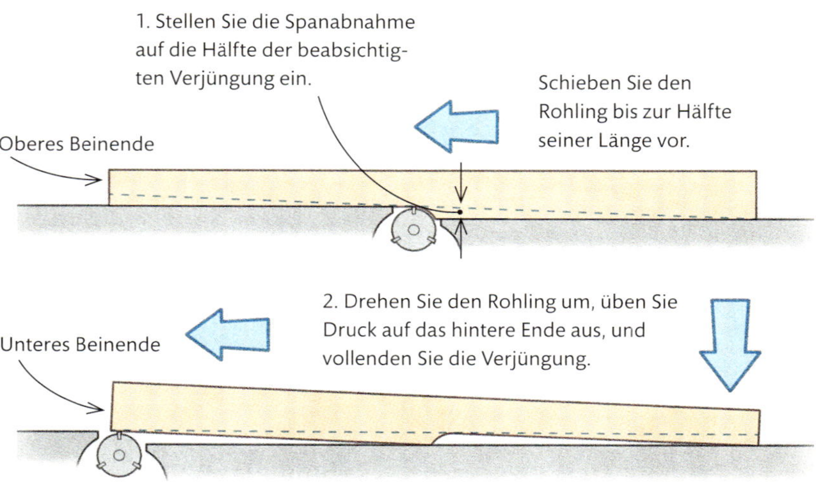

den ersten Blick aufzufallen, aber sie lässt das Gestell stabiler aussehen. Da ich in der Zeit, nachdem ich diesen Tisch erstmals gebaut hatte, verschiedene Werkstücke mit Bögen und Verjüngungen gebaut hatte, war mein Verständnis für die Auswirkungen dieser gestalterischen Elemente gewachsen, und so war ich auf diese Lösung gekommen. Es sind zwar vermutlich die gebogenen Sprossen, die einem bei dem Tisch zuerst auffallen, aber die subtileren Details spielen eine genauso große Rolle für den Gesamteindruck. Die Entwicklung dieses Tischs zeigt, dass man anfänglich recht leicht die Hauptelemente eines Entwurfs in den Griff bekommt. Es sind die kleinen Details, die etwas mehr Zeit benötigen, bis sie stimmen, die den Unterschied zwischen einem Entwurf machen, der einem gefällt, und einem, mit dem man richtig zufrieden ist.

DIE ZAPFEN ANFASEN UND DEN FÜSSEN GESTALT GEBEN

1

2

3

Da die Außenseiten der Beine verjüngt sind, sieht es besser aus, wenn die Enden der Zapfen parallel zu dieser Verjüngung verlaufen. Das lässt sich am einfachsten erreichen, wenn man die Zapfen mit Überlänge anschneidet. Dann kann man die Verbindung trocken zusammenstecken und eine Zulage in der Stärke, um die der Zapfen hervorstehen soll, dazu verwenden, das Ende des Zapfens anzureißen **(1)**. Wenn ich schon dabei bin, markiere ich auch gleich mit einem Bleistiftstrich die Stelle, wo der Zapfen und die Seite des Beins aufeinandertreffen. Diese Linie dient später als Grundlinie beim Anfasen des Zapfenendes **(2)**. Um den Zapfen fertig zu stellen, wird die Verbindung wieder auseinandergenommen und der Zapfen mit der Handsäge auf Länge geschnitten. Dann schneidet man am Ende Fasen an, die bis knapp über die Brüstungslinie reichen **(3)**. Verjüngen Sie die unteren Enden der Beine, und hobeln Sie eine Rundung an die verjüngten Füße **(4)**. Die Rundung nimmt die Krümmung der Gestellsprossen wieder auf, was nur ein kleines Detail ist, aber hilft, die verschiedenen Elemente des Tischs zu einem Ganzen zu machen.

4

EIN GEZINKTES SCHUBLADENELEMENT

1

2

3

Zwischen dem Gestell und der Tischplatte befindet sich ein Schubladenelement mit gezinkten Eckverbindungen. Die Länge des Deckels und Bodens und die Kürze der Seitenteile machte es schwierig, die Schwalbenschwanzzinkungen auf meine übliche Weise anzuschneiden (siehe Seite 142). Stattdessen habe ich einen flachen Falz an der Innenseite des Schwalbenbretts angeschnitten **(1)**. Dieser Falz erlaubt es, das Schwalbenbrett dicht am Deckel und Boden anzulegen, um sie beim Anreißen genau aneinander auszurichten **(2)**. Die senkrechten Trennwände zwischen den Schubladen werden mit Domino-Federn angebracht. Um die Schlitze dafür zu schneiden, habe ich ein Stück MDF auf die Breite der mittleren Schublade zugeschnitten und mit einer Anschlagleiste versehen, die ich gegen die Kante des Korpusteils legte **(3)**. Mittellinien an diesem Brett und am Korpusteil sorgten für gleichmäßige Abstände. Um die Schlitze in den Korpus zu schneiden, wird die Grundplatte der Domino-Fräse an der Lehre angelegt **(4)** (siehe Seite 115 zur Abfolge der Frässchnitte).

4

DAS SCHUBLADENELEMENT AM GESTELL ANBRINGEN

Da sich bis zu diesem Zeitpunkt leichte Abweichungen in den Endmaßen des Stücks eingeschlichen haben können, finde ich es am einfachsten, das Schubladenelement zu verleimen und mittig auf dem trocken zusammengesteckten Gestell zu platzieren. Dann werden die Ausklinkungen an den Beinen angerissen, zwischen denen das Schubladenelement auf die Zargen abgesenkt wird. Wenn ich in solchen Situationen anreiße, bringe ich fast immer zuerst Klebeband auf dem Hirnholz an. Dann wird das Schubladenelement mit einem Kombiwinkel mittig auf dem Gestell ausgerichtet und an den oberen Enden der Beine angerissen (oben). Bei einer engen Passung kann es schwierig sein, das Schubladenelement zwischen den Beinen abzusenken. Wenn man an einer Seite die auf Zug gebohrten Holznägel am oberen Ende der Beine herausklopft, lockert sich das Gestell jedoch so weit, dass man das Schubladenelement absenken kann. Wenn es an Ort und Stelle sitzt, kann man die Holznägel wieder eintreiben, um das Gestell wieder anzuziehen.

Ein guter erster Stuhl für den angehenden Stuhlbauer

Ich kann verstehen, dass die Vorstellung, einen Stuhl zu bauen, einschüchternd sein kann. Ja, dabei geht es auch um geschwungene Bauteile. Aber am furchteinflößendsten ist vermutlich die Tatsache, dass auch andere Winkel als 90° bei den Verbindungen ins Spiel kommen. Auf den ersten Blick scheint ein Stuhl eine eher frei strukturierte Konstruktion zu sein, und die Tatsache, dass man ohne einen festen Bezugspunkt bauen soll, kann zu der Frage führen, wo man denn überhaupt beginnen solle. Machen Sie sich aber keine Sorgen wegen der Winkel (da gebe ich Ihnen Rückendeckung), und seien Sie auch versichert, dass die Geometrie eines Stuhls einer Logik folgt, vor allem wenn es ein Esszimmerstuhl ist wie dieser.

Bevor es wirklich zur Sache geht, noch ein paar Worte zu diesem konkreten Entwurf. Wenn man im Internet eine Bildersuche nach „Arts and Crafts dining chair" ausführt, tauchen sehr viele einfache, sehr ähnliche Stühle auf. Das ist an und für sich nicht schlimm, und in meinem Haus gibt es sehr viele Exemplare solcher Stühle. Als es aber darum ging, selbst einen zu bauen, sollte er doch, nun ja, das Bauen wert sein. Damit meine ich, er sollte zwar deutlich im Arts-and-Crafts-Stil gehalten sein, aber auch sein eigenes Flair haben. Auch wenn dieser Stil oft mit den rechteckigen und -winkligen Möbeln der Gebrüder Stickley gleichgesetzt wird, umfasste er doch eine Vielzahl von Kunsthandwerkern aus vielen Ländern, die außer im Möbelbau auf verschiedenen Gebieten wie der Textilkunst, Malerei, Glaskunst, Metallarbeit, Architektur und Keramik tätig waren. Mich spricht besonders an, dass es eine große Vielfalt ausgefallener Möbel gibt, die dem Stil zuzurechnen sind, darunter oft Stücke, die ans Merkwürdige grenzen, aber nichtsdestotrotz wunderbar sind.

Von diesen Gedanken ausgehend, machte ich mich auf die Suche nach Antiquitäten, die vielleicht als Inspiration dienen könnten. Das Stück, das mich besonders ansprach, war ein klobiger kleiner Stuhl, der meiner Erinnerung nach den zwei jüngeren der drei Stickley-Brüder zugeschrieben wurde. Allerdings habe ich ihn seitdem nie wiedergefunden. Der Stuhl hatte merkwürdig geformte Vorderbeine und eine schwere Sitzfläche aus Holz; was aber meine Aufmerksamkeit erregte, war die Rückenlehne mit ihren geschwungenen und durchbrochenen Sprossen und einem einzelnen breiten Rückenbrett. Nachdem ich also eine Inspiration gefunden hatte, ging ich daran, meinen eigenen Stuhl zu entwerfen, und versuchte dabei, die klobige, freundliche, abgedrehte Anmutung des Vorbilds zum Teil beizubehalten. Dem endgültigen Entwurf liegt eine klassische, stabile Stuhlform zu Grunde, die in verschiedenen Stilrichtungen ausgeführt werden kann. Insofern ist es meiner Meinung nach ein gutes Modell, um es selbst zu bauen, aber auch ein Beispiel dafür, wie schon geringe Abänderungen einer Form zu einem einzigartigen Möbelstück führen können.

Der Stuhl ist relativ leicht zu bauen, da man alle Verbindungen bis auf jene an den hinteren Beinen anschneiden kann, solange die Bauteile noch rechtwinklig und gerade sind. Also ist die Formgebung der Hinterbeine auch ein guter Ausgangspunkt für den Bau. Danach gibt es nur noch eine schwierigere Arbeit: Das

▸ *Fortsetzung Seite 267*

ESSZIMMERSTUHL IM ARTS-AND-CRAFTS-STIL

Quartiergesägte Weißeiche, geschweifte Zargen, durchbrochenes Rückenbrett und obere Rücklehnensprosse tragen alle zum klassischen Aussehen bei.

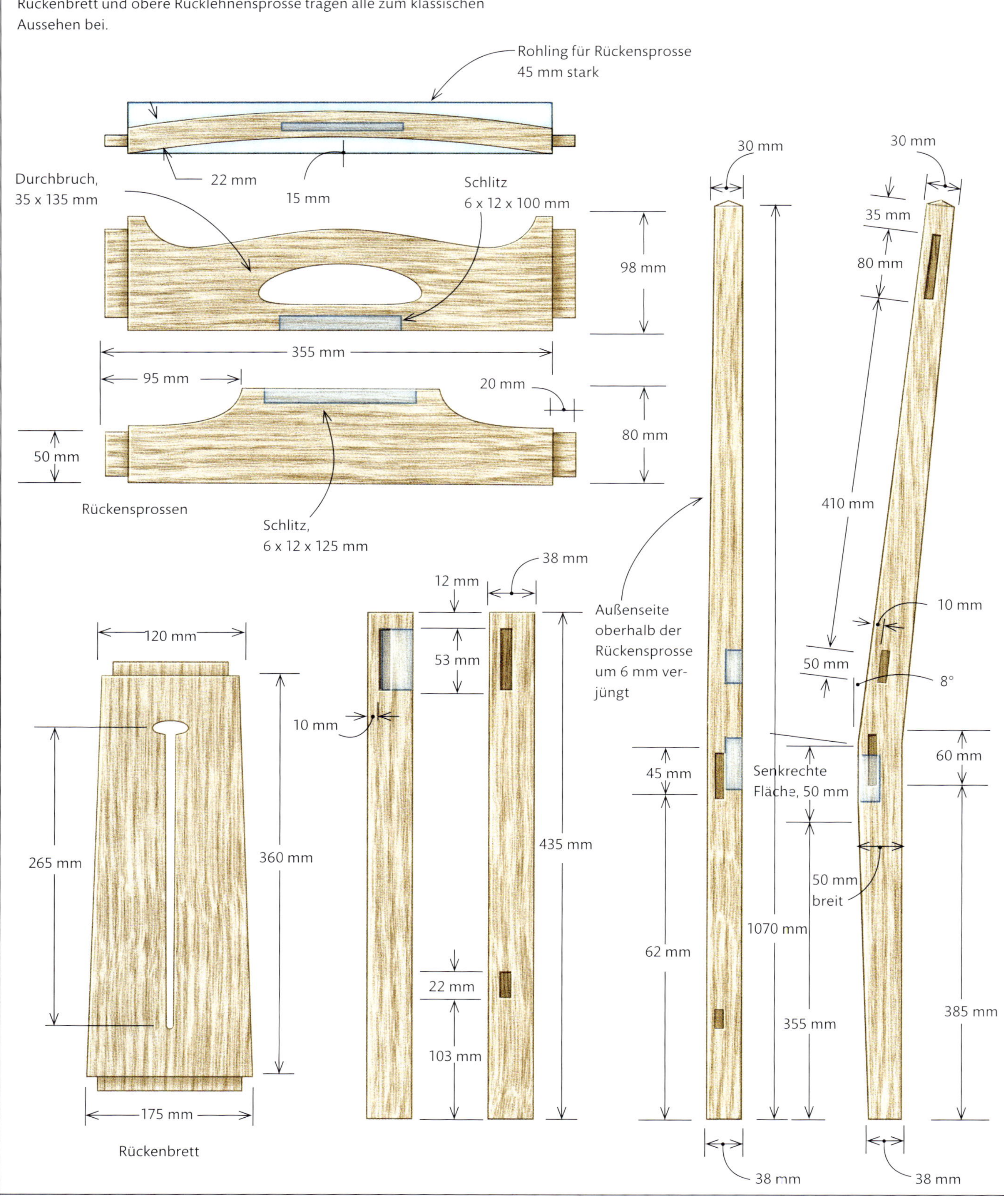

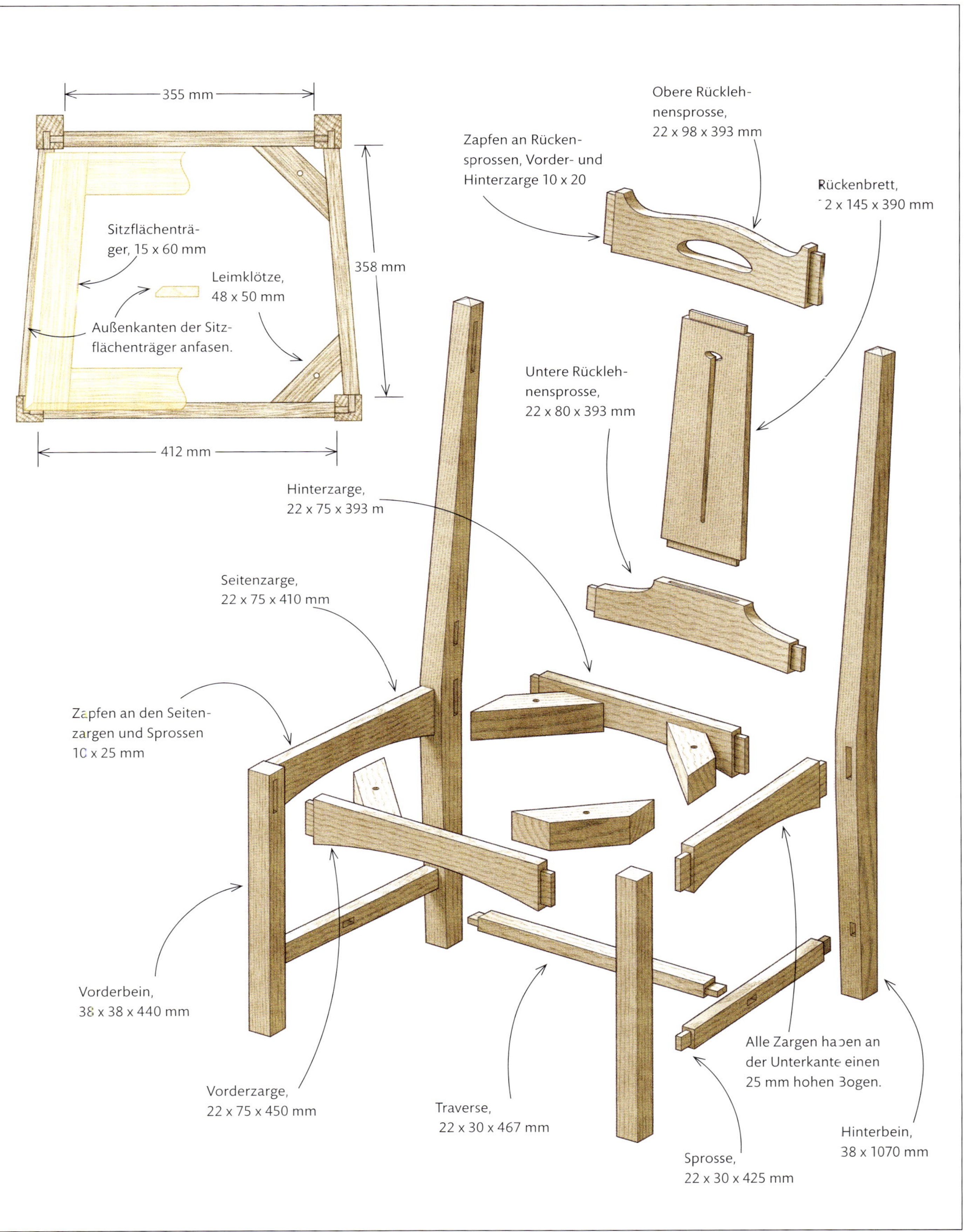
355 mm
358 mm
412 mm
Sitzflächenträ-
ger, 15 x 60 mm
Leimklötze,
48 x 50 mm
Außenkanten der Sitz-
flächenträger anfasen.
Zapfen an Rücken-
sprossen, Vorder- und
Hinterzarge 10 x 20
Obere Rückleh-
nensprosse,
22 x 98 x 393 mm
Rückenbrett,
2 x 145 x 390 mm
Untere Rückleh-
nensprosse,
22 x 80 x 393 mm
Hinterzarge,
22 x 75 x 393 m
Seitenzarge,
22 x 75 x 410 mm
Zapfen an den Seiten-
zargen und Sprossen
10 x 25 mm
Vorderbein,
38 x 38 x 440 mm
Vorderzarge,
22 x 75 x 450 mm
Traverse,
22 x 30 x 467 mm
Sprosse,
22 x 30 x 425 mm
Alle Zargen haben an
der Unterkante einen
25 mm hohen Bogen.
Hinterbein,
38 x 1070 mm

EIN DOPPELSEITIGER FRÄSSCHLITTEN

1

2

3

4

Dieser Schlitten ist insofern eine Weiterentwicklung des normalen Frässchlittens, als er erlaubt, zwei Seiten eines Bauteils zu fräsen. Die Hinterbeine des Stuhls können zwar recht leicht mit der Bandsäge und dem Hobel hergestellt werden, aber falls Sie vorhaben, mehr als ein einzelnes Exemplar zu bauen, lohnt es sich, den Frässchlitten zu verwenden. Als erstes stellt man eine Schablone aus Sperrholz oder MDF her und überträgt den Umriss auf die Grundplatte des Schlittens **(1)**. Sägen Sie den Verschnitt größtenteils ab, und schrauben Sie die Schablone provisorisch an der Grundplatte an **(2)**. Bringen Sie dann die Endanschläge an, die als Anfangs- und Endpunkte für die Fräsung dienen und mit denen das Bauteil positioniert wird. Legen Sie die Endanschläge an den Enden der Schablone an und befestigen Sie sie mit Cyanacrylat-Klebstoff (Sekundenkleber) **(3)**, um von unten Schrauben eindrehen zu können **(4)**. Fräsen Sie dann am Frästisch mit einem Bündigfräser mit obenliegendem Anlaufring die Grundplatte mit der Schablone bündig **(5)**. Wiederholen Sie den Vorgang auf der anderen Seite, wo Sie zusätzliche Anschläge an der Hinterkante der Schablone angebracht haben.

Um einen Rohling mit dem Schlitten zu fräsen, wird der Umriss darauf angezeichnet. Sägen Sie dann an den Längsseiten knapp außerhalb des Risses entlang, an den Enden aber genau auf dem Riss, damit der Rohling in den Schlitten passt. Fräsen Sie zuerst die Vorderseite des Beins. Spannen Sie den Rohling so ein, dass der Verschnitt knapp über die Kante des Schlittens hinausragt, und fräsen Sie mit einem Bündigfräser mit unten liegendem Anlaufring **(6)**. Um die Rückseite zu fräsen, wird der Rohling dann mit der gefrästen Vorderseite auf der anderen Seite des Schlittens an den hinteren Anschlägen angelegt. Sie können auch gleichzeitig einen zweiten Rohling auf der ersten Seite des Schlittens einspannen und beide nacheinander fräsen. Falls Sie einen Satz Stühle bauen, lässt sich der Vorgang auf diese Weise deutlich beschleunigen.

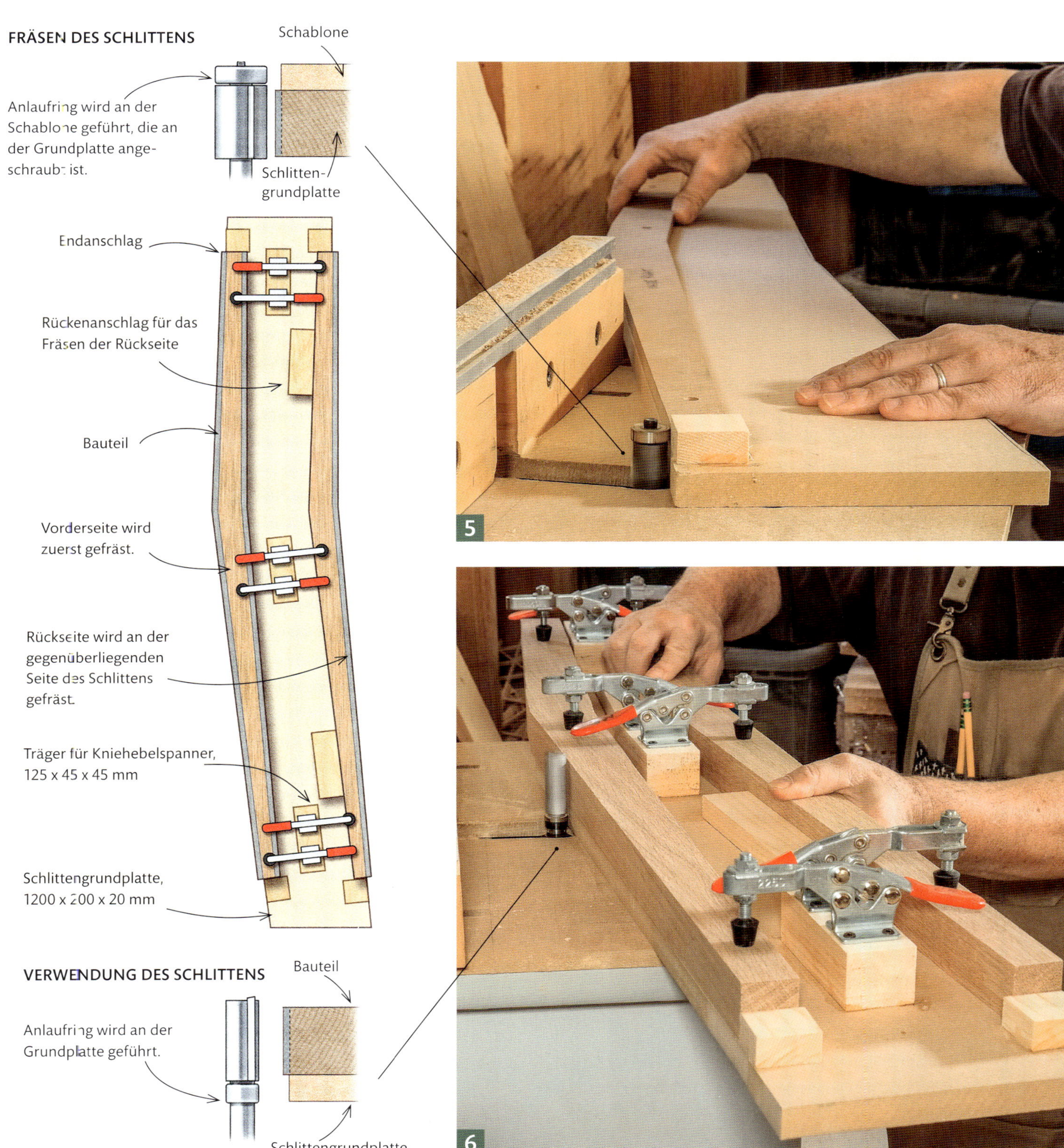
FRÄSEN DES SCHLITTENS
Schablone
Anlaufring wird an der Schablone geführt, die an der Grundplatte angeschraubt ist.
Schlitten-grundplatte
Endanschlag
Rückenanschlag für das Fräsen der Rückseite
Bauteil
Vorderseite wird zuerst gefräst.
Rückseite wird an der gegenüberliegenden Seite des Schlittens gefräst.
Träger für Kniehebelspanner, 125 x 45 x 45 mm
Schlittengrundplatte, 1200 x 200 x 20 mm
VERWENDUNG DES SCHLITTENS
Bauteil
Anlaufring wird an der Grundplatte geführt.
Schlittengrundplatte
5
6

EIN KEIL ERLEICHTERT DAS SCHNEIDEN ABGEWINKELTER SCHLITZ-UND-ZAPFEN-VERBINDUNGEN

1

2

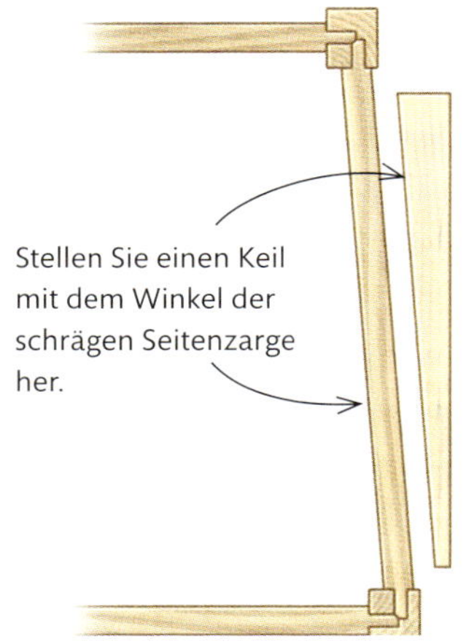

3

4

Die meisten Stühle sind vorne breiter als hinten, was an den Seiten schräg stehende Zargen und Sprossen erfordert. Es gibt unterschiedliche Methoden, die zugehörigen abgewinkelten Verbindungen anzuschneiden. Ich schneide am liebsten gerade Schlitze in die Vorder- und Hinterbeine und dann abgewinkelte Zapfen in die seitlichen Zargen und Sprossen. Dafür schneide ich zuerst einen Keil, dessen Winkel der Schrägstellung der Seitenteile entspricht. Um diesen Winkel zu ermitteln, fertigt man eine Draufsicht des Stuhls im Maßstab 1:1 an. Zeichnen Sie darin eine Senkrechte auf einer Außenecke eines Vorderbeins an. Der Winkel zwischen dieser Senkrechten und der Außenseite der seitlichen Zarge entspricht dem Winkel, mit dem der Keil zugeschnitten werden muss. Um den fertigen Keil zu verwenden, wird er zuerst mit doppelseitigem Klebeband flach auf den Ablängschlitten befestigt **(1)**. Dann werden die Seitenzargen auf den Keil gelegt, um die Winkel an den Enden anzuschneiden **(2)**. Um die abgewinkelten Zapfen anzuschneiden wird der Keil auf einer Vorrichtung zum Zapfenschneiden angebracht. Ich verwende ein Nutsägeblatt, um die Wangen und Brüstungen der Zapfen in einem Durchgang zu schneiden. Stellen Sie das Sägeblatt für die Wange ein, die am weitesten von der Vorrichtung entfernt ist **(3)**. Legen Sie dann einen Distanzhalter für den Zapfen ein **(4)** (siehe Seite 106), um die zweite Wange zu schneiden **(5)**. Ich finde es am einfachsten, die Enden der Zapfen anzureißen und mit der Hand zu sägen.

5

VERBINDUNGEN ANSCHNEIDEN, BEVOR MAN SCHWEIFSCHNITTE AUSFÜHRT

Die Schweifschnitte an den Bauteilen der Rückenlehne werden alle mit der Bandsäge ausgeführt, aber es ist am einfachsten, die Verbindungen vorher anzuschneiden, solange die Bauteile noch rechtwinklig und gerade sind. Schneiden Sie zuerst die Schlitze für das Rückenbrett. Schneiden Sie dann die Wangen und Brüstungen der Zapfen mit einem Nutsägeblatt und einer Vorrichtung zum Zapfenschneiden **(1)**. Arbeiten Sie ohne den Keil, aber mit dem gleichen Distanzhalter für Zapfen, den Sie auch für die Seitenzargen verwendet haben. Schneiden Sie als nächstes den Ausschnitt in die obere Sprosse der Rückenlehne. Bohren Sie dazu an jedem Ende des Ausschnitts ein Loch, und verbinden Sie die Löcher mit der Stichsäge **(2)**. Schneiden Sie dann die Krümmungen an den Sprossen mit der Bandsäge an **(3)**. Sägen Sie abschließend noch die Umrisse der Sprossen aus. Befestigen Sie den Verschnitt mit Klebeband an der Unterkante der Sprosse, um sie abzustützen. Falls Ihr Bandsägeblatt zu breit für so enge Kurven ist, legen Sie zuerst einige Entlastungsschnitte an. Das erleichtert das Schneiden engerer Kurven **(4)**.

1

2

3

4

Anschneiden der abgewinkelten Zapfen an den Seitenzargen und den unteren Seitensprossen. Ich zeige Ihnen, wie man dazu einen einfachen Keil zu Hilfe nimmt.

Esszimmerstühle wird man oft gleich in einem ganzen Satz bauen. Wenn man anfängt, Möbel in Kleinserien zu bauen, ändern sich viele Parameter in Hinsicht auf Effizienz, Einrichtung von Maschinen und Herstellung von Hilfsvorrichtungen, die alle Einfluss auf die Geschwindigkeit haben, mit der man dann baut. Die Anfertigung der Hinterbeine dieses Stuhls ist dafür ein gutes Beispiel. Ich zeige hier einen relativ komplizierten Schlitten für die Oberfräse, mit dem man die Aufgabe schnell bewältigen kann, wenn man mehrere Exemplare bauen will. Allerdings ist es nicht sehr aufwendig, nur zwei Beine herzustellen, und in dem Fall würde ich mir den Bau des Schlittens vermutlich sparen.

Eine andere Situation, in der man je nach Wunsch mit der Oberfräse arbeiten kann oder auch nicht, ist die Formgebung von Bauteilen. Der Durchbruch im Rückenbrett ist ein Beispiel für eine Arbeit, die durch das Fräsen mit Schablone vereinfacht werden kann. Man kann sie aber auch mit der Stich- oder Laubsäge ausführen. Umgekehrt zeige ich hier, wie man die Umrisse der Rückenlehne und der Bögen an den Zargen mit der Hand sägt, obwohl man hier natürlich auch mit Frässchablonen arbeiten könnte.

Abschließend noch ein Ratschlag: Auch wenn Sie vorhaben, einen ganzen Satz Stühle zu bauen, fangen Sie erst einmal mit einem Einzelexemplar an. So können Sie am Entwurf noch Feinarbeiten vornehmen und sich Gedanken über die Arbeitsabläufe machen, bevor Sie sich einem Großprojekt zuwenden.

DIE ARBEITSZEICHNUNGEN BEISEITELEGEN UND WÄHREND DER ARBEIT MESSEN

1

2

3

Im Kapitel „Konstruktionsstrategien" habe ich das Konzept des „von außen nach innen"-Bauens erörtert. Es ist eine sehr effektive Methode, um genaue passende Bauteile zu erhalten, ohne viel messen zu müssen. Man kann sie gut anwenden, um die Maße der restlichen Bauteile dieses Stuhls zu bestimmen. Schneiden Sie die Vorderzarge erst auf Länge, nachdem die Seitenzargen und die hintere Zarge angebracht worden sind. Jede Veränderung des Winkels an Ihrem Hilfskeil wirkt sich auf dieses Maß aus. Deshalb ist es am leichtesten, den Stuhl trocken zusammenzubauen und dann das Maß abzunehmen **(1)**. Das Gleiche gilt für die Baugruppe aus unteren Sprossen und Traverse. Richten Sie zuerst die Seitenzargen mittig in Höhe der Schlitze in den Beinen aus, und reißen Sie dann die Brüstungen an **(2)**. Verwenden Sie den Keil, um die abgewinkelten Zapfen an den Enden anzuschneiden. Am hinteren Zapfen muss auch die senkrechte Brüstung angewinkelt werden, um sie der Verjüngung des Hinterbeins anzugleichen. Schneiden Sie die Brüstung zuerst rechtwinklig an der Tischkreissäge an, und stechen Sie dann mit dem Beitel bis zum Riss nach. Stecken Sie die Seitensprossen ein, und reißen Sie die Brüstungen der Traverse an **(3)**. Das Rückenbrett kann ebenfalls nach dem trocken zusammengesteckten Stuhl bemessen werden. Schneiden Sie die Zapfen mit einem Nutsägeblatt. Schneiden Sie die Brüstungen nach, bis Sie eine gute Passung haben **(4)**.

4

EIN DURCHBRUCH BELEBT DAS RÜCKENBRETT

Man kann den Durchbruch mit Bohrer und Säge herstellen wie den Kamm an der oberen Sprosse der Rückenlehne, oder man kann sich eine Frässchablone herstellen **(1)**. Auf der Unterseite der Schablone angebrachte Anlagen halten den Rohling an Ort und Stelle. Ich verwende einen 6-mm-Nutfräser mit einem 10-mm-Anlaufring, die Schablone muss also diesen Versatz berücksichtigen **(2)**. Fräsen Sie in mehreren Durchgängen, und entfernen Sie zwischendurch die Späne **(3)**. Um die Seiten anzuschrägen, spannen Sie ein Winkelbrett am Parallelanschlag der Tischkreissäge an, sodass er über dem Sägeblatt und bündig mit der Außenkante des Rohlings liegt. Verwenden Sie ein langes Schiebebrett, dessen Unterseite mit Schleifpapier belegt ist, und richten Sie es an einer entsprechenden Markierung aus **(4)**. Das Schiebebrett wird am Winkelbrett entlanggeführt, um den Schnitt auszuführen **(5)**.

1

2

4

3

5

ABSCHLIESSENDE FORMGEBUNG UND VERLEIMUNG

1

Details, Details. Kleinigkeiten können sich sehr stark auf die Gesamterscheinung eines Werkstücks auswirken. Nachdem die Verbindungen alle angeschnitten sind, gibt es noch einige abschließende Aufgaben zu erledigen. Eine Verjüngung an der oberen Außenseite der Hinterbeine lässt den Stuhl leichter wirken **(1)**. Mit dem bloßen Auge ist sie vielleicht nicht sofort zu erkennen, aber der Stuhl würde meiner Meinung nach etwas klobig aussehen, wenn sie fehlte. An den Unterkanten der Zargen angeschnittene Bögen reduzieren ebenfalls das optische Gewicht etwas und tragen dazu bei, dem Stuhl eine gewisse Arts-and-Crafts-Anmutung zu verleihen **(2)**. Auch die Pyramiden an den oberen Enden der Hinterbeine sind klassische Details dieses Stils **(3)**. Wenn man die Facetten mit dem Hirnholzhobel anschneidet, bekommt die Weißeiche einen harten Glanz. Manchmal finde ich perfekte Geometrie sehr ansprechend (OK, eigentlich fast immer), aber hier gefällt mir das etwas rustikale, nicht ganz perfekte Aussehen auch ganz gut. Bei diesem Stuhl beginnt die Verleimung mit einer vorderen und einer hinteren Baugruppe **(4)**. (Bei dem Schaukelstuhl im folgenden Kapitel ist es dagegen sinnvoller, mit den Seiten anzufangen.) Bevor Sie dann zur Endverleimung schreiten, sollten Sie sich noch Zeit nehmen, um die Verbindungen mit Holznägeln zu verstärken **(5)**. Fügen Sie bei der Endverleimung die Seitenzargen und die untere H-Baugruppe ein **(6)**. Nachdem der Leim etwa eine halbe Stunde angetrocknet war, habe ich die untere Zwinge abgenommen und Zapfen in die Enden der Traverse eingetrieben **(7)**. Der letzte Schritt besteht darin, die Eckklötze anzubringen **(8)**. Legen Sie dazu V-Zulagen an der Außenseite an, und leimen Sie die Klötze an der Innenseite an. Drehen Sie zusätzlich noch ein paar Schrauben ein, wenn der Leim getrocknet ist. Die Klötze dienen nicht nur als Auflagepunkt für die Sitzfläche, sondern tragen auch deutlich zur Belastbarkeit des Stuhls bei.

2

3

4

5

6

7

8

Schaukelstuhl: Komfort und klassischer Stil

Die Grundkonstruktion dieses Schaukelstuhls unterscheidet sich nicht sehr vom Esszimmerstuhl im vorhergehenden Kapitel. Die größten Unterschiede bestehen in den hinzugekommenen Armlehnen und Kufen, auf die ich mich im Folgenden auch konzentrieren werde. Ich habe mich bei den Kufen für eine gebogene Laminierung entschieden. Falls Sie noch nicht mit dieser Technik gearbeitet haben, ist dies eine gute Gelegenheit für einen ersten Versuch. Die Sprossen der Rückenlehne könnten auf die gleiche Weise hergestellt werden, auch wenn die Verbindungen dann etwas schwieriger anzuschneiden sind (auf Seite 221 finden Sie Hinweise zum Anschneiden von Schlitzen und Zapfen in gebogenen Bauteilen). Eine deutliche Verbesserung gegenüber dem Original ist die Befestigung der Armlehnen an den Hinterbeinen. Anstatt Schrauben von der Rückseite der Beine in die Armlehnen zu treiben und die Löcher mit Längsholzplättchen zu verschließen, habe ich mich für Doppelzapfen entschieden. Da das etwa 100 Jahre alte Original immer noch gut zusammenhält, muss ich allerdings zugeben, dass Schrauben eine vollkommen akzeptable Alternative sind, falls Sie sich etwas Arbeit ersparen möchten.

Um ehrlich zu sein, hatte ich Größeres mit diesem Stuhlentwurf vor. Ich hatte die letzten zwanzig Winter in Connecticut vor meinem Holzofen in einem alten Schaukelstuhl verbracht, den ich auf einem Flohmarkt gekauft hatte (unten rechts). Er war im Arts-and-Crafts-Stil gehalten und schon etwas mitgenommen, aber die Verbindungen waren noch dicht und die Oberfläche hatte gut gehalten. Die Aufarbeitung, die er bekommen hatte, war ein neuer Bezug des Federkernpolsters. Er wies keine Herstellermarke auf, und obwohl er ein Original aus der Arts-and-Crafts-Epoche war, war man vermutlich gewisse Kompromisse eingegangen, um die Serienproduktion zu erleichtern und den Preis senken zu können. Die Beine waren etwas zu dünn, und die Rückenbretter waren etwas zu schmal und standen etwas zu sehr auseinander. Kurz gesagt: Es gab nichts wirklich Besonderes an dem Schaukelstuhl außer der Tatsache, dass man sehr bequem in ihm saß.

Ein neuer Schaukelstuhl hatte schon eine ganze Weile auf meiner Liste gestanden, und weil es schwierig sein kann, die Ergonomie richtig hinzubekommen, wenn man bei Null anfängt, hatte ich beschlossen, den alten Stuhl als Ausgangspunkt zu nehmen. Zuerst dachte ich, das wäre auch eine gute Grundlage, um zu einer neuen Gestaltung zu kommen, die eher zu dem persönlichen Stil passen würde, den ich zurzeit entwickle. Aber bei der Arbeit an dem Entwurf geschah etwas Merkwürdiges. Anstatt mich vom ursprünglichen Stil des Schaukelstuhls zu entfernen, begann ich, die Sachen zu verbessern, die mir an ihm nicht gefielen. Ich machte die Bauteile kräftiger, die etwas schwächlich waren, fügte weitere Rückenbretter ein, um die Lehne aufzufüllen, gestaltete die Auflagen der Armlehnen aufwendiger und wandte mehr Sorgfalt bei der Holzauswahl auf. Am Ende war es überhaupt keine vollkom-

▸ *Fortsetzung Seite 278*

Die ursprüngliche Inspiration. Der Flohmarktfund auf dem Foto rechts hat mir seit Jahren treue Dienste geleistet. Die neuere Version (links) versucht, die Fehler des Originals zu verbessern und der Gestaltung die Behandlung angedeihen zu lassen, die sie verdient.

SCHAUKELSTUHL IM ARTS-AND-CRAFTS-STIL

Breit und tief, und mit subtil geformten Armlehnen, ist dieser Schaukelstuhl eine einladenden Bereicherung in jeder Wohnung.

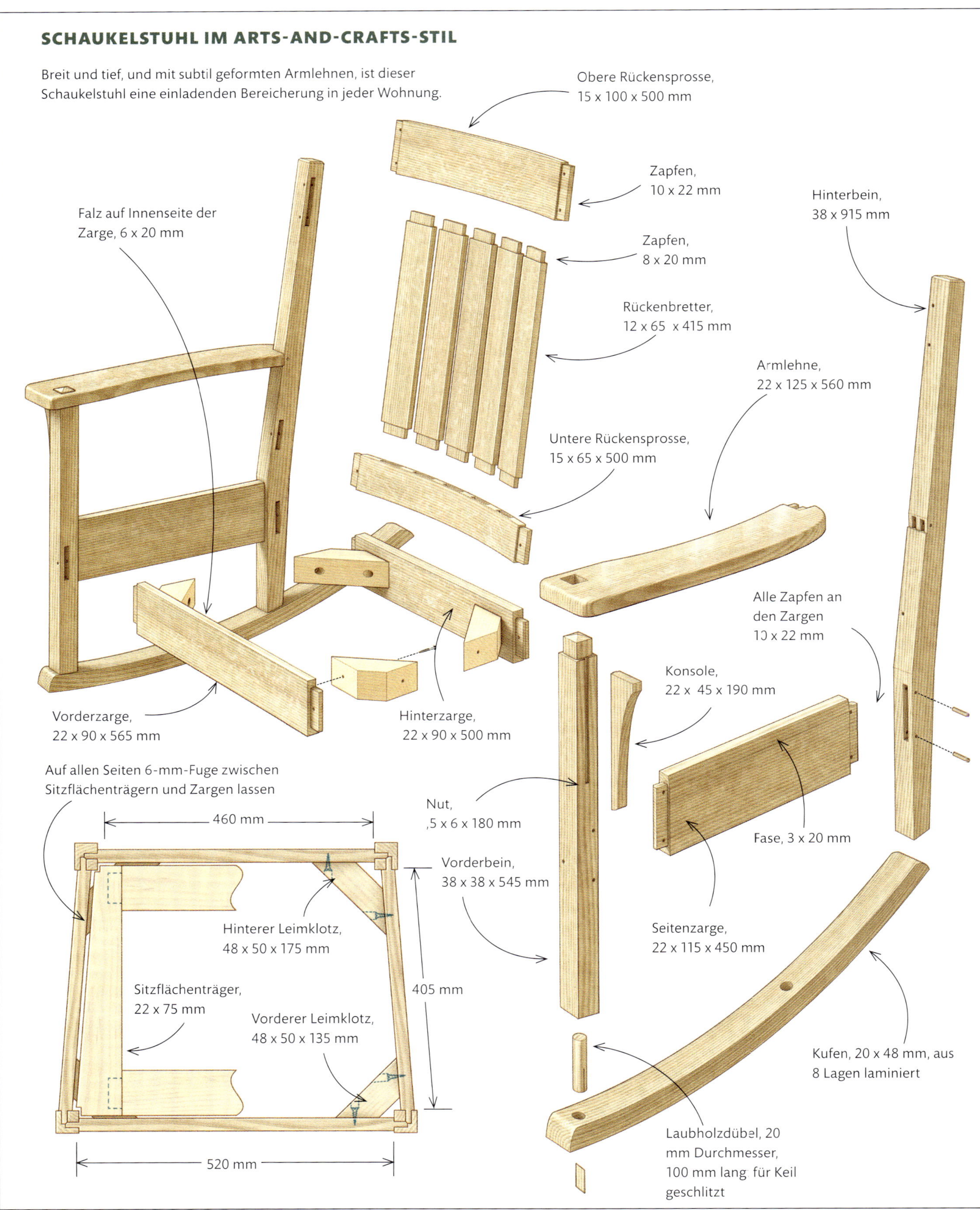

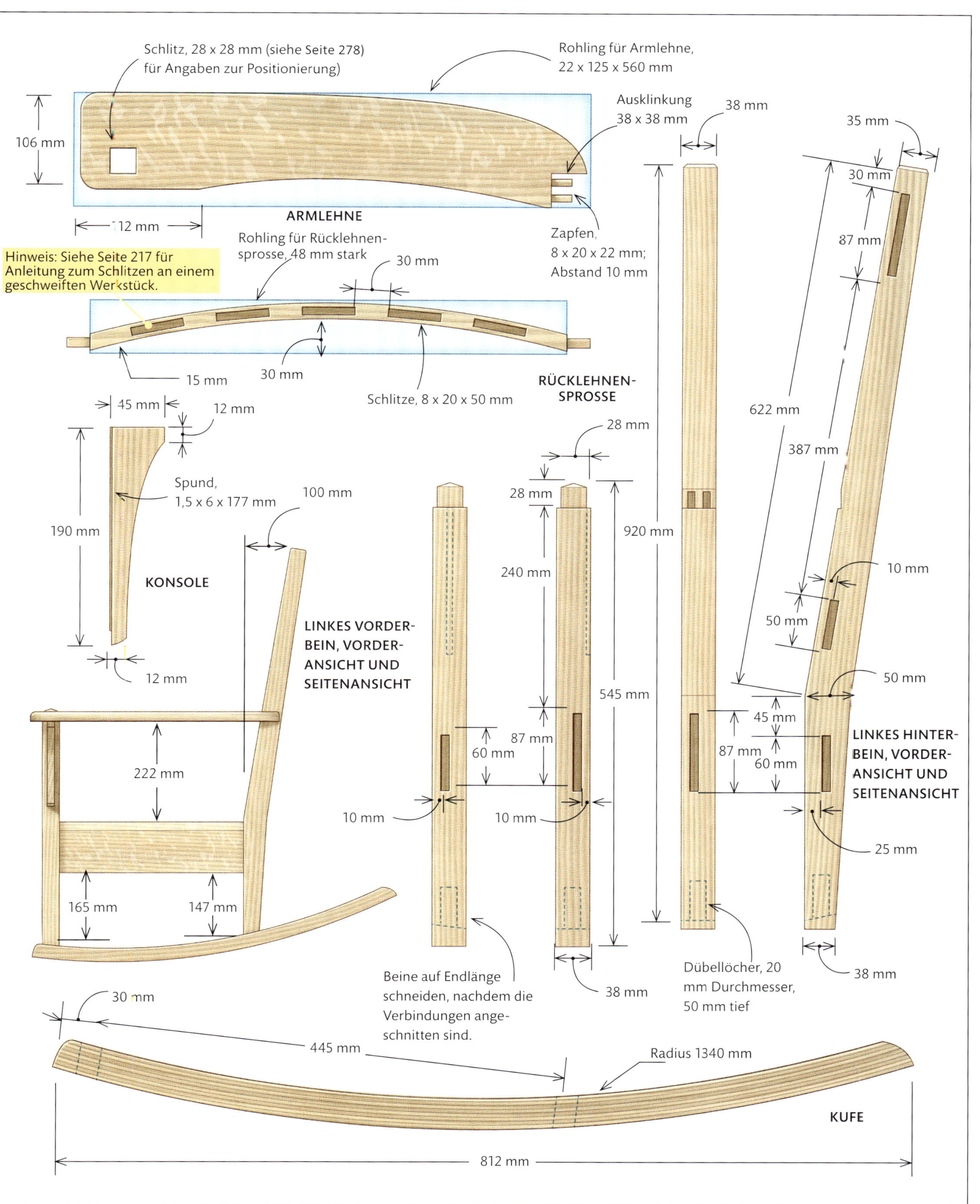

Schlitz, 28 x 28 mm (siehe Seite 278) für Angaben zur Positionierung)
Rohling für Armlehne, 22 x 125 x 560 mm
106 mm
Ausklinkung 38 x 38 mm
38 mm
35 mm
30 mm
12 mm
ARMLEHNE
Zapfen, 8 x 20 x 22 mm; Abstand 10 mm
Hinweis: Siehe Seite 217 für Anleitung zum Schlitzen an einem geschweiften Werkstück.
Rohling für Rücklehnensprosse, 48 mm stark
30 mm
87 mm
15 mm
30 mm
Schlitze, 8 x 20 x 50 mm
RÜCKLEHNENSPROSSE
622 mm
387 mm
45 mm
12 mm
28 mm
Spund, 1,5 x 6 x 177 mm
100 mm
28 mm
190 mm
KONSOLE
920 mm
240 mm
10 mm
LINKES VORDERBEIN, VORDERANSICHT UND SEITENANSICHT
50 mm
12 mm
545 mm
50 mm
45 mm
87 mm
87 mm
LINKES HINTERBEIN, VORDERANSICHT UND SEITENANSICHT
222 mm
60 mm
60 mm
10 mm
10 mm
25 mm
165 mm
147 mm
Beine auf Endlänge schneiden, nachdem die Verbindungen angeschnitten sind.
38 mm
Dübellöcher, 20 mm Durchmesser, 50 mm tief
38 mm
30 mm
445 mm
Radius 1340 mm
KUFE
812 mm

VERBINDUNG ZWISCHEN ARMLEHNEN UND BEINEN

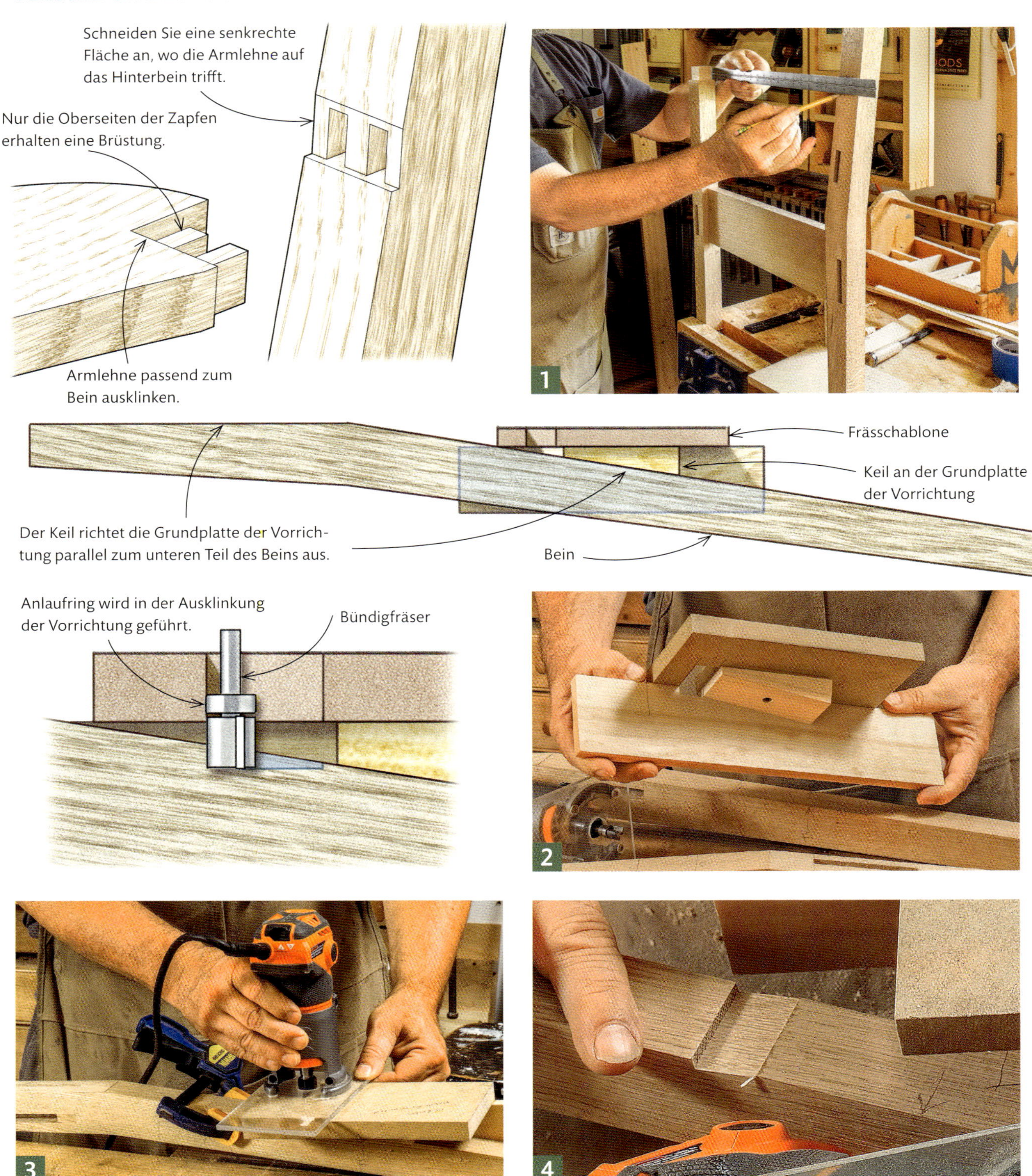

5

6

Um die Armlehnen anzubringen, schneiden Sie zuerst eine senkrechte Fläche an der vorderen Seite des Hinterbeins an, wo die Armlehne auf das Bein trifft. Diese Fläche vereinfacht die Verbindung, da Sie keine abgewinkelten Brüstungen anschneiden müssen. Bauen Sie den Stuhl trocken zusammen, um die Lage der senkrechten Fläche zu ermitteln. Halten Sie ein Lineal an die Brüstung des Zapfens am Vorderbein, und markieren Sie die Stelle, wo das Lineal auf das Hinterbein trifft **(1)**. Die Fläche kann dann mit Säge und Stechbeitel angearbeitet werden, oder Sie stellen sich schnell eine Vorrichtung für die Oberfräse her. Der wichtigste Bestandteil der Vorrichtung ist ein Keil, der die Grundplatte der Vorrichtung parallel zum unteren Teil des Beins ausrichtet **(2)**. Ein Bündigfräser wird in einer Ausklinkung der Grundplatte geführt, um die senkrechte Fläche zu fräsen **(3)**. Die Fläche sollte an ihrer Oberkante mit dem Bein bündig abschließen, aber ich stelle den Fräser etwas tiefer ein, damit ich die Vorderseite des Beins verputzen und schleifen kann, ohne dass sich eine Fuge zwischen Oberseite der Armlehne und dem Bein zeigt **(4)**. Um die Schlitze zu schneiden, wird der Anschlag der Schlitzstemmmaschine zuerst für den entferntesten Schlitz eingestellt. Nachdem Sie die Schlitze geschnitten haben, legen Sie einen Distanzhalter zwischen das Bein und den Anschlag **(5)**, um den zweiten Schlitz zu schneiden **(6)**. Sie können den gleichen Distanzhalter verwenden, um die Entfernung zwischen den Zapfen zu bestimmen, wenn Sie diese an der Tischkreissäge anschneiden **(7)**. Für die Zapfen selbst müssen Sie einen weiteren Distanzhalter anfertigen (siehe Seite 106). Wenn Sie beide Distanzhalter zusammen verwenden, können Sie alle vier Zapfenwangen anschneiden **(8)**. Um die Brüstungen oben an den Zapfen anzuschneiden, spannen Sie eine Zulage an der Grundlinie an und verwenden einen Bündigfräser **(9)**.

7

8

9

SCHLITZE FÜR DAS VORDERBEIN IN DIE ARMLEHNE SCHNEIDEN

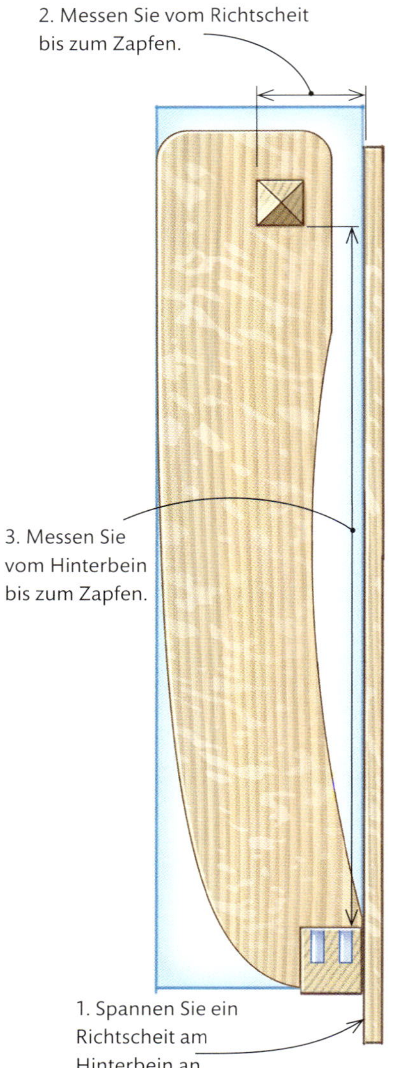

mene Neuentwicklung des alten Stuhls: Im Gegenteil, es entsprach dem Kern der Gestaltung eher als das Original. Man könnte sagen, dass es sich überhaupt nicht um einen kreativen Entwurf handelte. Aber auch wenn er nicht meine Fingerabdrücke trägt, so finde ich doch, dass es dem Stuhl besser bekommen ist, als wenn ich mich bewusst angestrengt hätte, etwas anderes aus ihm zu machen. Schließlich tröstete ich mich mit dem Gedanken, dass ich jetzt, da ich bis zum Wesen seiner Gestaltung vorgedrungen war, beim nächsten Stuhl weiter auf diesem Weg fortschreiten könnte. Im Moment stehen beide Schaukelstühle nebeneinander vor dem Holzofen. Allerdings neigt Rachel dazu, den neuen für sich zu beanspruchen, während ich gemütlich in dem alten sitze.

2

3

4

5

6

Nachdem die hinteren Verbindungen an den Armlehnen angeschnitten sind, werden als nächstes die Schlitze für die Vorderbeine geschnitten. Die Schlitze anzureißen ist nicht ganz einfach, weil die Vorderbeine im Winkel zu den Hinterbeinen stehen. Sie können sich jedoch die Tatsache zunutze machen, dass die Innenkante der Armlehne mit der Innenseite des Hinterbeins fluchtet. Das heißt, dass Sie ein Richtscheit am Hinterbein anspannen und als Bezugskante für Ihre Risse verwenden können. Legen Sie ein Lineal an der hinteren Seite des Beinzapfens an, und messen Sie von der Außenfläche des Zapfens bis zum Richtscheit **(1)**. Markieren Sie auch, wo das Lineal auf das Richtscheit trifft, und messen Sie von dieser Stelle bis zum Hinterbein. Diese Maß ergibt die Lage der am weitesten von der Kante und dem Ende der Armlehne entfernten Schlitzwandungen (siehe Zeichnungen). Stellen Sie ein Streichmaß auf eines der Maße ein, um die erste Wandung anzureißen **(2)**. Reißen Sie dann die zweite Wandung mit einem Distanzhalter an, der genau so breit ist wie der Zapfen **(3 und 4)**. Reißen Sie die Schlitze auch auf den Unterseiten der Armlehnen an, bevor Sie die Einstellung des Streichmaßes verändern. Wiederholen Sie den Vorgang für den zweiten Satz Wandungen **(5)**, und schneiden Sie die Schlitze, indem Sie den Verschnitt zuerst größtenteils ausbohren und dann von jeder Seite her bis zu Hälfte mit dem Beitel ausstechen **(6)**. Gehen Sie auch hier, wie immer, erst dann zur Formgebung über, wenn Sie die Verbindungen angeschnitten haben **(7)**.

7

ANBRINGEN DER KUFEN UND ENDMONTAGE

ZULAGE FÜR BOHRUNGEN IN DEN KUFEN

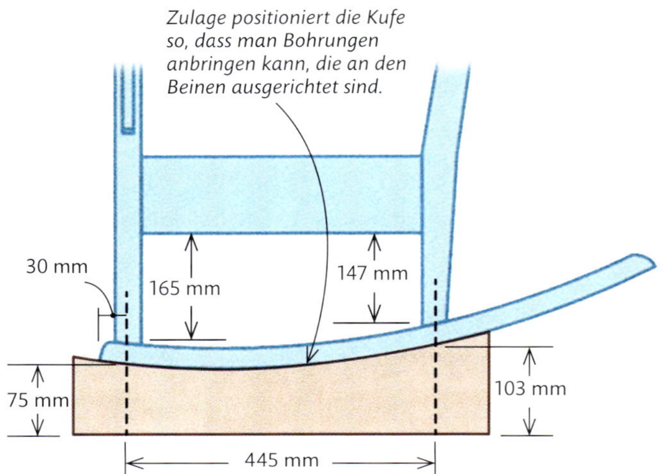

Die Kufen sind eine gebogen Laminierung **(1)** (siehe Seite 218). Ihre Herstellung ist nicht schwierig. Das Problem liegt in ihrer Befestigung an den Beinen. Ein Zapfen an den unteren Enden der Beine würde funktionieren, aber man müsste dann gebogene und abgewinkelte Brüstungen am Zapfen anschneiden. Ich habe diese Schwierigkeit umgangen, indem ich einen losen Zapfen eingesetzt habe. Man bohrt Löcher in die Kufe und das untere Ende des Beins und ein Dübel halten die beiden Teile zusammen. Der Trick besteht darin, die Löcher an den richtigen Stellen und im richtigen Winkel zu bohren. Bohren Sie zuerst die Löcher in die Kufen. Stellen Sie eine Zulage her, um die Kufe im richtigen Winkel zu den Beinen zu halten, und bohren Sie mit einem Forstnerbohrer an der Position der Beine durch die Kufen hindurch **(2)**. Schneiden Sie dann die Beine auf Länge. Stecken Sie die Seitenbaugruppen des Stuhls trocken zusammen, und markieren Sie, wo die Beine auf die Kufe treffen. Halten Sie die Kufe an, übertragen Sie die Krümmung auf die Beine **(3)**, und schneiden Sie die Beine an der Bandsäge auf Endlänge. Glätten Sie die angeschnittene Krümmung mit der Feile. Geben Sie Ihr Bestes, um eine gute Passung zu erreichen,

5

aber machen Sie sich nicht zu viel Sorgen: Es ist sehr schwierig, eine perfekte Passung zu erreichen. Spannen Sie dann die Kufe an, und verwenden Sie sie als Bohrlehre, um in die Beine zu bohren **(4)**. Kleben Sie mit Epoxidklebstoff einen Eichendübel in jedes Bein **(5)**. Schneiden Sie die Dübel vorher bis zur Hälfte ein, um einen Keil eintreiben zu können. Die Endmontage beginnt mit den beiden Seitenbaugruppen **(6)**. Spannen Sie die Beine, Sprosse und Armlehne zusammen, und fügen Sie dann die Kufe an, die Sie noch verkeilen **(7)**. Treiben Sie danach Holznägel in die Verbindungen und bringen Sie die Eckklötze an.

6

7

8

Danksagungen

Jedes Buch über das Thema Holzwerken hat vom Wesen der Sache her viele Autoren. Ich stehe zwar in der Schuld der vielen Generationen, die mir vorausgegangen sind, aber es gibt auch eine Handvoll von Holzwerkern, die durch ihre Rolle als Mentor, Führer und Freund direkt in meinem Leben eine Rolle gespielt haben. Eure Fingerabdrücke finden sich überall in diesem Buch: Bob Van Dyke, Andrew Peklo, Steve Latta, Will Neptune, Roland Johnson, Marc Adams, Chris Becksvoort, Garrett Hack, Michael Fortune und Chris Gochnour.

Besonderer Dank gilt meiner ‚Familie' bei der Zeitschrift Fine Woodworking für ihre Freundschaft und Unterstützung: John Tetreault, Anissa Kapsales, Jon Binzen, Betsy Engel, Liz Knapp, Ben Strano, Barry Dima, Tom McKenna – Ihr habt es tatsächlich geschafft, dass mir die Arbeit im Büro im vergangenen Jahr gefehlt hat.

Ich danke auch für die Unterstützung durch Peter Chapman, Mark Peterson und Renee Jordan, die das Entstehen dieses Buches möglich gemacht haben.

Das Buch wäre nicht das, was es ist, wenn Liz Knapp es nicht lektoriert, John Hartman illustriert und Bill Godfrey die Fotos bearbeitet hätte. Ich bin zutiefst dankbar für das, was Ihr beigetragen habt.

Und schließlich möchte ich Rachel, Anna, Eli und Belle für die Liebe, Unterstützung und Geduld danken, die sie aufbrachten, um einen oft abgelenkten und immerfort arbeitenden Mitbewohner zu ertragen.

Dieses Buch ist Rachel gewidmet.

Ich danke Dir für Deine Begleitung, Inspiration und Unterstützung auf dieser Reise, die wir seit so vielen Jahren zusammen unternehmen.

S

T

U

V

W

Z

Lust auf mehr?

Hier finden Sie weitere Bücher

Michael Pekovich

Wie wir Möbel bauen – und warum

Es wächst die Wertschätzung für das Handgemachte sowie auch das Verständnis für die Notwendigkeit, unser Leben mit sinnvollen und nützlichen Gegenständen zu füllen. Mike Pekovich erklärt, was die Zeit und Mühe wert ist um die Arbeit zu machen, die die Qualität unseres Lebens erhöht. Dieses Buch liefert viele wichtige Informationen für Designer und Möbelbauer, die der Autor anschaulich erklärt, unterstützt und abgerundet durch viele Illustrationen und spannende Projekte.

- Kostbare Werkstattzeit besser nutzen
- Entwurf, Auswahl des Holzes, Stilart
- Manuelle Fertigkeiten, Arbeitsweisen
- Konkrete Anleitungen bis zur Endbearbeitung

218 Seiten, 21 x 28 cm, gebunden

Best.-Nr. 21037

ISBN 978-3-86630-917-3

  **vinc.li/21037**

Christopher Schwarz

Die Werkzeugkiste des Anarchisten

Welche Werkzeuge benötigt man wirklich? Auf der Basis einer lebenslangen Beschäftigung mit Werkzeugen stellt Schwarz eine Liste der seiner Erfahrung nach notwendigen Werkzeuge für den Möbelbau detailliert vor. Dabei beeindruckt der Autor mit einer umfassenden Detailkenntnis der Funktionsweisen, Einstellmöglichkeiten und auch der Fallstricke, die bei den einzelnen Werkzeugen zu beachten sind. Am Ende wird die titelgebende Werkzeugkiste gebaut, in der alle (notwendigen) Werkzeuge Platz finden.

480 Seiten, 16,5 x 23,5 cm, mit Lesebändchen, gebunden mit Prägung Abbildungen: sw

Best.-Nr. 22010

ISBN 978-3-86630-745-2

 **vinc.li/22010**

Robert Wearing

Mit sicherer Hand

Möbel bauen mit klassischen Handwerkzeugen

Die Kombination von einfachen, aber präzisen Zeichnungen mit den genauen Erläuterungen, die sich stets entlang dieser Zeichnungen bewegen, erfordert eine konzentrierte Lektüre. Liest man das mit dem Werkzeug in der Hand, arbeitet also parallel mit, wird man mit diesem Buch immens viel lernen.

Wearing selbst hatte tatsächlich eine Art Ausbildungsersatz im Sinn. Das Buch, schreibt er im Vorwort, „ist vor allem für jene gedacht, die auf sich selbst gestellt arbeiten."

280 Seiten, 16,5 x 23,5 cm, gebunden mit Prägung Abbildungen: sw

Best.-Nr. 21903

ISBN 978-3-7486-0557-7

 **vinc.li/21903**

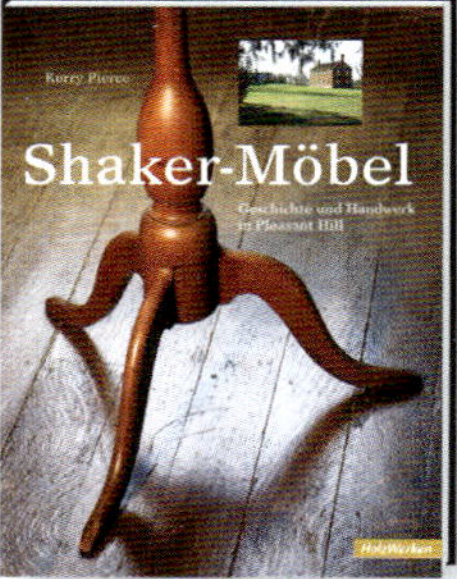

Kerry Pierce

Shaker-Möbel

Geschichte und Handwerk in Pleasant Hill

Kerry Pierce stellt in diesem wunderschönen Bildband Möbel aus der Shaker-Tradition vor. Er erläutert deren Bau, wobei er detailliert auf Materialien und Arbeitsweisen eingeht. Pierce liefert aber mehr als eine reine Nachbauanleitung, indem er auch die religiöse Intention der Shaker beschreibt.

Heute ist Pleasant Hill ein Freilichtmuseum der Shaker-Kultur mit einer umfangreichen Möbelsammlung, das den visuellen Hintergrund dieses äußerst attraktiven Bildbandes bildet.

176 Seiten, 22,5 x 30,5 cm, gebunden mit Schutzumschlag

Best.-Nr. 9144

ISBN 978-3-86630-929-6

 **vinc.li/9144**

Bestellen Sie versandkostenfrei*

T +49 (0)6123 9238-253

www.holzwerken.net/shop

* innerhalb Deutschlands

Vincentz Network GmbH & Co. KG *HolzWerken* 65341 Eltville · Deutschland

Das Magazin für den Holzwerker:
HolzWerken
Wissen. Planen. Machen.
Lust auf mehr HolzWerken?
7 Ausgaben im Jahr – auch als
Kombi-Abo Print + Digital!
Lesen Sie auf 64 Seiten, was in der Werkstatt hilft – von Grundlagen bis zu fortgeschrittenem Handwerk mit Holz:
• Anleitungen und Pläne zum Bau von Möbeln und Vorrichtungen
• Werkzeug-, Maschinen- und Materialkunde
• Tipps und Tricks von erfahrenen Praktikern
• Reportagen aus den Werkstätten kreativer Holzwerker
• Veranstaltungstermine und Produktneuheiten
Jetzt bestellen!
T +49 (0)6123 9238-253
www.holzwerken.net
Fräs-Fernbedienung per Stecker
Netzwerke in der Holzwerkstatt
Elegant ums Eck
Alles drin
für Ihre Werkstatt!
Vincentz Network GmbH & Co. KG HolzWerken 65341 Eltville · Deutschland